John Emsley
Fritten, Fett und Faltencreme

Weitere Titel aus der Reihe Erlebnis Wissenschaft

Froböse, R.
Wenn Frösche vom Himmel fallen
Die verrücktesten Naturphänomene
2009
ISBN: 978-3-527-32619-8

Voss-de Haan, P.
Physik auf der Spur
Kriminaltechnik heute
2009
ISBN: 978-3-527-40944-0

Bell, H. P., Feuerstein, T., Güntner, C. E., Hölsken, S., Lohmann, J. K. (Hrsg.)
What's Cooking in Chemistry?
How Leading Chemists Succeed in the Kitchen
2009
ISBN: 978-3-527-32621-1

Koolman, J., Moeller, H., Röhm, K. H. (Hrsg.)
Kaffee, Käse, Karies ...
Biochemie im Alltag
2009
ISBN: 978-3-527-32622-8

John Emsley
Fritten, Fett und Faltencreme

Noch mehr Chemie im Alltag

Übersetzt von Anna Schleitzer

WILEY-VCH

WILEY-VCH Verlag GmbH & Co. KGaA

»Vanity, Vitality and Virility – The Science behind the products you love to buy« wurde 2004 in englischer Sprache bei Oxford University Press publiziert.

© John Emsley, 2004

The book was originally published in English in 2004. This Translation is published by arrangement with Oxford University Press.

Autor
Dr. John Emsley
Alameda Lodge
23A Alameda Road
Ampthill, Bedfordsh. MK45 2LA
United Kingdom

Übersetzerin: Dr. Anna Schleitzer, Hamburg

Alle Bücher von Wiley-VCH werden sorgfältig erarbeitet. Dennoch übernehmen Autoren, Herausgeber und Verlag in keinem Fall, einschließlich des vorliegenden Werkes, für die Richtigkeit von Angaben, Hinweisen und Ratschlägen sowie für eventuelle Druckfehler irgendeine Haftung

**Bibliografische Information
der Deutschen Nationalbibliothek**
Die Deutsche Nationalbibliothek verzeichnet diese Publikation in der Deutschen Nationalbibliografie; detaillierte bibliografische Daten sind im Internet über http://dnb.d-nb.de> abrufbar.

© 2009 WILEY-VCH Verlag GmbH & Co. KGaA, Weinheim

Alle Rechte, insbesondere die der Übersetzung in andere Sprachen, vorbehalten. Kein Teil dieses Buches darf ohne schriftliche Genehmigung des Verlages in irgendeiner Form – durch Photokopie, Mikroverfilmung oder irgendein anderes Verfahren – reproduziert oder in eine von Maschinen, insbesondere von Datenverarbeitungsmaschinen, verwendbare Sprache übertragen oder übersetzt werden. Die Wiedergabe von Warenbezeichnungen, Handelsnamen oder sonstigen Kennzeichen in diesem Buch berechtigt nicht zu der Annahme, dass diese von jedermann frei benutzt werden dürfen. Vielmehr kann es sich auch dann um eingetragene Warenzeichen oder sonstige gesetzlich geschützte Kennzeichen handeln, wenn sie nicht eigens als solche markiert sind.

Printed in the Federal Republic of Germany

Gedruckt auf säurefreiem Papier.

Satz: TypoDesign Hecker GmbH, Leimen
Druck und Bindung: Ebner & Spiegel GmbH, Ulm
Umschlaggestaltung: Himmelfarb, Eppelheim, www.himmelfarb.de

ISBN: 978-3-527-32620-4

Inhalt

Danksagung *VII*

Vorbemerkung *1*

**1
Kampf den Fältchen** *5*

Lippenstifte *6*

Anti-Age-Cremes: Alpha-Hydroxysäuren (AHAs) *11*

Glycolsäure *16*

Milchsäure *17*

Seidig schimmernde Haut: Bornitrid *20*

Sonnenblocker, Sonnenfilter und Selbstbräuner *22*

Bräunen ohne Licht: Dihydroxyaceton (DHA) *31*

Hautaufheller *33*

Liposome *35*

Gutes ist nicht immer teuer ... *37*

... und Synthetisches nicht zwangsläufig gefährlich! *38*

**2
Nahrung für Körper und Geist** *39*

Alles über Fette *41*

Einfach ungesättigte Fettsäuren *46*

Mehrfach ungesättigte Fettsäuren *47*

Essenzielle Fettsäuren *50*

Unser Körperfett 52

Trans-Fettsäuren 53

Konjugierte Fettsäuren 59

Vitamin C 61

Skorbut – Geißel der Seefahrt 65

Die Entdeckung des Vitamin C 70

Vitamin C – eine Goldgrube 71

Vitamin C, Schnupfen und Krebs 73

Vitamin C: Noch immer für eine Überraschung gut 76

Rätselhaftes Nitrat 77

3
Wollen und Können – Potenz und Fruchtbarkeit 85

Stickstoffmonoxid (NO) 86

NO! Wirklich nicht? 88

Dr. NO 93

Kein Sex ohne NO 97

Tote zum Leben erwecken: Viagra 97

Liebestränke und Lendenelixiere 104

Das Sex-Element Selen 106

Selen: Mangel und Überfluss 110

Selen ist gesund 114

Keine Nachkommen ohne Selen 116

Diamanten für die Ewigkeit 118

4
Der Feldzug gegen die Keime 125

Was Keime tötet 127

Logarithmus des Todes   132

Sauberer als gut ist?   133

Hypochlorit   135

Phenole und Chlorphenole   142

Quartäre Ammoniumsalze (Quats)   147

Wasserstoffperoxid   150

Ozon   157

Duschreiniger   161

5
Alles im Kopf   165

Depressionen und Antidepressiva   166

Prozac   172

Leichteren Sinnes mit Lithium   179

Alzheimer und Aluminium   186

Die Therapie der Alzheimer-Demenz   197

6
Getarnte Polymere   203

Kaugummi: Polymere Kohlenwasserstoffe (1)   211

Flüsternde Straßen: Kohlenwasserstoffe (2)   221

Zurück zur Bibel   223

Bitumen auf modernen Straßen   226

Orimulsion   230

Polycarbonat   231

Nachbemerkung   239

Angst vor Chemie: Ursachen und Abhilfe   239

Glossar   255

Stichwortverzeichnis   269

Danksagung

Während ich *Vanity, Vitality, and Viagra* schrieb, konnte ich Freunde, Kollegen und Bekannte, von denen ich wusste, dass sie sich mit dem einen oder anderen der behandelten Themen auskennen, überreden, Teile des Manuskripts zu lesen und zu kommentieren. Damit haben sie mir sehr geholfen, und es ist mir ein Bedürfnis, ihnen allen herzlich zu danken.

Bei Kapitel 1 unterstützten mich Philip Ball, Autor populärwissenschaftlicher Bücher, der Berater John Woodruff und John Ballington, Corporate and Consumer Affairs Director von Lever Fabergé. John zog weitere Mitarbeiter des Unternehmens hinzu, Dr. Graham Catton, Dr. Martin Jones und Dr. Maria Labedzka, denen ich für hilfreiche Anmerkungen danke. An der Endfassung von Kapitel 2 waren Dr. Tom Coultate, Autor von *Food: The Chemistry of its Components*, sowie Mrs. Helen Glyn-Davies, staatlich geprüfte Ernährungsberaterin am Luton and Dunstable Hospital, beteiligt. Der Wissenschaftspublizist Dr. Nick Lane (Maida Vale, London), Verfasser des Bestsellers *Oxygen*, und seine Ehefrau, die Ärztin Ana Lane, lasen und kommentierten die Kapitel 3 und 5. Als Ansprechpartner zum Thema Viagra stellte sich Dr. Dave Alker von Pfizer zur Verfügung; Dr. Tom Welton vom Imperial College in London prüfte die anderen Abschnitte von Kapitel 3; Dr. Margaret Rayman vom Centre for Nutrition and Food Safety an der Surrey University in Guildford schaute sich den Abschnitt zum Selen an und informierte mich über die allerneuesten Erkenntnisse zur Bedeutung dieses Elements für die Gesundheit. Angela Asieba, Diamond Information Manager bei De Beers in London, nahm den Abschnitt über Diamanten unter die Lupe. Dr. Claire La-Rosa von Lever Fabergé half mir insbesondere bei den mikrobiologischen Ausführungen in Kapitel 4. Dr. Friedrich Sosna von der Degussa AG erklärte mir antimikrobiell wirksame Polymere. Dr. Jac Lemmen von Kimberly Clark las den Abschnitt über Wegwerfwindeln. Jo Hartop von Wrigley in Plymouth und Chris Perille von Wrigley in Chicago beantworteten meine Fragen zum Kaugummi. Den Abschnitt zum Flüsterasphalt prüften Spezialisten von Kraton Polymers: Roger Morgan (Global Director, Niederlassung Großbritannien), Stephen Evans (Global Business Manager, London) und Willem Vonk (Direktor der Kraton Polymers Holding BV in Amsterdam). Michael Berg machte mich auf Viagra-Kaugummi aufmerksam; vielen Dank dafür. Für die Nachbemerkung und die Sacherklärungen übernehme ich die volle Verantwortung.

Einige enge Freunde nahmen es auf sich, das gesamte Manuskript zu lesen. Besonders erwähnen möchte ich Walter Saxon aus New York, der zusätzliche Informationen zum Wasserstoffperoxid und zu frühen fotografischen Aufnahmen von Niépce beisteuerte, sowie Professor Steve und Mrs. Rose Ley von der Cambridge University, die ebenfalls etliche nützliche Vorschläge anbrachten.

Ausdrücklich bedanken möchte ich mich bei Dr. Michael Rodgers, meinem Lektor von Oxford University Press. Er ermutigte mich, dieses Buch zu schreiben und erlebte alle Stadien des Entstehens des Manuskripts, einschließlich der Verhandlungen mit meinem Agenten Patrick Walsh von Conville & Walsh aus London-Soho.

Zu großem Dank verpflichtet bin ich schließlich meiner Frau Joan und anderen Familienmitgliedern für ihre Geduld beim Zuhören, wenn ich über mein Lieblingsthema rede – die oft missverstandene Bedeutung der Chemie im Allgemeinen und der Chemikalien im Besonderen in unserem alltäglichen Leben.

Vorbemerkung

Das Schlimmste im Leben ist die Unsicherheit. Durch die Komplexität der Moderne nimmt die Ungewissheit immer mehr zu – insbesondere im Hinblick auf Ereignisse, die sich, wie wir meinen, unserem Einfluss entziehen: Bekomme ich Arbeit? Werde ich meine Arbeit wieder verlieren? Wer wird mein Vorgesetzter? Kann ich meine Schulden begleichen? Werde ich bestohlen? Was passiert, wenn mein(e) Partner(in) sich in eine(n) andere(n) verliebt? Werde ich an Krebs erkranken? Welchen Gefahren sind meine Kinder ausgesetzt? Wird ein geliebter Mensch sterben? Mit solchen Sorgen kann sich dieses Buch nicht auseinander setzen, aber ich werde andere Fragen ansprechen, die Sie vielleicht auch beschäftigen. Sie betreffen viele Produkte, die wir im täglichen Leben benutzen (wie Kosmetika und Haushaltschemikalien), Medikamente, die wir möglicherweise einnehmen müssen (etwa gegen Störungen der sexuellen oder geistigen Leistungsfähigkeit), und Nahrungsmittel, die wir essen, obwohl wir dabei kein gutes Gefühl haben (zum Beispiel die verschiedenen Arten von Fett). Dieses Buch soll Sie einerseits über verschiedene Aspekte dieser Substanzen beruhigen; andererseits habe ich es auch einfach als anregende Lektüre für alle diejenigen gedacht, die mehr über Stoffe erfahren wollen, die mittlerweile fest zu unserem Alltag gehören.

Nicht wenige Leute finden heute alles, was als »chemisch« bezeichnet wird, grundsätzlich beunruhigend, während sie gleichzeitig Naturstoffe für prinzipiell sicher erachten und deshalb bevorzugen. Ich als Chemiker halte diese Unterscheidung für unlogisch; sie ist aber, wie ich leider zugeben muss, sehr verbreitet. Mit diesem Buch will ich nicht beweisen, dass Chemikalien sicher und Naturstoffe bedrohlich sind; in der Tat gibt es viele gefährliche chemische Substanzen, während die meisten natürlichen Stoffe absolut ungefährlich sind. Ich möchte Ihnen aber zeigen, dass viele Dinge, die wir als Selbstverständlichkeiten hinnehmen, Produkte der chemischen Industrie sind, die das Leben wirklich verbessern und denen wir mit unserem Misstrauen Unrecht tun.

Schon lange geht die chemische Industrie nicht mehr unachtsam und sorglos mit Prozessen und Produkten um. Auch in ihren frühen, unbekümmerten Jahren aber rettete sie zweifellos Millionen Menschen vor einem Leben in Schmutz, Mangel, Krankheit, Elend und Armut. Was in den 1950er-Jahren in den westlichen Industrieländern erreicht wurde, steht jetzt einem weitaus größeren Kreis zur Verfügung. Die Herausforderung besteht darin, die Segnungen der Chemie allgemein zugänglich zu machen, ohne der Umwelt Schaden zuzufügen – unter ausschließlicher Verwendung nachwachsender Rohstoffe –, und es gibt keinen Grund, aus dem sich dies nicht erreichen ließe. Ich halte es durchaus für möglich, dass die chemische Industrie am Ende unseres Jahrhunderts Abfallstoffe in nützliche Produkte umwandelt, und zwar in Anlagen, die nur noch einen Bruchteil der gegenwärtigen Fläche benötigen, sich vielleicht sogar unter der Erde befinden und keine Fremdstoffe in die Umwelt abgeben.

In der Zwischenzeit sollten wir uns bewusst sein, was die Chemie leisten kann und was nicht. Dieses Buch beleuchtet Errungenschaften und Grenzen auf den Gebieten Kosmetika, Nahrungsmittel, Sex, Hygiene und mentale Gesundheit. Das Kapitel »Getarnte Polymere« soll Sie auf Stoffe aufmerksam machen, die Sie in bestimmten Alltagsgegenständen nicht vermutet hätten (und vielleicht auch nicht billigen). In der abschließenden »Nachbemerkung« werde ich auf Gefahren eingehen, die aus der verbreiteten Ablehnung aller »chemischen« Stoffe erwachsen können, und versuchen, Ängstliche und Skeptiker davon zu überzeugen, dass ihre Verdächtigungen und Befürchtungen unbegründet sein können.

Ich habe versucht, den Text möglichst leserfreundlich zu formulieren, und deshalb weitgehend auf Fachjargon verzichtet. Damit will ich erreichen, dass jeder allgemein gebildete Interessent meine Erläuterungen verstehen kann, auch wenn er oder sie keine naturwissenschaftlichen Vorkenntnisse mitbringt. Chemikalien bezeichne ich bevorzugt mit umgangssprachlichen Namen, was alle Chemiker, die dieses Buch lesen – insbesondere jene, die Chemie lehren –, hoffentlich verstehen und verzeihen werden. Auch technische Ausführungen im laufenden Text habe ich vermieden. Leser, die an weiterführenden Informationen interessiert sind, seien auf das Glossar verwiesen. Stichworte, die ich dort bespreche, sind im Text kursiv gedruckt.

Ich entschuldige mich nicht dafür, in diesem Buch gelegentlich chemische Formeln verwendet zu haben, manchmal anstelle eines ausgeschriebenen Worts. Dass manche Leser dies verärgert, akzeptiere ich, insbesondere, wenn ihr eigener Chemieunterricht schon Jahre zurückliegt. Ich bekenne mich dazu, die Formeln mit einem Hintergedanken anzuführen: Gern würde ich dazu beitragen, viele Menschen mit Abkürzungen dieser Art vertraut zu machen, damit es sie nicht aus dem Konzept bringt, Formeln auch in anderen Zusammenhängen zu begegnen. Zwar wissen die meisten, dass Sauerstoff O_2 ist und Wasser H_2O, sich hinter NaCl Salz verbirgt und CO_2 Kohlendioxid bedeutet. Damit sollte es jedoch nicht getan sein. Mit ziemlicher Sicherheit kannten unsere Eltern und sogar Großeltern wesentlich mehr Formeln. H_2S hätten sie mühelos dem Schwefelwasserstoff zugeordnet, H_2SO_4 der Schwefelsäure, NaOH dem Natriumhydroxid (das sie vermutlich Ätznatron genannt hätten) und Pb dem Blei. Zweifellos werden auch einige Naturwissenschaftler dieses Buch lesen, und möglicherweise werden sie mir verübeln, in diesem Buch Chemie *lehren* zu wollen; trotzdem versuche ich dies bewusst gerade bei Menschen, in deren Alter die Barriere zum Verständnis der Chemie zeitweise unüberwindbar scheint. Ich hoffe, naturwissenschaftlich gebildete Leser werden dies mit Fassung tragen.

Herzlich willkommen also bei *Fritten, Fett und Faltencreme*. Unter den Alltagschemikalien, die ich für dieses Buch ausgewählt habe, finden sich bestimmt einige, die Sie regelmäßig benutzen; einige, von denen Sie schädliche Wirkungen befürchten; einige, die Sie hoffen, niemals zu benötigen; einige, die Sie und Ihre Familie vor Krankheiten schützen; einige, die Ihnen in schweren Zeiten Trost bringen, und schließlich einige, die Sie noch nie als Produkte der chemischen Industrie wahrgenommen haben. Ich wünsche mir, dass die Lektüre dieses Buchs Ihrem Leben ein bisschen Unsicherheit nimmt, und ich hoffe, Sie zu überzeugen, dass die Botschaften von Chemiegegnern und auch von manchen Werbespots nicht im Geringsten die alleinige Wahrheit (und nichts als die Wahrheit) sind.

1
Kampf den Fältchen!

Nur wenige haben einen perfekten Körper der Art, wie er uns täglich in Werbesendungen, Zeitschriften und Filmen vorgeführt wird. Wohl wissend, dass diese Perfektion vornehmlich das Werk moderner Bildverarbeitung oder zumindest eines Make-up-Künstlers ist, streben wir trotzdem danach, sie zu kopieren. In der Realität bleibt uns nichts anderes übrig, als das Beste aus den uns vererbten Anlagen zu machen – und Zuflucht bei der Chemie zu suchen. In diesem Kapitel wollen wir uns mit einigen Chemikalien beschäftigen, die uns attraktiver machen, die Haut schützen und Hautschäden verbergen.

Unsere Haut ist äußerst widerstandsfähig: Nur wenige natürliche Stoffe können sie durchdringen. Sie besteht aus mehreren Schichten, deren oberste, die Epidermis, wiederum aus einzelnen Lagen aufgebaut ist. Außen befindet sich die Hornschicht (ein Teil davon heißt *Stratum corneum*), tiefer liegt die Keimschicht mit dem *Stratum basale*, in dem die Hautzellen gebildet werden.* Nach ihrer Entstehung wandern die Zellen nach oben, sterben dabei ab und erreichen die Hornschicht, von der sie abgewaschen oder als winzige Schüppchen abgerieben werden. Die Lebensspanne einer Hautzelle beträgt etwa einen Monat. Sobald die Zellen alt auszusehen beginnen, setzt unser Kampf ein, sie jünger wirken zu lassen. Mithilfe der Chemie können wir das Nagen des Zahns der Zeit mildern oder zumindest seine Auswirkungen verstecken.

In Kosmetika und anderen Schönheitsprodukten findet sich eine breite Palette von Chemikalien. Vollmundige Versprechungen der Hersteller hinsichtlich ihrer Wirkungen lassen uns höchstens iro-

---

* Unter der Epidermis liegt die Dermis, die verschiedenste Zellen und Strukturen enthält, darunter Haarfollikel, Schweißdrüsen und Nervenendigungen. Für die Hautalterung sind vor allem Veränderungen der Dermis verantwortlich.

nisch lächeln. Können Cremes tatsächlich Falten hinwegzaubern und uns verjüngen? Prinzipiell lautet die Antwort nein; allerdings lässt sich nicht leugnen, dass die in modernen Kosmetika vorhandenen Inhaltsstoffe das Erscheinungsbild der Haut verbessern, wenn sie die Falten auch nicht völlig beseitigen. In zwanzig Jahren könnte es durchaus so weit sein, bereits bis heute sind der Forschung bemerkenswerte Fortschritte auf diesem Gebiet gelungen.

Im Laufe der Jahre brachte die Chemie manche Überraschung zum Vorschein: Lippenstifte haften lange, Hautcremes fühlen sich auf Wangen und Stirn seidig an. Noch wichtiger ist sicherlich, dass bestimmte Stoffe die Haut vor schädlicher Sonnenstrahlung schützen, sie ohne Lichteinwirkung bräunen oder sogar dunkle Haut aufhellen können.

Zu den Chemikalien, die diese mittelgroßen Wunder vollbringen, zählen Alpha-Hydroxycarbonsäuren (AHAs), Ricinolsäure (12-Hydroxyölsäure), Eosin, Dihydroxyaceton (DHA), Hydrochinon, Ethylhexyl-methoxycinnamat, Titandioxid, Bornitrid und Liposome.

Lippenstifte

Angemalte Lippen machen sexy! Bald nach seiner Erfindung mochten die meisten Frauen auf ihren Lippenstift nicht mehr verzichten, ungeachtet manch störender Mängel früher Produkte, die	brüchig waren, schnell ranzig wurden und leicht verschmierten. Diese Probleme hat man mittlerweile gelöst. Jede Drogerie führt Lippenstifte mit einem breiten Spektrum an Farben und Texturen.

Dass strahlend rote Lippen für schöne Frauen gesellschaftsfähig wurden, verdanken wir wahrscheinlich den Technicolor-Filmen der 1930er-Jahre. Jahrhundertelang brachte man auffällig gefärbte Lippen höchstens mit Prostitution und Schauspielerei in Zusammenhang. Das Technicolor-Rot der Lippen wirkte zwar künstlich, aber die Hollywood-Filme setzten Maßstäbe, an denen sich große Teile der Gesellschaft orientierten – und der einfachste Weg zu roten Lippen führt nun einmal über den Lippenstift. So entstand eine enorme Nachfrage nach einem Produkt, das bereits zwanzig Jahre zuvor erfunden worden war, und ein Modetrend, der bis heute anhält. Zum Image des Lippenstifts trugen auch populäre Songs bei, etwa Holt Marvells romantischer Hit *These foolish things remind me of you* (1935), der mit der Zeile beginnt: »A cigarette that bears a lipstick's traces ...«. In ihrem Lied *Lipstick on your collar* (1959) brachten Edna

Lewis und George Goehring den Lippenstift sogar mit den kühlen Schauern des Verrats in Zusammenhang. Heutzutage geben die US-amerikanischen Frauen jährlich rund 700 Millionen Dollar für diese Art von Kosmetik aus, weltweit gerechnet ist die Zahl wahrscheinlich mehr als doppelt so groß.

Auch manche unserer weiblichen Vorfahren färbten ihre Lippen. Zuerst kam man wohl im alten Ägypten auf diese Idee; dort benutzten die Damen den Pflanzenfarbstoff Henna oder das ebenfalls aus Pflanzenmaterial (Braunalgen) gewonnene, purpurrote Pigment Fucus. Gelegentlich scheint sogar Zinnober in Gebrauch gewesen zu sein, das intensiv rote Malerpigment, mit dem auch die 20 000 Jahre alten Höhlenzeichnungen angefertigt wurden. Diese Methode kann allerdings nicht zur Nachahmung empfohlen werden – Zinnober ist ein giftiges Quecksilbersulfid.

Die ersten in den heute üblichen Hüllen zum Nach-oben-Drehen angebotenen Lippenstifte konnte man 1915 kaufen, hergestellt von Maurice Levy in den Vereinigten Staaten. Gefärbt waren sie mit Karmin, einem Naturfarbstoff, der aus dem Blut der auf mexikanischen Kakteen heimischen (weiblichen) Cochenilleschildlaus *Dactylopius coccus* gewonnen wird. Ärgerlicherweise ließen sich diese Zubereitungen leicht abwischen: Jeder Kontakt bemalter Lippen mit Teetassen, Wangen, Zigaretten oder Hemdkragen hinterließ verräterische Spuren. Die Lösung des Problems bestand in der Verwendung von Pigmenten, die die Haut selbst färbten. Sie wurden 1925 eingeführt, von einer ganzen Frauengeneration begeistert aufgenommen und verschwanden erst in den 1960er-Jahren, als auffallend rote Lippen vorübergehend nicht mehr erwünscht waren, aus den Regalen.

Einen perfekten Lippenstift herzustellen ist technologisch ziemlich anspruchsvoll. In erster Linie soll der Stift die gewünschte Farbe und gegebenenfalls einen Effekt bewirken – matt, glänzend, durchscheinend oder perlmuttartig. Die Lippen sollten gleichmäßig bedeckt sein und sich nicht schmierig anfühlen, der Geschmack soll neutral sein und die Farbe fest haften. Auch bei Kälte oder Hitze soll sich das Produkt glatt und sanft auftragen lassen; der Stift selbst darf sich nicht verformen oder gar brechen; Feuchtigkeit und Luftkontakt sollen ihm nichts anhaben, und Keime sollten sich darin nicht einnisten. Natürlich möchte man auch keinen giftigen oder gesundheitsschädlichen Stoff auf den Lippen tragen. Nicht alle diese Forderungen, aber immerhin die meisten von ihnen wurden bislang erfüllt.

Die Lippen sind einer der verletzlicheren Teile des menschlichen Körpers. Ihre Oberfläche ist von einer dünnen Hornschicht bedeckt, die wenig Fettgewebe enthält und folglich leicht austrocknet. Die nötige Feuchtigkeit führen wir normalerweise zu, indem wir von Zeit zu Zeit die Lippen lecken. Unter extremen klimatischen Bedingungen reicht das nicht aus; man bestreicht die Lippen dann am besten mit einer Schicht aus Fett, das pflanzlichen, tierischen oder industriellen Ursprungs sein kann. Solche Lippenbalsame enthalten zum Beispiel Castoröl (Rizinusöl), das aus Schafwolle gewonnene Lanolin, Vaseline (Petrolat, ein Nebenprodukt der Erdölraffinerie) oder synthetische Silicone.

Ein typischer Lippenstift könnte folgendermaßen zusammengesetzt sein:*

Farbstoff	5 %
Titandioxid	10 %
Öl	40 %
Wachs	20 %
Erweichungsmittel	25 %

Öl und Wachs werden so ausgewählt, dass ihre Mischung eine leicht aufzutragende Salbe ergibt, die sich trotzdem in eine dauerhafte Form, den »Stift«, bringen lässt. Temperaturen von bis zu 50 °C sollte ein Lippenstift aushalten, ohne sich ernsthaft zu verformen. Öle aller Art wurden bereits verwendet, von *natürlichen Ölen* (→ Glossar) wie Olivenöl und Kakaobutter bis zu Mineralölen (Flüssigparaffinen) aus der petrochemischen Industrie. Am beliebtesten ist heute Castoröl, das überdies den Vorteil bietet, beim Trocknen einen festen, glänzenden Film auf der Haut zu bilden. Lippenstifte mancher Marken bestehen fast zur Hälfte ihrer Masse aus Castoröl. Industriell hergestellte Alternativen sind farb- und geruchlos, ungiftig und verschmieren nicht.

Wachse (→ Glossar) sollen den Lippenstift formbar machen und festigen. In Frage kommen besonders Bienenwachs, Carnauba-

---

* Daneben sind geringe Mengen weiterer Bestandteile enthalten: Duftstoffe, Konservierungsstoffe zum Abtöten von Mikroben, Vitamin E, Lichtfilter und manchmal sogar Geschmacksstoffe.

wachs und Candelillawachs, wobei das Erstgenannte in der Regel bevorzugt wird. Chemisch ein Gemisch aus Cerotinsäure und Myricin, wurde das bei 63 °C schmelzende Naturprodukt im Laufe der Jahrhunderte verschiedensten Erzeugnissen wie Möbelpolituren, Kerzen und sogar Medikamenten zugegeben. Das härtere, erst bei 87 °C schmelzende Carnaubawachs wird von den Blättern der Carnauba- oder Wachspalme *(Copernicia prunifera)* abgesondert. Es fand ebenfalls bereits Verwendung als Inhaltsstoff von Polituren und Kerzen, aufgrund seiner imprägnierenden Eigenschaften auch von Autowachsen. Im Wesentlichen besteht Carnaubawachs aus Carnaubylalkohol. Candelillawachs gewinnt man vornehmlich in Mexiko aus der Candelillapflanze *Pedilanthus macrocarpus*. Sein Schmelzpunkt liegt bei 67 °C, und normalerweise verwendet man es nur, wenn Bienen- und Carnaubawachs zu teuer sind. Candelillawachs ist ein klassisches Siegelwachs, das noch heute zur Beglaubigung mancher Staatsdokumente benutzt wird.

Lanolin wird aus Schafwolle extrahiert. Der eine Zeit lang gehegte Verdacht, die Substanz löse allergische Reaktionen aus, wurde durch spätere Untersuchungen nicht bestätigt, weshalb man Lanolin jetzt wieder als Hauptinhaltsstoff in manchen Kosmetika findet. Reklame wird damit jedoch kaum gemacht – zu frisch ist die Erinnerung der Öffentlichkeit an die Aufregungen. Lippenglanz kann über 7 % Lanolin enthalten, Lidschatten über 5 %, Lippenstifte über 2 %; geringere Mengen der Substanz findet man in Reinigungsmilch, Teintgrundierungen, Handreinigercremes, Nachtcremes, Shampoos und Sonnenschutzmitteln. Die Unbedenklichkeit von Lanolin wird noch immer in Zweifel gezogen; sicher ist inzwischen, dass manche Leute darauf mit Kontaktdermatitis reagieren.

Für den Farbton eines Lippenstifts – oft Schattierungen von Rot bis Pink – ist entweder ein Pigment oder ein (organischer) Farbstoff zuständig. Häufig verwendet werden D&C Orange Nr. 5 und D&C Rot Nr. 22, wobei die Abkürzung »D&C« für die Wirkstoff- und Kosmetikliste der US-Lebensmittel- und Pharmaziebehörde FDA steht. Die systematischen Namen der Verbindungen lauten $4',5'$-Dibromfluorescein bzw. $2',4',5',7'$-Tetrabromfluorescein (oder, etwas einfacher, Eosin). Das erstgenannte Molekül enthält zwei Bromatome (Präfix »di«), das letztgenannte vier (»tetra«).

Beide Farbstoffe werden aus dem gelb aussehenden Fluorescein hergestellt. Setzt man dieses mit Brom um, so werden zwei Atome

Brom addiert, und es entsteht eine orangefarbene Verbindung. Die weitere Umsetzung mit Brom führt zum roten, leicht bläulich schimmernden Eosin. Noch intensiver wird der Farbton, wenn sich die organische Verbindung an die Oberfläche eines anorganischen Stoffes, etwa Aluminium, anlagert: Es entsteht ein so genannter *Farblack*. Welche Farbe die damit bemalten Lippen annehmen, wird durch eine chemische Reaktion mit den Hautproteinen bestimmt, deren Aminogruppen an den Farbstoff binden. So wird die Haut relativ dauerhaft tiefrot gefärbt.

Titandioxid gibt man Lippenstiften aus dem gleichen Grund zu wie Malfarben: Die weiße Substanz deckt hervorragend und wirkt außerdem farbverdünnend in dem Sinne, dass aus einem intensiven Rot verschiedene Rosa- und Pinkschattierungen entstehen. Natürlich färben nicht alle Lippenstifte rot oder pink. Um in unserer mit Ablenkungen überfrachteten Welt Aufmerksamkeit zu erregen, malen manche Frauen (und Männer) ihre Lippen in allen Regenbogenfarben an, gelegentlich sogar schwarz.

Die von Kosmetikherstellern beschäftigten Chemiker versuchen ständig neue, wunderbare Farbtöne zu kreieren. Entsprechende Verbindungen aller Art sind bekannt; das Problem besteht lediglich darin, die jeweilige Zulassung der Behörden zu erlangen. Nachzuweisen, dass ein neuer Farbstoff wirklich absolut ungefährlich ist, dauert Jahre, kostet viel Geld und birgt das Risiko des Misserfolgs. Deshalb verlässt man sich mittlerweile weniger auf die Chemie als auf die Technologie: Mit Interferenzpigmenten, auf die Oberfläche von Titandioxid-Partikeln aufgebracht, lassen sich nahezu alle Farbtöne erzeugen. Entscheidend ist dafür nicht die Färbung des Pigments selbst, sondern die Art und Weise, in welcher das auf die Trägerfläche treffende Licht reflektiert, gebrochen und gestreut wird.

Die Struktur eines Lippenstifts lässt sich durch die Zugabe winziger Kügelchen, so genannter Mikrosphären, verbessern. Die Substanz verschmiert dann weniger leicht und reflektiert mehr Licht. Die Hülle dieser Partikel besteht aus dem Polymer Polymethylmethacrylat. Im Inneren können andere, die Struktur der Haut (vorgeblich) verbessernde Wirkstoffe wie Vitamin E, Folsäure und Fluorpolymere untergebracht und dann langsam freigesetzt werden. Fluorpolymere sorgen nicht nur dafür, dass sich die Lippenfarbe glatt und elegant anfühlt, sondern verhindern auch, dass der Stift während der Herstellung an der Form festklebt.

Um einen Lippenstift herzustellen, verrührt man die Inhaltsstoffe unter Erwärmung, bis sie gründlich gemischt sind. Das Rohprodukt wird in Metallformen gegossen und gekühlt, um die Form zu lösen. Ein kurzes Flämmen (1/2 Sekunde) glättet die Oberfläche und gleicht Unebenheiten aus. Perlmutt-Lippenstifte enthalten Bornitrid (siehe unten) und schimmern auf der Haut; besonders intensives Glitzern wird durch Zugabe von Glimmer- oder Siliciumdioxidpartikeln erzeugt. Mattierenden Lippenstiften wird mehr Wachs und Pigment zugegeben, um den Glanz zu reduzieren; Lippenglanz hingegen enthält mehr Öl und weniger Wachs, weshalb er sich schlecht in eine dauerhafte Form bringen lässt und in kleinen Töpfchen verkauft wird. Lang haftende Lippenstifte enthalten zur Versiegelung der Farbe in der Regel Siliconöl.

In den vergangenen neunzig Jahren hat der Lippenstift einen langen Weg zurückgelegt. Dank der Chemie gilt er heute als schier unverzichtbares Accessoire der weiblichen Attraktivität und wird gelegentlich angewendet, um die gewisse andere Art von Chemie zwischen zwei Menschen zu befördern. Welche Sprache die Lippen einer Dame aber auch sprechen, die Aussage ihres restlichen Gesichts kann eine andere sein. Es könnte dann durchaus Sinn haben, die Chemie wieder als Naturwissenschaft zu bemühen.

Anti-Age-Cremes: Alpha-Hydroxysäuren (AHAs)

In der Werbung für Anti-Falten-Cremes werden AHAs allgemein als »natürliche Fruchtsäuren« bezeichnet. Tatsächlich können sie die Hautstruktur verändern, denn sie durchdringen die äußeren Schichten und regen das Wachstum neuer Hautzellen an. Ob sie tatsächlich Falten beseitigen, darüber lässt sich wohl streiten; allerdings verringern sie möglicherweise, wie die Werbeleute vorsichtig behaupten, »die Auffälligkeit der Fältchen«.

Wenn Sie häufig an der frischen Luft arbeiten, werden Sie im Alter eine besonders faltige Haut haben. Zu beobachten ist dies unter anderem bei Bauern, Bauarbeitern und Gärtnern. Dasselbe gilt für alle, die sich in der Freizeit gern an der Sonne aufhalten. Wahrscheinlich bereut die wackere Schar der Sonnenanbeter der 1960er- und 70er-Jahre bei jedem Blick in den Spiegel mittlerweile die ungeschützt am Strand verbrachten Tage.

Wenn wir älter werden, schwindet die Blüte der Jugend dahin. Unsere Haut wird dünner, verliert an Elastizität, trocknet aus und wird faltig. Wir hätten dann gern eine Creme, die man nur auftragen muss, um die Haut zu glätten, ihre Spannkraft wiederherzustellen und die Linien des Alters vergehen zu lassen. Jährlich erscheinen neue Produkte auf dem Markt, die versprechen, genau dies zu bewirken. In den Vereinigten Staaten werden pro Jahr bereits mehr als 30 Milliarden Dollar für Kosmetika und Toilettenartikel ausgegeben (weltweit wahrscheinlich doppelt so viel), und der Absatz wird in dem Maße zunehmen, wie die Bevölkerung der Industrieländer altert. Zyniker halten diese Ausgaben für verschwendet und meinen, nichts könne den langsamen Verfall der Haut aufhalten. Sicher überrascht es manchen, dass einige Anti-Falten-Cremes tatsächlich wirken (wenn auch nur in begrenztem Maße).

Die aktiven Inhaltsstoffe vieler solcher Produkte sind *Alpha-Hydroxysäuren* (→ Glossar). Sie können in der Tat helfen, unsere Haut jünger wirken zu lassen; wird allerdings in der Werbung behauptet, sie ließen Falten *verschwinden*, so dürfen wir dies nicht allzu wörtlich nehmen. Dass der Effekt der Cremes vielfach aufgebauscht wird, soll uns aber nicht daran hindern, die nachweisbare Wirkung anzuerkennen.

Chemiker in der Kosmetikindustrie werden in gewisser Weise durch die moderne Umwelt- und Gesundheitsgesetzgebung behindert. Die vorgeschriebenen Testprozeduren machen die Entwicklung neuer Stoffe außerordentlich kostspielig. So sucht man – wie im Abschnitt zu den Lippenstiften bereits erwähnt – nach Wegen, bereits zugelassene Substanzen abzuwandeln und damit wirksamer zu machen. Komplizierter wird der Weg durch das 2003 durch das Europaparlament beschlossene sofortige Verbot der Tierversuche mit fertig hergestellten Kosmetika und des Verkaufs außereuropäischer, unter Einbeziehung von Tierversuchen hergestellter einschlägiger Produkte. Von 2009 an dürfen innerhalb der EU auch einzelne Inhaltsstoffe nicht mehr im Tierversuch erprobt werden.

Die Zeichen des Alters lassen sich nicht nur mit Chemikalien, sondern auch durch kosmetische Chirurgie, Laserbehandlungen oder Botox-Injektionen mildern. Im ersten Fall werden die störenden Hautpartien entfernt, im zweiten die Fältchen vornehmlich um Nase, Mund und Stirn weg»gebrannt«. Botox schließlich lähmt Gesichtsmuskeln, wodurch das Knittern der Haut verhindert werden soll. Schauspieler und andere Prominente, deren Karriere von ihrem Aussehen abhängt, unterziehen sich solchen kostspieligen Prozeduren häufig – gewöhnliche Leute treiben weniger Aufwand mit ihrem Gesicht, obwohl Botox-Behandlungen mittlerweile recht leicht zugänglich sind. Man spritzt dabei ein vom Bakterium *Botulinum* (das auch Lebensmittelvergiftungen hervorruft) erzeugtes Toxin, dessen Wirkung in der Regel einige Monate lang anhält. (Schönheitschirurgie, Laserbehandlung und Botox-Injektionen sind nicht ungefährlich, aber offenbar wurden sie bisher nur an menschlichen Versuchskaninchen getestet, wogegen wohl keine Einwände erhoben werden.)

Botox wird auch medizinisch verwendet, etwa zur Behandlung der zervikalen Dystonie (starken Kontraktionen der Schulter-Nacken-Muskulatur) und der übermäßigen Schweißabsonderung. Besonders früh wurde der Wirkstoff in den USA zur Therapie des Schielens zugelassen; dass er auch Falten mildert, fiel dem kanadischen Augenspezialisten Jean Carruthers auf, der damit die Lidzuckungen eines Patienten behandelte. Man verspricht sich von Botox auch Erfolge bei der Langzeittherapie von Migräne und der Parkinson-Krankheit. Die Wirkung der Substanz beruht auf der Blockierung der Freisetzung von Acetylcholin, dem für die Muskelkontraktionen verantwortlichen Neurotransmitter. Dringt Botox jedoch in das umliegende Gewebe ein, so kommt es zu unerwünschten Nebenwirkungen, zum Beispiel zu Schluckstörungen bei Patienten, die den Wirkstoff zur Behandlung der Nackenmuskulatur erhalten haben.

Eine Alternative für alle, die jünger aussehen möchten, besteht in der Abtragung der oberen Schichten abgestorbener Hautzellen. Dies lässt sich unter anderem mit Chemikalien bewerkstelligen. Alkalilösungen wirken zwar hervorragend, sind aber zu gefährlich, um sie der Allgemeinheit verkaufen zu können; man verwendet deswegen lieber Säuren. Mit der Oberschicht der Haut verschwinden (zumindest für den Moment) oberflächliche Flecken und Fältchen. Unter medizinischer Überwachung vorgenommen, erzeugt eine derartige Behandlung innerhalb von etwa 24 Stunden eine etwas dickere Schicht abgestorbener Zellen, die mit Wasser und Seife abgewaschen wird. Darunter kommt eine »verjüngte« Haut zum Vorschein. Die anschließend auftretende Hautrötung verschwindet im Laufe des Tages. Mehrere Wochen lang wirkt der Teint erfrischt.

Mittel zu weniger drastischen Säurebehandlungen sind auch für den Hausgebrauch erhältlich. Mancher Kunde findet es beruhigend zu wissen, dass es sich um pflanzliche Wirkstoffe oder Inhaltsstoffe von Milch handelt.

*They say that milk improves the skin,
But drink it dear, don't rub it in!*

So predigt ein altertümliches Couplet – aber wer auch immer es gedichtet hat, er verbreitete nur die halbe Wahrheit, indem er sich über das Baden in Milch, eine traditionelle Verjüngungskur, lustig machte. Der rosige Teint von Milchmädchen ist von alters her bekannt, und die ägyptische Herrscherin Cleopatra (69–30 v. Chr.), eine berühmte Schönheit der Antike, pflegte den Überlieferungen zufolge in Eselsmilch zu baden. Dies war nicht weniger sinnvoll als die von anderen empfohlene Anwendung von Zitronensaft, denn Milch und Zitronen enthalten ebenso wie viele weitere Naturprodukte Alpha-Hydroxysäuren (AHAs). Wie bereits beschrieben, schälen diese die obere Hautschicht ab.

Zu den wichtigsten natürlichen Quellen für AHAs zählen Zuckerrohr (enthält Glycolsäure), Milch (Milchsäure), Trauben (Weinsäure), Zitronen (Zitronensäure), Äpfel (Äpfelsäure) und bittere Mandeln (Mandelsäure).

1984 behandelte der Dermatologe Eugene Van Scott aus Pennsylvania die Haut von 27 weiblichen Versuchspersonen drei Monate lang zweimal täglich mit einer konzentrierten Alpha-Hydroxycarbonsäure, und zwar der chemisch einfachsten, Glycolsäure. Er erzielte bemerkenswerte Ergebnisse: Zwei Drittel der Frauen beobachteten eine deutliche Milderung der Falten. Weitere Behandlungsversuche von Van Scott und seinen Kollegen wurden 1986 im *Journal of the American Academy of Dermatology* veröffentlicht. Nach sechsmonatiger Säureanwendung, so war zu lesen, sei die Haut nachweislich dicker und elastischer geworden.

Zu Beginn der 1990er-Jahre hielten auch andere Fruchtsäuren Einzug in die Rezepte der Anti-Falten-Kuren und Hautcremes. Einige stammten tatsächlich aus natürlichen Quellen. So entsteht bei der Vergärung mancher Früchte ein ganzer Cocktail von AHAs, aus Chardonnay-Trauben zum Beispiel Milch-, Äpfel- und Weinsäure, dazu Brenztrauben- und Essigsäure. Zitronen, Grapefruits, Tomaten und Heidelbeeren liefern anders zusammengesetzte Mischungen. Um ihren Produkten einen exotischen Anstrich zu geben, verwenden manche Hersteller Ananas oder Passionsfrüchte; Früchte und Beeren aus den Hochlagen der Schweizer Alpen lassen einen Hauch frischer Gebirgsluft durch die Werbespots wehen. Das Unternehmen Optima Chemicals verkauft ein Produkt namens SeaAcid; die AHAs dieser »Meeressäure« entstehen bei der Fermentation von marinen Algen und Tang. SeaAcid besteht im Wesentlichen aus Milchsäure, etwas Äpfel- und Brenztraubensäure und zusätzlich Kohlenhydraten, die dafür sorgen, dass sich die Mischung auf der Haut angenehm anfühlt.

Kulturpflanzen sind natürliche Fabriken für Fruchtsäuren. Sinnvoller kann es allerdings sein, die Substanzen in Chemieanlagen herzustellen. Die Rohstoffe sind dann weniger knapp und daher billiger, außerdem sind sie reiner – die Wahrscheinlichkeit, dass sie potenziell allergene Beimischungen enthalten, ist erheblich geringer. Die aktiven Inhaltsstoffe von Anti-Falten-Cremes sind jedenfalls AHAs, gleichgültig, aus welcher Quelle man sie bezieht.

Nachdem man die Wirksamkeit der Alpha-Hydroxysäuren einmal erkannt hatte, setzte sehr schnell der Kampf um die Vermarktung ein. Die Resultate der Anwendung von Schälkuren und chemischen Peelings sahen unbestreitbar gut aus; ebenso wenig zu bestreiten waren jedoch die Risiken, denn die Cremes enthielten hohe Säurekonzentrationen, die in den Händen unerfahrener Kunden durchaus Hautschäden anrichten konnten. Beschwerden von Käufern über Hautrötungen, geschwollene Augen, Blasenbildung, Ausschlag, Juckreiz und sogar Blutungen folgend, begann die FDA 1989 AHA-haltige Produkte unter die Lupe zu nehmen.

Nach einer weiterführenden Untersuchung durch das Nationale Toxikologische Programm des amerikanischen nationalen Umweltforschungsinstituts (1997) wurde der Säureanteil in Hautkosmetik auf 10 % begrenzt; darüber hinaus musste der *pH-Wert* (→ Glossar) auf 3,5 gepuffert werden. Inzwischen enthalten die frei verkäuflichen Cremes nur noch bis zu 8 % Säure; wirksam sind sie unter Umständen trotzdem. Eine von der Industrie finanziell unterstützte Studie ergab, dass eine zwölfwöchige Anwendung (zweimal täglich) einer vierprozentigen Glycolsäurelösung so gut wie keine Rötung der Haut bewirkt. Trotzdem warnte die FDA im Sommer 2002 vor der AHA-Behandlung der Haut, da sie neuesten Ergebnissen zufolge die Anfälligkeit auf Sonnenbrände erhöht.

Auch in Großbritannien gab es Klagen von Kunden über Hautschäden durch AHAs. Von Liverpool aus agierend, trug ein Rechtsanwalt ihre Schadenersatzforderungen zusammen und machte 1995 auch die Medien auf die Leiden der Anwender aufmerksam. Angegriffen wurden vor allem die Kosmetikhersteller Elisabeth Arden und Clinique, die in der Folgezeit tatsächlich einige besonders augenreizende, in Einzelfällen sogar zu verschwommenem Sehen führende Produkte vom Markt nahmen. Zu bedeutenden Prozessen kam es nicht, aber es wurden mehrere außergerichtliche Vergleiche abgeschlossen.

Glycolsäure

Glycolsäure ist die am einfachsten aufgebaute Alpha-Hydroxycarbonsäure. Größere Mengen davon sind in Zuckerrohrsaft enthalten, geringere in Artischocken, Zwiebeln, Zuckerrüben, Weizen, Apfelsaft, Sojasoße und Chardonnay-Trauben. Weil Glycolsäure in vielen verschiedenen Naturprodukten vorkommt, gilt sie ganz selbstverständlich als ungefährlich. Wäre dies nicht so, gäben die dokumentierten Toxizitätsprüfungen wohl Anlass zu Bedenken. Bei Ratten zum Beispiel, deren Futter Glycolsäure zugegeben wurde, beobachtete man Wachstumsstörungen und Nierenschädigungen. Die Studie wurde an Albino-Ratten vorgenommen, und der Anteil der Glycolsäure an der Nahrung betrug 2 %; so lassen sich die negativen Effekte vielleicht erklären. Erhielte man derartige Resultate für einen neuartigen, synthetischen Stoff, er würde niemals zur Verwendung in Kosmetika zugelassen, könnte er Fältchen auch noch so überzeugend zum Verschwinden bringen.

Vom Hersteller erhält man Glycolsäure als 70%ige Lösung. Zu den Anwendungsgebieten gehören insbesondere Reinigungsmittel für Kupfer, außerdem verhindert die Säure die Ablagerung von Kesselstein in Anlagen zur Wasseraufbereitung und findet Verwendung beim Färben sowie bei der Herstellung von Klebstoffen. Benzylglycolat, ein Abkömmling der Glycolsäure, schreckt Mücken ab.

Derart konzentrierte Glycolsäurelösungen werden auch medizinisch angewendet, um Hautschäden durch Akne und Ekzeme zu mildern, dürfen aber nur vom (Haut-)Arzt aufgetragen werden. In Kosmetiksalons arbeitet man gewöhnlich mit 10- bis 20%igen Lösungen, im Handel erhältliche Zubereitungen enthalten sehr wahrscheinlich weniger als 10 % Säure.

Reine Glycolsäure ist eine farblose, kristalline Substanz. Gibt man sie in Wasser, so entsteht eine saure Lösung, deren pH-Wert auf ungefähr 3 eingestellt wird. Glycolsäurekristalle schmelzen bei 80 °C; bei diesen Temperaturen beginnen die Moleküle, sich zu einem Polymer zu verbinden, dem Polyglycolid, das ebenfalls zu verschiedenen Zwecken verwendet wird. Insbesondere stellt man daraus chirurgisches Nahtmaterial her, denn das Polymer zerfällt mit der Zeit wieder in Monomere, die der Körper mit Leichtigkeit ausscheiden kann. Diese Rückverwandlung in die Säure kann auch nützlich sein, wenn man ein saures Milieu über längere Zeit hinweg aufrechterhalten will.

Lässt sich die Falten mindernde Wirkung der Glycolsäure auch *wissenschaftlich* begründen? Vielleicht. Die Moleküle dieses kleinsten Vertreters der Alpha-Hydroxysäuren können die Zellwände besonders gut durchdringen. Innerhalb der Zellen regt die Säure den Proteinstoffwechsel an, in dessen Verlauf Collagen und andere Verbindungen gebildet werden. Diese Vorgänge lassen die Zellen anschwellen und verjüngt wirken, und außerdem wird die Abstoßung der abgestorbenen, oberen Hautschichten angekurbelt: Frische, junge Haut kommt zum Vorschein. In Spezialbehandlungen angewendete höhere Konzentrationen können sogar die Synthese von Collagen bewirken.

Herstellern von glycolsäurehaltigen Kosmetika wird empfohlen, einen Säuregehalt von 4 % nicht zu überschreiten. Wirksam ist aber erst etwa die doppelte Konzentration. Sollten Sie in Versuchung geraten, eine Creme mit mehr als 4 % Glycolsäure auszuprobieren, dann tragen Sie sie zunächst auf einen kleinen Hautbereich auf. Kommt es dort zu Rötungen, Juckreiz oder Stechen, lassen Sie von dem Produkt lieber die Finger.

Milchsäure

Milchsäure wirkt milder als Glycolsäure. Man gewinnt sie durch Fermentation beliebiger Kohlenhydrate, zum Beispiel Molke, Traubenzucker, Stärke oder Melasse, oder aus der Industriechemikalie Acrylnitril, einem Grundstoff der Plastik- und Faserherstellung.

Milchsäure gehörte zu den ersten entdeckten organischen Säuren und wurde neben Zitronensäure, Oxalsäure und Weinsäure bereits in den 1780er-Jahren von dem schwedischen Chemiker Carl Scheele (1742–86) beschrieben. Milchsäure kommt, wie der Name andeutet, in Milch vor, außerdem in Brot, Käse, Fleisch, Bier und Wein. Auch unser Körper enthält größere Mengen Milchsäure als absolut natürliches Nebenprodukt des Kohlenhydratstoffwechsels. (Ein wenig Milchsäure atmen wir aus – Mücken orten uns auf diese Weise.) In der Haut kommt Milchsäure als wichtigste wasserlösliche Säure der Epidermis vor. Ihre Funktion ist, die Haut in gutem Zustand zu erhalten. Ist die natürliche Produktion zu gering, versucht man folgerichtig, den Mangel mit entsprechenden Cremes auszugleichen. Milchsäure lässt Sonnenbrände schneller abheilen, mildert Falten, bleicht Sommersprossen und Altersflecken (braune Stellen mit überschüssiger Melaninproduktion, die sich im Alter bilden; ihr medizinischer Name ist *Lentigo senilis*). Auch manchen Rasiercremes wird die Säure zugesetzt.

Die Wirkung der Milchsäure beruht darauf, dass sie in die Oberhaut eindringt und dort *Wasserstoffbrückenbindungen* (→ Glossar) zwischen den Zellen spaltet. So lassen sich abgestorbene Schichten leichter entfernen. Außerdem verbessert sie die Durchfeuchtung der äußeren Hautbereiche, indem sie deren Fähigkeit zur Wasserspeicherung steigert und die Elastizität fördert. Dies wirkt den offensichtlichen Alterserscheinungen wie Trockenheit, Rissigkeit und Schuppenbildung entgegen. Milchsäure macht die Haut weich, erweitert die Poren und erfrischt.

Um den pH-Wert der Säure zu stabilisieren – dafür zu sorgen, dass die Substanz keinen Schaden anrichten kann, aber trotzdem wirkt –, verwendet man einen *Puffer* (→ Glossar). Der pH-Wert milchsäurehaltiger Kosmetika liegt in dem als optimal angesehenen Bereich von 3 bis 4. Das Abpuffern der Säure (Herstellen einer geeigneten Mischung mit ihrem Salz Natriumlactat) hält den pH-Wert konstant.

Salzartige Lactate finden sich auch in anderen Toilettenartikeln: Kaliumlactat zum Beispiel erhöht die Viskosität von Flüssigkeiten, wirkt also als Verdickungsmittel; Silberlactat ist ein Bestandteil mancher Anti-Schuppen-Shampoos, und Zirconiumlactat reduziert die Schweißabsonderung.

Zu den Lactaten zählen weiterhin die Milchsäureester. (Weitere Angaben zu *Estern* finden Sie im → Glossar.) Butyllactat, Lauryllactat und Myristyllactat sorgen als Inhaltsstoffe von Cremes dafür, dass sich die Haut sanft und glatt anfühlt. Ethyllactat hat sogar noch breitere Einsatzgebiete, wie Sie im Kasten nachlesen können.

Ethyllactat: Ein nachwachsendes Lösungsmittel für die Industrie

Bei Reinigungsprozessen in der Industrie kommt man nicht ohne Lösungsmittel aus, und diese sollen wirksam, effizient und ungefährlich sein. Lösungsmittel, die in die Atmosphäre verdampfen und sich dort nicht rasch zersetzen, wirken als Treibhausgas. Langfristig bevorzugt werden nachwachsende Substanzen: Lösungsmittel, die heute noch aus fossilen Brennstoffen hergestellt werden, will man zukünftig aus Landwirtschaftserzeugnissen produzieren. Ethyllactat entspricht diesen Anforderungen.

In den Vereinigten Staaten, Holland und Spanien gibt es bereits Anlagen, in denen Ethyllactat aus erneuerbaren Rohstoffen synthetisiert wird. Die Nachfrage nach dem Lösungsmittel beträgt fast 20 000 Tonnen pro Jahr, obwohl die Verbindung mit einem Preis von 4 € pro Liter viermal so teuer ist wie vergleichbare Reinigungshilfsmittel. In den Vereinigten Staaten geht die Synthese von Getreidestärke aus, in Holland und Spanien werden Zuckerrüben eingesetzt. Milchsäure entsteht bei der Fermentation der Kohlenhydrate durch Bakterien oder Pilze.

Ethyllactat (»Vertec«) ist eine farblose, charakteristisch fruchtig riechende Flüssigkeit, die erst bei 145 °C siedet. Das bedeutet, die Substanz ist nicht besonders flüchtig, sodass die Verdampfungsverluste gering bleiben. Trotzdem in die Umwelt gelangende Dämpfe werden schnell abgebaut. Vertec löst sehr viele verschiedene Stoffe und konnte auf manchen Gebieten bereits klassische Lösungsmittel wie Xylol, Aceton und Dimethylformamid verdrängen.

Die zukünftigen Einsatzgebiete der Milchsäure gehen über die Herstellung von Kosmetika hinaus und werden sich in unserem Jahrhundert noch erweitern, wenn sich die Industrie auf den Einsatz nachwachsender Rohstoffe umstellt. Besondere Bedeutung kommt dabei der Polymilchsäure (Polylactide, PLA) zu. In einer von den amerikanischen Unternehmen Cargill und Dow Chemicals gemeinsam betriebenen Anlage in Blair, Nebraska, wird Milchsäure aus Mais und Zuckerrohr gewonnen und polymerisiert. Aus PLA, das unter dem Handelsnamen NatureWorks verkauft wird, lassen sich Verpackungen und Textilien herstellen. In fester Form ist es Polystyrol vergleichbar, als durchsichtige Folie wirkt es wie Cellophan, und PLA-Fasern lassen sich ähnlich wie Polyester zu Oberbekleidung und Teppichen verarbeiten.

Wirken Alpha-Hydroxycarbonsäuren nun tatsächlich? Die Antwort lautet, so scheint es, ja. In der Zeitschrift *Archives of Dermato-*

logy berichtet 1995 Matthew Stiller von einem Doppelblindversuch an 74 Frauen im Alter von 40 bis 70 Jahren, deren Haut durch starke Sonneneinwirkung vorgeschädigt war. Die tägliche Anwendung von 8%igen AHA-Lösungen über sechs Monate hinweg wirkte sich eindeutig positiv aus, wobei zu diskutieren ist, wann man wirklich von »Verjüngung« sprechen kann. Auf dem 55. Jahrestreffen der American Academy of Dermatology (1997) hielt Lynn Drake einen Vortrag über ihre Erfahrungen mit AHAs. Sie hatte Doppelblindversuche mit Cremes ausgeführt, die 8 % Glycol- bzw. Milchsäure enthielten, und beobachtete eine »leichte, aber signifikante« Verbesserung des Erscheinungsbildes der Haut – insbesondere, wenn diese Schäden durch Sonnenstrahlung aufwies.

Erwähnt werden sollen hier noch die Beta-Hydroxysäuren (BAHs; im → Glossar siehe unter *AHA*), die sich wie ihre Alpha-Verwandten zum chemischen Peeling verwenden lassen. Gelegentlich wird behauptet, BHAs wirkten besser gegen Falten als AHAs und riefen überdies keine Hautirritationen hervor. Der Beweis für diese Überlegenheit steht jedoch noch aus.

Seidig schimmernde Haut: Bornitrid

Bornitrid wurde für die Raumfahrtindustrie entwickelt; man stellt daraus auch Tiegel für geschmolzene Metalle her.	Daneben aber sorgt es dafür, dass sich gewöhnliche Kosmetika seidig auf der Haut anfühlen.

Zu den geistreichsten Namen kosmetischer Produkte gehört sicherlich *Très BN* – nicht nur ein Wortspiel mit dem Inhaltsstoff Bornitrid, dessen chemische Formel BN lautet, sondern auch ein Fingerzeig auf den Ruf von Stil und Flair, in dem französische Schönheitsprodukte allgemein stehen. Diese eigenartige chemische Verbindung wird von der Firma Saint-Gobain Advanced Ceramics (früher Carborundum Corporation) hergestellt, was Rückschlüsse darauf zulässt, wozu der Stoff ursprünglich gedacht war: als Hochleistungskeramik für extreme Bedingungen, insbesondere in der Luft- und Raumfahrt.

Ein Chemiker namens Blamain stellte 1842 Bornitrid erstmals her, indem er eine Mischung von Boroxid und Quecksilbercyanid erhitzte. Bald fand man bessere Synthesewege, beispielsweise das Erhitzen von Natriumborat (Borax) mit Ammoniumchlorid. Als das

Produkt in den Handel kam, hatte sich bereits die Darstellung aus Borax und Melamin im Elektroofen bewährt. Bornitrid besteht aus Bor- und Stickstoffatomen, abwechselnd in einem dreidimensionalen Gerüst angeordnet und chemisch aneinander gebunden. Der Festkörper existiert in zwei Modifikationen, die denen des Kohlenstoffs (Graphit und Diamant) analog sind. Chemiker überrascht das nicht: Eine Verbindung aus Bor (5 Elektronen) und Stickstoff (7 Elektronen) weist die gleiche Elektronenanordnung auf wie reiner Kohlenstoff (6 Elektronen). In Graphit ist jedes Kohlenstoffatom in einer Ebene mit drei anderen verbunden. So entstehen wabenartige Schichten, die sich übereinander liegend anordnen und leicht aneinander entlanggleiten. Aus diesem Grund verwendet man Graphit als Gleitmittel in Schmierstoffen. Die graphitartige Form des Bornitrids, auch hexagonales BN genannt, verhält sich ähnlich und wird auch zu ähnlichen Zwecken benutzt, besonders bei hohen Temperaturen, wie sie beim Heißpressen und bei der Zerspanung vorkommen. Weitere Einsatzgebiete sind Isolatoren, Schmelztiegel oder Kompositwerkstoffe, aus denen die Fenster von Mikrowellenherden bestehen.

Diamant hingegen, der härteste bekannte Naturstoff, ist alles andere als weich und brüchig. Im Diamantkristall ist jedes Kohlenstoffatom mit vier Nachbarn in Form einer dreidimensionalen Pyramide verbunden, wodurch der Festkörper hart und widerstandsfähig wird. Analog aufgebaut ist das diamantähnliche (kubische) BN, dessen Härte der des Diamanten kaum nachsteht. Beide Kristalle benutzt man als Schleifmittel speziell für Schneidwerkzeuge aus Eisen und Stahl. Kubisches BN wurde 1957 erstmals dargestellt, und zwar durch Erhitzen hexagonalen Bornitrids auf 1800 °C unter einem Druck von 85 000 Atmosphären.

In Grundformen gepresstem hexagonalem BN lässt sich auf Drehbänken leicht jede kompliziertere Form verleihen. Das Material wird von den meisten Metallschmelzen nicht benetzt und eignet sich deshalb hervorragend für Schmelztiegel. Im Gegensatz zum elektrisch leitfähigen Graphit ist hexagonales BN ein Isolator. Obwohl chemisch etwas stabiler als Graphit, ist BN oxidationsanfällig, was seine Verwendungsfähigkeit bei hohen Temperaturen etwas einschränkt.

An dieser Stelle werden Sie sich sehr wahrscheinlich wundern, was eine derart exotische Chemikalie in Kosmetika zu suchen hat –

in denen sie vielfach enthalten ist. Hexagonales BN ist weiß. Zu Pulver vermahlen, verleiht es Teintgrundierungen, Lippenstiften und Nagellacken eine weiche, seidige Struktur und einen perlmuttartigen Schimmer. Der klassische Inhaltsstoff zur Erzeugung eines Perlmutteffekts ist Bismutoxychlorid, BiOCl, aber BN ist ihm überlegen. Geeignet aufgewachsene BN-Kristalle streuen Licht und lassen das Produkt glitzern. Kosmetika enthalten allgemein zwischen einem und zehn Prozent BN, der Anteil kann aber auch wesentlich höher sein. Die Substanz ist vollkommen ungiftig und in keiner Weise gefährlich. Teintgrundierungen setzt man Bornitrid zu, weil es Falten durch die Reflexion von Licht verdeckt: Nur der Mangel an Reflexionsvermögen, verglichen mit der umgebenden Haut, macht die Linien so auffällig.

Hexagonales BN hat eine geringere Reibungszahl als Talkumpuder, welcher jahrhundertelang der Grundstoff vieler Kosmetika war. Seit Talkumpuder in den 1990er-Jahren mit der Entstehung von Eierstockkrebs in Zusammenhang gebracht wurde, fiel er bei den Herstellern von Kosmetika und Toilettenartikeln in Ungnade und wurde durch Bornitrid ersetzt.

Sonnenblocker*, Sonnenfilter und Selbstbräuner

Zum Schutz der Haut gegen den (potenziell Krebs auslösenden) Ultraviolett-Anteil der Sonnenstrahlung können Sie Lotionen mit verschieden starken Strahlungsfiltern auftragen. Manche Produkte bewirken eine Bräunung der Haut auch ohne Sonnenbad; außerdem gibt es Cremes zur Aufhellung unerwünscht pigmentierter Hautbereiche.

Das gegenwärtige Schönheitsideal ist ein leicht bis mäßig gebräunter Körper. Er sieht nicht nur attraktiv aus, sondern wird auch als gesund empfunden. Auf die Jagd nach bräunenden Strahlen gehen die meisten Menschen im Urlaub, indem sie sich Ziele aussuchen, an denen garantiert fast jeden Tag die Sonne scheint, etwa die Küsten des Mittelmeers und der Karibik, Australien, Südostasien, Kalifornien und Florida. Dabei setzen sie sich nicht nur dem Risiko aus, an Krebs zu erkranken, sondern fügen sich langfristig auch an-

* Als Sonnenblocker bezeichnet man undurchsichtige Substanzen, die die Haut physikalisch von der Sonnenstrahlung abschirmen. Zinkoxid und Titandioxid gehören dazu. Sonnenfilter hingegen sind durchsichtig, absorbieren aber gemäß ihrer chemischen Natur Sonnenlicht in bestimmten Wellenlängenbereichen.

dere Schäden zu: Die Haut wirkt lederartig, beschönigend als »wettergegerbt« bezeichnet. Schuld daran ist die ultraviolette Strahlung, speziell aus dem so genannten UV-B-Bereich. Diese Strahlen dringen tief in die Haut ein und können Krebs auslösen, indem sie DNA zerstören und das Immunsystem schwächen.

Sichtbares Licht setzt sich aus Anteilen von sechs gut zu unterscheidenden Farben zusammen: Rot, Orange, Gelb, Grün, Blau und Violett. (Natürlich kann man viel feinere Farbabstufungen festlegen, aber die hier genannten sind die wichtigsten und im allgemeinen Sprachgebrauch üblichen.) Rotes Licht liegt im Wellenlängenbereich von etwa 740 bis 620 Nanometern (nm), oranges Licht bei 620–585 nm, gelbes bei 585–575 nm, grünes bei 575–500 nm, blaues bei 500–445 nm und violettes bei 445–400 nm. Wellenlängen kürzer als 400 nm können Menschen in der Regel nicht wahrnehmen; es folgen in dieser Region noch die »Farben« Ultraviolett-A, 400–320 nm, und Ultraviolett-B, 320–280 nm. Licht aus einem dritten UV-Bereich, Ultraviolett-C (280–100 nm), erreicht nur in sehr geringer Intensität die Erdoberfläche, denn es wird fast vollständig von der Ozonschicht in der Hochatmosphäre absorbiert.

Obwohl wir UV-A und UV-B nicht *sehen* können, schädigt die Strahlung unsere Augen und löst Hautreaktionen aus: UV-A bewirkt eine langsame Bräunung, UV-B eine schnelle Rötung. UV-A bezeichnet man manchmal als die Alterungsstrahlung – genau dies ist ihre Wirkung –, UV-B-Strahlen hingegen erweitern die oberflächennahen Blutgefäße, wodurch sich die Haut heiß anfühlt und rötet wie bei einer Verbrennung.

Menschliche Hautzellen sind farblos und haben einen Mechanismus entwickelt, um sich gegen UV-Strahlung zu schützen: Sie bilden spezielle Moleküle, die sich in der oberen Hautschicht (der Hornschicht) befinden und UV-Licht absorbieren. Typische derartige Verbindungen sind *Aminosäuren* (→ Glossar) wie Tryptophan und Tyrosin, dazu Urocansäure, die aus der Aminosäure Histidin entsteht. Urocansäure unterdrückt aber außerdem das Immunsystem, was im Allgemeinen nicht erwünscht ist. Bevor man diesen Effekt erkannt hatte, setzte man die Substanz Kosmetika als Feuchtigkeitsspender zu, in den 1960er-Jahren wurde sie als »natürlicher« Sonnenfilter betrachtet (was sie ja tatsächlich ist). Inzwischen ist ihre Verwendung verboten.

Der wirksamste Sonnenblocker ist das chemische Pigment Melanin, das in den oberen Hautschichten in besonderen Zellen, den Melanozyten, gebildet wird. (Melanine sind auch für die dunkle Färbung von Haaren, Federn, Fell und Pilzen verantwortlich.) Werden diese Zellen mit UV-A-Licht bestrahlt, so wird die Synthese des Polymers Melanin aus der Aminosäure Tyrosin und anderen Bausteinen angeregt. Je intensiver die Einstrahlung ist, desto mehr Melanin entsteht und desto dunkler färbt sich die Haut. Auch andere Lebewesen schützen sich mit Melanin vor Strahlung, darunter Säugetiere, Insekten, verschiedene Pflanzen, Pilze und sogar Mikroorganismen. Menschen mit afrikanischen Vorfahren haben eine von Natur aus stark pigmentierte Haut, die sie lebenslang behalten. Bei Hellhäutigen dauert es eine Weile, bis die Melaninproduktion in Gang kommt, weshalb die Haut bei plötzlicher Sonnenbestrahlung schon nach kurzer Zeit Schäden davonträgt.

Nach der Sonnenempfindlichkeit unterscheidet man vier Hauttypen: Typ I ist der empfindlichste, Typ IV der widerstandsfähigste. Nordeuropäer keltischer Abstammung gehören zu den Typen I und II; sie bekommen schnell Sonnenbrände und bräunen nur wenig, da die Haut nicht genug Melanin produzieren kann, um sich wirksam zu schützen. In den Mittelmeerländern hingegen findet man in der Regel die Hauttypen III und IV, die Menschen werden rasch braun und holen sich selten einen Sonnenbrand. Besonders vorsehen müssen sich alle Rothaarigen mit heller Haut – sie produzieren zwar auch eine Form des Melanins, diese bietet aber nur wenig Schutz gegen UV-Strahlung. Melanotan, ein in Australien entwickelter, oral verabreichbarer Wirkstoff, regt die Melaninbildung in der Haut tausendmal effektiver und nachhaltiger an als das körpereigene Enzym. Damit sorgt es für natürliche Bräunung und natürlichen Schutz. Vielleicht kommt Melanotan eines Tages auf den Markt.

Die Haut einiger Menschen enthält so wenig Melanozyten, dass sich Rötungen und Entzündungen bereits bei Bestrahlungsintensitäten zeigen, die normalerweise keine negativen Effekte bewirken. In diesen Fällen ist die regelmäßige Anwendung von Sonnenfiltern bei jedem Aufenthalt unter freiem Himmel notwendig. Diese so genannte Photosensitivität tritt auch als Nebenwirkung mancher Medikamente auf.

Ausgedehnte Sonnenbäder lösen schlimmstenfalls Hautkrebs aus. Daraus ist allerdings nicht abzuleiten, man dürfe die Haut der

Sonne überhaupt nicht aussetzen. Sich an frischer Luft zu bewegen ist generell sinnvoll. Unter Einwirkung von UV-Strahlung deckt die Haut den größten Teil unseres Bedarfs an Vitamin D, dessen Mangel bei Kindern zur Schwächung des Knochengerüsts und weiter zu Rachitis führt. Der Körper braucht Vitamin D zur Calciumverwertung, und Calcium ist ein Hauptbestandteil der Knochen. Auch Erwachsene benötigen Vitamin D zur Gesunderhaltung des Skeletts, zur Vorbeugung gegen Depressionen und zum Schutz des Herzens. Einige Minuten Sonnenschein am Tag tun jedem gut; Michael Holick von der Boston University behauptet sogar, sie helfen dem Körper durch Ankurbelung der Vitamin-D-Synthese bei der Abwehr von Dickdarm-, Brust- und Prostatakrebs. Natürlich können wir Vitamin D auch mit der Nahrung aufnehmen. Es wird jedoch vermutet, dass vom Körper selbst produziertes Vitamin länger im Organismus verbleibt. Außerdem könnten gleichzeitig andere nützliche Verbindungen synthetisiert werden.

In den Vereinigten Staaten erkrankt jährlich mehr als eine halbe Million Menschen an irgendeiner Form des Hautkrebses. Der American Cancer Society zufolge entwickelt eine von sechs Personen im Laufe des Lebens diese Krankheit. Besonders häufig treten Basalzellkarzinome (Basaliome) auf, erhabene, harte, rote Flecken an den lichtexponierten Körperteilen (Gesicht, Hände, Nacken). Etwas weniger häufig sind Plattenepithelkarzinome, Knoten mit harter Oberfläche, die meist an Lippen, Ohren und Händen entstehen. Beide Krebsarten sind nicht lebensbedrohlich, denn sie bilden keine Metastasen in anderen Organen und lassen sich verhältnismäßig leicht entfernen.

Auf die dritte Haukrebsart, das Melanom, trifft dies nicht zu. Melanome entwickeln sich oft aus Leberflecken, die unverhältnismäßig schnell zu wachsen beginnen und sich blauschwarz verfärben. Obwohl Melanome glücklicherweise ziemlich selten sind, fallen ihnen in Nordamerika und Europa jährlich je rund 6000 Menschen zum Opfer. Das bedeutet, in einer mittelgroßen Stadt mit 100 000 Einwohnern treten pro Jahr ein bis zwei Fälle von Melanomen, hingegen etwa 65 Fälle der anderen Hautkrebsarten auf.

Ist tatsächlich die UV-B-Strahlung für den Hautkrebs verantwortlich? Nicht unbedingt. Mittlerweile vermutet man, dass sich Melanome meist bei durch genetische Mutationen prädisponierten Patienten entwickeln. So ist zu erklären, dass der »schwarze Hautkrebs« oft an Körperstellen ausbricht, die selten der Sonne ausgesetzt sind. Den genetischen Defekt entdeckten 2002 Richard Wooster und seine Kollegen vom Wellcome Trust Sanger Institute in Cambridge (England). Bereits einige Jahre zuvor äußerte Marianne Berwick vom Memorial Sloan-Kettering Cancer Center in New York die Ansicht, zwischen Melanomen und Sonneneinstrahlung bestehe kein Zusammenhang. Frau Berwick wertete zahlreiche Studien aus, die die Melanomhäufigkeit mit dem Gebrauch von (mutmaßlich davor schützenden) Sonnenblockern korrelierten, und folgerte, dass die verwendeten Sonnencremes die Entstehung von Melanomen nicht signifikant verhinderten. Nachweislich setzen Sonnenschutzmittel jedoch die Häufigkeit von Basaliomen und Plattenepithelkarzinomen herab. Deshalb verwundert es nicht, dass der Markt der auf verschiedenste Weise wirkenden Sonnencremes und -lotionen mittlerweile einen Umfang von vier Milliarden Dollar jährlich übersteigt.

Um unsere Haut vor Schäden durch UV-Strahlung zu schützen, bieten sich drei Wege an: Man kann dafür sorgen, dass (1) die Strahlen an der Haut reflektiert werden, (2) die Strahlen zwar absorbiert, aber dann unschädlich gemacht werden oder (3) Zerstörungen verhindert und Schäden repariert werden. Für alle diese Ansätze stehen spezielle chemische Verbindungen zur Verfügung. Für Sonnenschutzmittel wird viel Geld ausgegeben, insbesondere seit allgemein bekannt ist, dass es nicht genügt, ein Öl oder eine Creme nur morgens anzuwenden. Bei intensiver körperlicher Betätigung wird der Wirkstoff vom Schweiß, beim Baden vom Wasser abgewaschen. Ein Bad im Swimmingpool kühlt zwar ab und erfrischt, schützt aber keineswegs vor Sonnenbrand, denn UV-Strahlen werden vom Wasser nicht absorbiert. Geeignet für das Strandleben sind »wasserfeste« Cremes; sie enthalten Wasser abweisendes Siliconöl und haften deshalb länger (aber nicht unendlich lange) auf der Haut.

Zu den Inhaltsstoffen eines guten Sonnenschutzmittels sollten mikrofeines Titandioxid oder Zinkoxid als UV-A-Blocker und ein geeigneter organischer UV-B-Filter gehören. Die Creme oder Lotion sollte sich leicht auf der Haut verteilen lassen, eine lückenlose Schicht bilden und trotzdem unsichtbar sein. Sie sollte nicht klebrig und relativ wasserfest sein, sich aber problemlos mit Seife oder Duschbad abwaschen lassen. Natürlich sollte sie keine Brutstätte von Keimen sein, erwünscht ist ein angenehmer Duft und, was das

Wichtigste ist, ein hinreichend hoher Lichtschutzfaktor (LSF), zum Beispiel 15, der sich im Laufe des Tages auch kaum verändern darf. Der Lichtschutzfaktor gibt an, in welchem Maße ein Wirkstoff UV-Strahlung abschirmt. Seine Werte liegen zwischen 2 und 30, manchmal auch höher. Zur Berechnung des Faktors setzt man die Zeit, die bei geschützter bzw. ungeschützter Haut bis zum Auftreten eines Sonnenbrandes vergeht, ins Verhältnis. Kommt es beispielsweise bei ungeschützter Haut nach zwei Stunden zum Sonnenbrand, bei Anwendung eines gegebenen Produkts jedoch erst nach zwölf Stunden, so ist der Lichtschutzfaktor gleich 12/2=6. Der LSF ist folglich ein Maß dafür, inwieweit der verwendete Filter die auf die Haut treffende UV-Intensität vermindert. LSF 2 bedeutet, diese Intensität ist auf 50 % herabgesetzt, bei LSF 4 sind es 25 % (also werden 75 % der UV-Strahlung absorbiert), bei LSF 25 kommen nur noch 4 % der UV-Strahlung auf der Haut an. Theoretisch ist der Lichtschutzfaktor 50 erreichbar (98 % der Strahlung werden absorbiert); es wurden auch entsprechende Produkte hergestellt, aber der Aufwand lohnt sich kaum, da der Nutzen kaum höher ist als der von Cremes mit LSF 30.

Ursprünglich hielt man den Lichtschutzfaktor 10 für ausreichend. Einige besorgte Anwender greifen jedoch inzwischen zu Mitteln mit LSF 30; das bedeutet, in einem zweiwöchigen Urlaub ist die Haut nicht einmal einen vollen Tag lang der unverminderten Strahlung ausgesetzt (vorausgesetzt, das Produkt wird täglich aufgetragen). Die Zahlenwerte des LSF führen leicht zur Verwirrung: Viele halten die Schutzwirkung eines Creme mit LSF 30 für doppelt so hoch wie die einer Creme mit LSF 15, tatsächlich beträgt der zusätzliche Nutzen aber nur rund 4 % (bei LSF 30 werden 97 % der Strahlung absorbiert, bei LSF 15 sind es 93 %).

Eine typische Sonnencreme besteht aus 5 % mikrofeinen Titandioxidpartikeln, 5 % chemischen UV-Filtern, 10 % verschiedenen Ölen, 5 % Emulgator und außerdem aus destilliertem Wasser. Der Emulgator verhindert die Entmischung der Ölphase und der wässrigen Phase. Um Keime abzutöten, ist überdies ein Konservierungsstoff erforderlich.

Reflektiert werden UV-Strahlen am besten an einer oberflächlich aufgebrachten Schicht Titandioxid (TiO_2) oder Zinkoxid (ZnO). Man kann diese weißen Pigmente in Form einer Paste (»Schüttelmixtur«) auf die empfindlichsten Stellen des Gesichts (Nase, Wangenknochen, Lippen) auftragen. Zu derart drastischen Mitteln greifen Personen, die gezwungen sind, sich regelmäßig längere Zeit an der Sonne aufzuhalten, wie Bauern, Bauarbeiter oder Sportler. Dank des Geschicks der Chemiker sind aber auch weniger augenfällige Substanzen verfügbar, Pigmente, die sich einer Sonnencreme zusetzen lassen und auf der Haut nicht sichtbar sind.

Ein Trick besteht darin, Titandioxid in Form winzigster, für das Auge nicht erkennbarer Teilchen, so genannter *Nanopartikel* (→ Glossar), einzusetzen, deren optimale Größe bei etwa 50 Nanometern liegt. Nanopartikel lassen sich mit anderen UV-Filtern kombinieren, wodurch es sogar zu synergistischen Effekten kommt: Die Substanzen verstärken sich gegenseitig in ihrer Wirkung, weshalb sich die Konzentration von beiden absenken lässt. Manchmal passiert aber auch das Gegenteil – organische Filter können zur Verklumpung der Nanoteilchen führen, wodurch nicht nur deren Schutzfunktion beeinträchtigt, sondern die Creme auch als weißliche Schicht auf der Haut sichtbar wird. Um dies zu vermeiden, setzt man den Lotionen Siliconöl zu. Bringt man das Titandioxid dünn auf Glimmerteilchen auf, so ist es ebenfalls weniger stark sichtbar, und der Hautton wirkt natürlicher.

Um UV-Strahlen vor dem Eindringen in die Haut zu absorbieren, trägt man eine durchsichtige Schicht eines geeigneten Filters auf (dessen Effekt prinzipiell ähnlich dem einer Glasscheibe ist). Verwendet werden verschiedenste Absorber mit unterschiedlichen Wirkmechanismen. Orthohydroxybenzophenon absorbiert Strahlung mit Wellenlängen um 330 nm; dabei wird ein Wasserstoffatom, das chemisch an ein bestimmtes Sauerstoffatom gebunden ist, zu einem benachbarten Sauerstoffatom verschoben. Das entstandene energiereichere Molekül fällt anschließend in den energieärmeren Zustand zurück, wobei die überschüssige Energie in Form von unschädlicher Wärme abgegeben wird.

Bei anderen Molekülen bewirkt die Lichtabsorption das Anheben eines Elektrons auf ein höher gelegenes Energieniveau; bei der Rückkehr in das ursprüngliche Niveau wird Schwingungsenergie freigesetzt. Moleküle, deren Atomanordnung diesen Mechanismus zulässt, bezeichnet man als Chromophore.

Die chemische Industrie produziert jährlich über 6000 Tonnen Wirkstoffe, die vor UV-Strahlung schützen. Dazu gehören Abkömmlinge von Aminobenzoesäure, Kampfer und Zimtsäure (als

UV-B-Filter) sowie von Benzophenon und Dibenzoylmethan (UV-A-Filter). Alle diese Verbindungen sind organische Substanzen (sie enthalten ein Kohlenstoffgerüst) und als solche gut in Fetten und Ölen löslich. Gelegentlich reicht die Löslichkeit für kommerzielle Produkte trotzdem nicht aus. Man hilft sich dann durch Anlagerung von Kohlenwasserstoffgruppen an das Molekül. Manche organische Filter eignen sich nicht für Kosmetika, weil sie sich am Licht verfärben, wieder andere diffundieren in die Kunststoffe der Verpackungen.

Das dritte oben genannte Schutzprinzip besteht in der Reparatur bereits angerichteter Hautschäden durch Einsatz von Radikalfängern. UV-Strahlung kann chemische Bindungen spalten, wobei Bruchstücke von Molekülen entstehen, so genannte *freie Radikale* (→ Glossar). Freie Radikale reagieren bereitwilligst mit nahezu jedem Molekül, dem sie begegnen – dazu gehören auch die Bestandteile der DNA. Das gefährlichste freie Radikal entsteht aus molekularem Sauerstoff (O_2): Bei Bestrahlung von Sauerstoffgas mit UV-Licht bildet sich der äußerst reaktive Singulettsauerstoff.

Unser Organismus kann Schäden, die der DNA durch freie Radikale zugefügt wurden, eigentlich relativ problemlos beheben. Die UV-Strahlung beeinflusst jedoch auch das Immunsystem, das die Zerstörungen bemerken und die Reparatur in die Wege leiten soll. So steigt die Wahrscheinlichkeit, dass ein mutierter DNA-Strang der Aufmerksamkeit entgeht. Zur Verteidigung gegen derartige Angriffe produzieren die Zellen Radikalfänger. Spezielle Enzyme und manche Antioxidanzien (wie die Vitamine C und E) sammeln die reaktiven Spezies ein. Es lag nahe, diese schützenden Stoffe (und andere Antioxidanzien, wie die beispielsweise aus Traubenkernen extrahierbaren Polyphenole) Sonnencremes zuzusetzen.

Verschiedentlich wird behauptet, man könne sich durch die Einnahme des Nahrungsergänzungsmittels BioAstin vor UV-Strahlung schützen. BioAstin verdankt seine Wirkung der Verbindung Astaxanthin, einem kräftigen Antioxidans, das für die rote Färbung von Garnelen und Wildlachs verantwortlich ist. Astaxanthin soll 500-mal so wirksam sein wie Vitamin E. Berichten zufolge nahm die Sonnenempfindlichkeit bei der Hälfte einer Gruppe von Versuchspersonen, die regelmäßig BioAstin erhielten, signifikant ab. Studien in größerem Maßstab sind noch nicht abgeschlossen.

Der Weg zu modernen Sonnenschutzmitteln war gepflastert mit Misserfolgen und Auseinandersetzungen. Die erste Sonnencreme kam 1928 in den USA auf den Markt. Sie enthielt Benzylsalicylat und Benzylcinnamat, zwei Verbindungen, die nicht besonders wirksam sind. Nachfolgende Produkte sollten die schmerzhaften Effekte des Sonnenbadens weiter mildern. Erst in den 1960er-Jahren, als Pauschalreisen in sonnige Gefilde in Mode kamen, begann man die übermäßige UV-Belastung mit dem Auftreten von Hautkrebs in Zusammenhang zu bringen.

Sonnenschutzmittel müssen festgelegten Anforderungen entsprechen. Vorgeschriebene und verbotene Inhaltsstoffe sind in Listen zusammengefasst. Immerhin sind in den USA 17 Chemikalien für die Verwendung in Sonnencremes zugelassen, in Europa 25. Verbote wurden besonders aus der potenziell allergenen Wirkung bestimmter Substanzen abgeleitet. Dies betrifft zum Beispiel die früher recht beliebte Paraaminobenzoesäure (PABA), den ersten wirklich erfolgreichen Sonnenfilter. Ein Prozent der Anwender beobachtete nach dem Auftragen von PABA jedoch eine erhöhte Lichtempfindlichkeit der Haut. Untersuchungen an menschlichen Zellen zeigten, dass PABA zwar selbst keinen Krebs auslöst, aber an der Bildung von Vorläufern beteiligt ist. Ursprünglich hielt man PABA für ein Vitamin aus der B-Gruppe, das besonders in Kleie, Nieren, Leber und Joghurt vorkommt. Wie sich später erwies, führt ein Ausschluss von PABA aus der Nahrung nicht zu Mangelerscheinungen, weshalb die Substanz nicht mehr als Vitamin gilt.

Der meistverwendete chemische Sonnenfilter ist Octyl-methoxycinnamat (OMC, Handelsname zum Beispiel Uvinul® MC 80 von BASF). Allergien auf diese Substanz sind bisher so gut wie nicht aufgetreten; allerdings können sich in Mischungen von OMC mit bestimmten traditionellen Wirkstoffen zur Hautbehandlung, beispielsweise Perubalsam, allergene Verbindungen bilden. Ökotoxikologen werfen OMC und 4-MBC (4-Methylbenzyliden-Campher), einem weiteren gebräuchlichen Filter, eine potenziell hormonähnliche Wirkung vor. Abgeleitet wurde dies aus einer Forschungsarbeit von Margaret Schlumpf (Universität Zürich), die im Jahr 2001 haarlose Ratten einem 4-MBC enthaltenden Olivenölbad aussetzte und daraufhin bei den Tieren eine Zunahme des Gebärmuttergewichts feststellte. Im Jahr zuvor zeigte Terje Christsen von der norwegischen Strahlenschutzbehörde bei Oslo, dass OMC für Mäuse schon

in wesentlich geringeren Mengen tödlich wirkt, als bis dahin angenommen wurde. Das Risiko dieser Substanzen für den Menschen wird jedoch als minimal eingeschätzt, da OMC und 4-MBC nach dem Auftragen der Creme die äußeren Hautschichten nicht durchdringen. Das Chemieunternehmen Merck fand eine Methode, OMC in Polymerkapseln einzuschließen, sodass nicht einmal mehr die Hautoberfläche in Kontakt mit dem Wirkstoff selbst kommt.
Sonnencremes können ziemlich teuer sein. Ein Verbraucherdienst in Großbritannien verglich 2001 Preise für den vollständigen Schutz während eines zweiwöchigen Urlaubs in sonnigen Gegenden: Die Spanne reichte von £63 (Ambre Solaire, eines der bekanntesten Produkte) bis zu immerhin noch £31 für ein »Billig«produkt aus dem Supermarkt.
Wie können Sie sich nun möglichst wirksam vor UV-Strahlung schützen? Halten Sie sich zwischen 11 und 15 Uhr am besten in Innenräumen auf. Außerhalb dieser Mittagsstunden sollten Sie am Strand oder beim Baden im Freien ein Sonnenschutzmittel mit LSF 15 auftragen. Noch sinnvoller ist es, bei längerer Aktivität unter freiem Himmel (Wandern, Gartenarbeit, Sport) etwas anzuziehen und auch den Kopf zu bedecken. Kleidung ist nach wie vor der beste Hautschutz. Das Chemieunternehmen BASF entwickelte eine Nylonfaser mit eingebauten Titandioxid-Teilchen. Aus diesen Fasern dicht gewebte Kleidungsstücke schirmen den Körper vollständig gegen die schädliche Strahlung ab.

Bräunen ohne Licht: Dihydroxyaceton (DHA)

Beim Braten, Backen oder Vergären färben sich manche Lebensmittel appetitlich braun. Verantwortlich dafür ist eine Reaktion zwischen Kohlenhydraten und Proteinen, die nach ihrem Entdecker (1912), dem französischen Chemiker Louis-Camille Maillard, benannt wurde. Die oberen Hautschichten bestehen im Wesentlichen aus Proteinen – auch sie sollten mit Kohlenhydraten eine Maillard-Reaktion eingehen können. Eine Substanz, die dies bewirkt, ist Dihydroxyaceton (DHA), ein weiß-kristallines, süß schmeckendes Pulver. Auf die Haut gebracht, bewirkt eine Lösung von DHA eine Bräunung. Erste einschlägige Produkte erzeugten allerdings unschöne Streifenmuster, die für die Anwender noch peinlicher waren als die bleiche Haut, die sie hatten tönen wollen. Da sich die Streifen nicht abwaschen ließen, mussten sich die Unglücklichen ungefähr eine Woche lang gedulden, bis die äußere Haut abgestoßen worden war.

Dass DHA die Haut bräunt, wurde Mitte der 1950er-Jahre zufällig an der Kinderklinik der University of Cincinnati entdeckt. Eva Wittgenstein untersuchte dort Kinder, die an einer Glycogenspeicherkrankheit litten (Glycogen ist das wichtige Kohlenhydrat, das dem Körper als Lieferant sofort verfügbarer Glucose dient). Frau Wittgenstein verabreichte den kleinen Patienten versuchsweise große Dosen DHA. Das Molekül wird von Pflanzen und Tieren im Laufe des Kohlenhydratstoffwechsels produziert und viel schneller assimiliert als Glucose selbst. Einige der Kinder erbrachen sich nach der Einnahme, und Haut, die mit dem Mittel in Berührung gekommen war, sah einige Stunden später braun aus. Fasziniert behandelte Frau Wittgenstein ihre eigene Haut mit DHA-Lösungen und beobachtete den Bräunungseffekt ebenfalls.

Industriell stellt man DHA durch Fermentation von Glycerol (Glycerin) mit dem Mikroorganismus *Acetobacter suboxydans* her. Das Bakterium spaltet zwei Wasserstoffatome vom Ausgangsmolekül ab, und DHA entsteht. DHA bindet an freie Aminogruppen der Proteine der Hornschicht, wodurch so genannte Melanoidine gebildet werden. Innerhalb von einer halben Stunde ist die Haut getönt. Die Färbung beschränkt sich dabei auf die äußere Hautschicht.

Die verschiedenen am Markt erhältlichen Selbstbräunungscremes und -lotionen enthalten zwischen 2 % und 5 % DHA. Da die Produkte schwach sauer reagieren müssen, stellt man mit einem Phosphat-*Puffer* (→ Glossar) den pH-Wert 5 ein. DHA ist leicht mit Wasser mischbar; allerdings neigt es zur Gelbildung, was die gleichmäßige Auftragung erschwert und Streifen entstehen lässt. Um dies zu verhindern, gibt man weitere Chemikalien hinzu, sodass die Lotion frei fließt und der Wirkstoff homogen in der Creme verteilt ist. In manchen Kosmetiksalons werden Selbstbräuner fein zerstäubt auf die Haut gesprüht.

Selbstbräuner bieten keinen echten Sonnenschutz – ihr Lichtschutzfaktor liegt nur bei ungefähr 2 –, aber sie dienen vor allem dazu, einen attraktiven goldbraunen Hautton zu erzeugen, ohne dass sich der Anwender UV-Strahlung aussetzen muss. Möchten Sie Ihre Mitmenschen am Strand mit künstlicher Bräune täuschen, aber gleichzeitig vor Strahlung geschützt sein, dann sollten sie zu Produkten greifen, die sowohl DHA als auch Titandioxid enthalten. Der Lichtschutzfaktor solcher Cremes liegt bei 15 oder sogar 30.

Hautaufheller

Neben Chemikalien, die die Haut dunkler tönen, gibt es natürlich auch solche, die sie aufhellen. Zu den Alterserscheinungen der Haut gehören dunkle Pigmentflecken, so genannte Altersflecken. Um ihre Bildung zu verhindern, muss man in den Melanin-Stoffwechsel eingreifen; dies gelingt durch eine Hemmung der Tyrosinase-Enzyme (auch als *Phenoloxidasen* bezeichnet), die für die Umwandlung von Tyrosin in Melanin zuständig sind. Tyrosinase ist in der Natur weit verbreitet, in der Pflanzen- ebenso wie in der Tierwelt und beim Menschen. Das Enzym lässt beispielsweise die Schnittflächen eines zerteilten Apfels braun werden. An der aktiven Position der Tyrosinase befindet sich ein Kupferatom; kann man dieses in irgendeiner Weise desaktivieren, so verliert das Enzym seine oxidative Wirkung. Genau das geschieht, wenn Sie die Schnittfläche des Apfels mit Zitronensaft beträufeln: Vitamin C desaktiviert die Tyrosinase. Aus diesem Grund ist Zitronensaft ein altbekanntes Hausmittel zur Hautaufhellung.

Zu Hautaufhellern greifen unter anderem Menschen mit übermäßig vielen Sommersprossen oder Schwangerschaftsstreifen; ein Grund kann auch die allzu großzügige Anwendung von Selbstbräunern sein. Einige Krankheiten lassen die Haut ebenfalls dunkler werden.

Ein typischer Hautaufheller enthält neben Tyrosinase-Inhibitoren (Kojisäure, Hydrochinon) Glycolsäure, um die äußeren Hautschichten abzutragen, damit das Bleichmittel die Melanozyten erreicht. Weitere Inhaltsstoffe sind Konservierungsmittel, Lösungsmittel, Vitamine und Duftstoffe.

Das einfachste Mittel zur Hautaufhellung war früher Hydrochinon, eine vor allem in der Fotografie verwendete Chemikalie. Festes Hydrochinon besteht aus weißen, bei 171 °C schmelzenden Kristallen, die in Wasser und Alkohol löslich sind. Inzwischen wird der Einsatz von Hydrochinon auf der Haut nicht mehr empfohlen, da die Substanz bei einem Teil der Anwender Dermatitis auslöste. In Europa, den Vereinigten Staaten und Japan ist Hydrochinon in

Hautcremes verboten*, in manchen anderen Ländern darf der Gehalt 2% nicht übersteigen. Diese niedrige Konzentration ist kaum mehr wirksam. Ähnliche, weniger gefährliche Verbindungen wurden inzwischen als Hautaufheller patentiert, sind aber noch nicht auf dem Markt. Ein Beispiel ist 4-(Tetrahydropyran-2-yl)oxyphenol, kurz THPOP.

Auch einige natürliche Substanzen sind für ihre hautaufhellenden Eigenschaften bekannt, darunter die Kojisäure** sowie Extrakte aus Süßholz, Helmkraut (Scutellaria) und Maulbeere. Das Wirkprinzip besteht in allen Fällen in der Tyrosinase-Hemmung. Kojisäure, produziert vom Mikroorganismus *Aspergillus oryzae*, wirkt außerdem antibiotisch und wird auch industriell hergestellt: Sie lässt Brot und Kuchen »wie frisch gebacken« duften. Der Bleicheffekt der Naturstoffe ist demjenigen von Hydrochinon vergleichbar oder sogar überlegen. Eine 5%ige Lösung von Hydrochinon halbiert die Tyrosinaseaktivität; dies erreicht man auch mit einer 10%igen Kojisäurelösung oder einem nur 0,5%igen Maulbeerextrakt.

Um eine merkliche Wirkung zu erzielen, muss man die natürlichen Aufheller mehrere Wochen hindurch anwenden. Den einschlägigen Produkten zugemischt werden Substanzen, die das Eindringen der Wirkstoffe in die Haut erleichtern, Puffer zur Stabilisierung eines pH-Werts von etwa 4 und Antioxidanzien wie Natriummetabisulfit als Konservierungsstoffe.

In manchen Gebieten Afrikas, wo die Menschen besonders dunkle Haut haben, werden gelegentlich Quecksilberiodid-Seifen zur Entfernung von Flecken und Narben angewendet (dunkle Haut neigt zur Vernarbung). Diese Seifen soll man einreiben und über Nacht wirken lassen. Quecksilber ist gesundheitsschädlich, nicht nur für die Anwender, sondern vor allem auch für die Hersteller der Präparate, welche deshalb verboten wurden. In den 1970er-Jahren stellte man bei Arbeitern, die Quecksilberseifen produzierten, erhöhte Quecksilberspiegel im Blut fest. Anwender wurden später an der Universität Lausanne untersucht, und auch hier fand sich

---

* Die letzten Hydrochinon enthaltenden Präparate wurden in Deutschland im Sommer 2003 vom Markt genommen. (Anm. d. Übers.)
** 5-Hydroxy-2-(hydroxymethyl)-4-pyron, Summenformel $C_6H_6O_4$.

Quecksilber in Blut und Urin als Indiz dafür, dass das giftige Schwermetall über die Haut aufgenommen wird.

Liposome

Die Elastizität der Haut beruht auf dem Stoff Collagen. Gealterte, sonnengeschädigte Haut verliert Collagen und erschlafft. Auch andere Prozesse des Hautstoffwechsels sind gestört; die Haut trocknet aus, es fehlen ihr Öle, Vitamine und sogar Mineralstoffe. Hilfe bringen Cremes und Lotionen, die die Verluste teilweise ausgleichen. Sie enthalten Liposome.

Eine typische Feuchtigkeitscreme enthält folgende Zutaten: Wasser (das stets unter seinem lateinischen Namen *aqua* aufgeführt wird), Feuchthaltemittel, abdeckende Mittel (Substanzen, die den Wasserverlust der Haut mindern), Liposome, Antioxidanzien und Konservierungsstoffe. Wasser ist das, was Ihre Haut benötigt; Feuchthaltemittel helfen der Haut, das aufgenommene Wasser auch festzuhalten. Verwendet werden dazu traditionell *Glycerin* (→ Glossar) oder, moderner, Sorbitol. Als abdeckendes Mittel kommt besonders Lanolin in Frage, das aus roher Schafswolle gewonnen wird, oder Petrolat (Handelsname Vaseline), ein Nebenprodukt der Erdölraffinerie.

Liposome sollen Wirkstoffmoleküle zu den tieferen Hautschichten transportieren, insbesondere zu der unter dem *Stratum corneum* gelegenen Schicht. Es handelt sich um winzige Kügelchen, die den aktiven Stoff (unter anderem Betäubungsmittel, Vitamine, Hormone, Steroide) umschließen und in Teile der Haut befördern, zu denen er ansonsten nicht vordringen könnte. Die äußere Lage der Liposome besteht aus Phospholipid-Molekülen, aus denen auch die Membranen unserer Körperzellen aufgebaut sind. In einem Phospholipid ist ein Glycerin-Baustein mit zwei langkettigen Fettsäuren und einer Phosphatgruppe verbunden. Mit dem Phosphatrest, der ein negativ geladenes Sauerstoffatom enthält, ist eine Cholingruppe verknüpft, zu deren Struktur ein positiv geladenes Stickstoffatom gehört. Aufgrund dieser Ladungen können Phospholipide etwa vier Nanometer dünne, wasserfeste Membranen bilden. Die Ladungen zeigen dann nach innen, die Fettsäuren nach außen. Das bekannteste Phospholipid ist Lecithin, das in großen Mengen von Pflanzen und Tieren produziert wird und aus Eigelb oder Sojabohnen gewonnen werden kann. Lecithin wird in der Nahrungsmittelindustrie vielfältig eingesetzt (zum Beispiel als Emulgator).

Liposomtröpfchen sind *Nanoteilchen* (→ Glossar). Ihr Durchmesser beträgt typischerweise 100 Nanometer, ein Zehnmillionstel eines Meters, und sie sind für das menschliche Auge nicht mehr erkennbar. Jedes Tröpfchen umschließt Milliarden Wirkstoffmoleküle. Die Partikel durchdringen die äußeren Hautschichten und geben den aktiven Stoff dann langsam durch die Membran hindurch ab (oder schnell, falls die Membran zerstört wird). So eignen sie sich ausgezeichnet für den Transport von Substanzen, die sich schwer in Lösung bringen lassen.

Die Fähigkeit der Liposome, Moleküle und Ionen wie in einer Falle einzufangen, wurde in den frühen 1960er-Jahren von Alec Bangham am Institut für Tierphysiologie in Babraham (bei Cambridge in England) entdeckt. Liposome sind bemerkenswert stabil und dienen als Modelle für die Forschung an Zellmembranen. Phospholipide können sich zu Kugeln anordnen, deren Durchmesser von 20 Nanometern bis zum Fünftausendfachen, 10 Mikrometern, reicht. Die kleinen Vertreter werden auch als Nanosome bezeichnet.

Um Liposome herzustellen, verdampft man eine Lösung des Lipids in einem Lösungsmittel wie Chloroform oder Methanol. Es bildet sich ein dünner Film, der in Wasser aufquillt und in Teile zerfällt, welche sich wiederum zu Kugeln zusammenrollen, die den gewünschten Wirkstoff umschließen. Maßgeschneiderte Kugeln erhält man, indem man die »Roh-Liposome« Ultraschall aussetzt oder unter hohem Druck durch winzige Poren presst. Größere Partikel werden dann zu kleineren umgebaut.

In der Kosmetikindustrie gewinnt man Liposome seltener aus den natürlichen Phospholipiden, sondern meist aus ungeladenen, so genannten unpolaren Lipiden. Diese werden in Ethanol gelöst, die Lösung wird homogenisiert und durch Poren absteigender Größe gefiltert. So isoliert man Partikel mit einem Durchmesser von ungefähr 200 Nanometern, der idealen Größe zum Durchdringen der Haut.

Selbst wenn die Liposome nur Wasser in die Schichten unterhalb des *Stratum corneum* lieferten, wäre das bereits nützlich. Die Flüssigkeitszufuhr verhindert ein weiteres Austrocknen der Haut und steigert deren Elastizität. Noch besser ist es, in den Liposomen außerdem Vitamine (A, C, E) zu verpacken, die als Antioxidanzien die besonders schädlichen freien Radikale abfangen. Vitamin A gehört zu den wichtigsten Anti-Aging-Wirkstoffen, es reduziert größere Falten, bleicht braune Flecken und glättet die Haut.

Abkömmlinge des Vitamins A werden schon seit längerer Zeit zur Therapie von Akne verwendet. Neuerdings finden sie sich zunehmend auch in Anti-Aging-Cremes. Besonders verbreitet ist Tretionin (All-*trans*-Retinsäure, Vitamin-A-Säure), das in den 1970er-Jahren als Standard-Aknemedikament eingeführt und Mitte der 1990er-Jahre von der FDA zur Faltenbehandlung zugelassen wurde. Beispiele für in Deutschland erhältliche Tretionin-Cremes sind Eudyna®, Airol® und VAS Cordes®. Zum Teil werden die Präparate rezeptfrei abgegeben. Nach ungefähr zweimonatiger Anwendung beginnen Altersflecken und Fältchen zu verschwinden, nach vier weiteren Monaten hat sich das Hautbild deutlich verbessert. Tretionin wirkt dem Abbau von Collagen entgegen und regt dessen Neubildung an. Die günstige Wirkung kann mehrere Jahre lang anhalten.

Liposome erregten natürlich bald die Aufmerksamkeit kosmetischer Chemiker in den Forschungsabteilungen großer Unternehmen wie L'Oreal und Christian Dior, welche beide 1987 die ersten liposomenhaltigen Anti-Aging-Produkte auf den Markt brachten. Anfangs handelte es sich um exklusive und entsprechend teure Produkte. Wettbewerber wie Beiersdorf (Nivea) sorgten aber mittlerweile dafür, dass ähnliche Cremes in die Supermärkte einzogen und für den Durchschnittsverbraucher erschwinglich wurden.

Gutes ist nicht immer teuer ...

2001 ermittelte das britische Verbrauchermagazin *Which?*, welche Feuchtigkeitscreme nach Meinung der Anwenderinnen am besten wirkt. 32 Frauen im Alter zwischen 25 und 55 Jahren testeten zwölf Produkte jeweils fünf Tage lang. Das Resultat dieser (zugegebenermaßen nicht sehr tief greifenden) Studie war, dass alle Präparate das Hauterscheinungsbild verbesserten, wobei zwischen Preis und Wirksamkeit nur wenig Zusammenhang bestand. Ein typisches Töpfchen Feuchtigkeitscreme fasst 50 ml, das Preisspektrum der getesteten Cremes reichte von £3 bis £26. Am besten bewertet wurden das billigste Produkt (Boots No. 7), ein Produkt mittlerer Preislage (Synergie Wrinkle Lift) und eine Creme von Oil of Olaz, die zu den teuersten Angeboten zählt. Sicher überrascht es Sie nicht, dass der hohe Preis mancher Präparate durch die Kosten der Inhaltsstoffe kaum gerechtfertigt wird – eher schon durch den Aufwand für Verpackung und Vermarktung.

... und Synthetisches nicht zwangsläufig gefährlich!

Manche Leute wittern hinter jeder »Chemikalie« Gefahren, rühmen hingegen alles »Natürliche« (womit Stoffe aus biologischen Quellen, also Pflanzen oder Tieren gemeint sind) als harmlos und vorteilhaft. Chemisch gesehen ist es gleichgültig, ob der Wirkstoff einer Antifalten- oder Sonnenschutzcreme aus einem Landwirtschaftsbetrieb oder einer Industrieanlage stammt – ja, der synthetisch hergestellte Stoff kann dem natürlichen sogar überlegen sein, denn seine Qualität kann exakt kontrolliert und die Beimengung von Spuren potenziell allergener Substanzen zuverlässig ausgeschlossen werden. Naturkautschuk zum Beispiel enthält Enzyme, auf die einige Leute sehr empfindlich reagieren. Deshalb werden chirurgische Handschuhe heutzutage aus synthetischem Kautschuk hergestellt. Dass man zu dem Produkt greift, das »natürlich« zu sein verspricht (und eine Menge Geld dafür ausgibt), ist eine Modeerscheinung unserer Zeit. Bedenken Sie aber, dass auch Inhaltsstoffe, die als »natürlich« beworben werden, nicht unbedingt natürlichen Ursprungs sein müssen. Meist stammen sie aus den Retorten der Chemieunternehmen.

2
Nahrung für Körper und Geist

In den Industrieländern sterben die meisten Menschen entweder an einem Herzleiden oder an Krebs. Das ist kein Geheimnis, weshalb nicht wenige Leute fest entschlossen sind, alles zu tun, um dieses Schicksal abzuwenden. Eines Tages werden die genannten Krankheiten vielleicht der Vergangenheit angehören oder zumindest selten geworden sein, wie viele andere, mit denen sich unsere Eltern und Großeltern noch herumschlagen mussten. Bis dahin tun wir gut daran, auf diejenigen zu hören, die Vorbeugung propagieren – welche in der Regel erfordert, den Lebensstil zu ändern (das Rauchen aufzugeben, sich täglich körperlich zu betätigen und vernünftig zu essen). Als am einfachsten wird in der Regel empfunden, die Essgewohnheiten zu überdenken. Viele Ernährungswissenschaftler geben sinnvolle Ratschläge: Nehmen Sie ab, wenn Sie übergewichtig sind, und essen Sie fünfmal am Tag eine Portion Obst oder Gemüse (Kartoffeln nicht eingerechnet).

Können wir den Besuch des Sensenmanns tatsächlich hinausschieben, wenn wir uns richtig ernähren? Die Antwort lautet allem Anschein nach ja. In diesem Kapitel beschäftigen wir uns mit Themen, die im Laufe der vergangenen Jahre im Mittelpunkt der öffentlichen Aufmerksamkeit standen, nämlich mit Nahrungsmitteln, die wir häufiger oder seltener oder gar überhaupt nicht mehr zu uns nehmen sollten (wie zumindest behauptet wurde). In die erste Gruppe gehört Vitamin C, zur zweiten zählen Fette, und in die dritte Gruppe fällt Nitrat. Wir werden diese Substanzen vor allem aus dem Blickwinkel des Chemikers betrachten, denn es handelt sich um chemische Verbindungen (was auch immer sie in unserer Nahrung bewirken oder nicht). Die einfachen Botschaften, die auch beim naturwissenschaftlich weniger ambitionierten Publikum angekommen sind, lauten: Fette, vor allem gesättigte und *trans*-Fettsäuren, fördern Herzkrankheiten; Vitamin C ist ein Antioxidationsmittel und kann

Krebs verhindern (vielleicht sogar heilen); Nitrat im Trinkwasser hingegen ist Krebs erregend. Derartige Schlagzeilen vereinfachen die Zusammenhänge stark – und sind zum Teil überraschend falsch.

Seitdem sich die Menschheit Klarheit über die Inhaltsstoffe der Nahrung zu verschaffen begann, verbesserte sich der allgemeine Gesundheitszustand. In der ersten Hälfte des 20. Jahrhunderts wurde auf diesem Gebiet viel Neues entdeckt, zum Beispiel die Lebensnotwendigkeit verschiedener Vitamine. Die zweite Hälfte dieses Jahrhunderts erlebte zahlreiche weitere Enthüllungen, die wissenschaftlich oft weniger gut untermauert waren. Autoren verschiedener Bücher rieten zur verstärkten Aufnahme von Zink, Magnesium, Selen, Germanium, Aminosäuren und den allgegenwärtigen Ballaststoffen. Gewarnt wurde dagegen vor »gefährlichen« Bestandteilen wie ungesättigten Fetten, Zucker, Salz, Natriumglutamat, Pestizidrückständen und Cholesterin. Manche Ratschläge sind durchaus beherzigenswert, andere sind wertlos.

Frühere Generationen waren an das jahreszeitlich wechselnde Nahrungsangebot gebunden: Der Überfülle nach der Ernte im Herbst folgte der Mangel im Frühling. Was gegessen wurde, war sicherlich »natürlich« und »organisch« angebaut, und trotzdem lebten die Menschen nicht gesund. Sie litten, wenig überraschend, an Mangelkrankheiten wie Skorbut (Vitamin-C-Mangel) oder Rachitis (Vitamin-D-Mangel). Im Laufe des 20. Jahrhunderts nahmen solche Erkrankungen immer weiter ab; Einzelfälle von Rachitis bekommen Ernährungsberater jedoch nach wie vor auch in den westlichen Industrieländern zu Gesicht.

Der menschliche Körper ist eine Chemiefabrik, der wir Rohstoffe zuführen, die in Tausende von Produkten umgewandelt werden. Stoffe, die der Körper nicht sofort benötigt, kann er für schlechtere Zeiten speichern; Stoffe, die er überhaupt nicht benötigt, scheidet er aus. Die wichtigsten Rohstoffe sind Kohlenhydrate, Fette und Proteine (Eiweiße), aber in geringeren Mengen sind weitere Substanzen lebensnotwendig: einige Metalle wie Natrium, Kalium und Calcium, wenig Eisen, Zink, Magnesium und andere, dazu Vitamine und Spurenelemente. Damit unser Verdauungssystem reibungslos funktioniert, müssen wir außerdem viel Wasser und Ballaststoffe, unverdauliches Pflanzenmaterial wie Zellulose, aufnehmen.

Ihre Essgewohnheiten blind zu ändern, ohne zu wissen, was genau Sie damit bewirken, hat ungefähr so viel Sinn wie ein Puzzlespiel im Dunkeln zusammensetzen zu wollen. Der Schlüssel zu einer nützlichen Diät ist die Chemie, und nichts verdeutlicht dies besser als die Energie: Energie an sich ist kein Nährstoff, aber die in der Nahrung enthaltene Energie hält uns warm und sorgt für Bewegung und Denken. Aus der Nahrung wird die Energie durch Reaktion einzelner Bestandteile mit Sauerstoff gewonnen: Wir setzen im Körper so viel Energie frei, wie auch durch Verbrennen der Nährstoffe (außerhalb des Körpers) frei würde. Unsere Energielieferanten sind Kohlenhydrate (4 Kilokalorien pro Gramm), Proteine (ebenfalls 4 kcal pro Gramm), Alkohol (7 kcal pro Gramm) sowie Fette und Öle (9 kcal pro Gramm).* Der Zelluloseanteil der Ballaststoffe besteht selbstverständlich auch aus Kohlenhydraten (chemisch ähnlich Baumwolle oder Papier) und liefert bei der Verbrennung eine Energie von 4 kcal pro Gramm. Unserem Organismus fehlen aber geeignete Enzyme, um diese Kohlenhydrate in ihre Glucose-Bausteine zu zerlegen, diese zu oxidieren und so Energie freizusetzen.

Alles über Fette

Fette und Öle werden mit verschiedenen Begriffen charakterisiert: Es gibt gesättigte, einfach ungesättigte, mehrfach ungesättigte, Omega-3-, Omega-6-, *trans*- und konjugierte Fette. Sämtliche Kategorien beziehen sich auf einen einzigen Typ der chemischen Bindung, die Doppelbindung. Wenn Sie diese Bindung verstehen, finden Sie sich im Dschungel der Fette zurecht.

»Fett« ist ein hässliches Wort. Jemanden als fett zu bezeichnen ist fast eine Beleidigung. Auch fettes Essen erwähnen wir meist mit missbilligendem Unterton, denn wir wissen: Zu viel Fett macht fett. Damit aber nicht genug: Mancherorts wird sogar behauptet, bestimmte Arten von Fett (insbesondere gesättigte und *trans*-Fette) seien auch, abgesehen vom Übergewicht, gesundheitsschädlich.

Alle reden über Fette in der Nahrung und deren Wirkung, aber nur wenige wissen, um welche chemischen Verbindungen es sich dabei handelt und wie diese sich in unserem Körper verhalten. Etliche Leute denken vermutlich, jedes Gramm Butter, das sie zu

* Eine Kilokalorie (1000 Kalorien, 1000 cal = 1 kcal) ist die Wärmemenge (Energie), die erforderlich ist, um einen Liter (ein Kilogramm) Wasser um ein Grad Celsius zu erwärmen.

sich nehmen, setzt sich unmittelbar am Hüftspeck an – weit gefehlt: Bevor der Körper das Fett über den Darm aufnehmen kann, muss er es verdauen, das heißt in molekulare Bestandteile zerlegen. Diese verschiedenen kleinen Moleküle kann der Organismus auf vielfältige Weise nutzen, zur Energiegewinnung, aber auch zur Synthese neuer Stoffe. Das Problem liegt in der relativ großen Energiemenge, die pro Gramm Fett freigesetzt werden kann. Bei einem Überangebot energiereicher Nahrung legt der Körper Fettspeicher an, und zwar offenbar insbesondere an gut sichtbaren Stellen.

Wer schlank bleiben will, sollte darum – das liegt auf der Hand – möglichst energiearme, also in erster Linie fettarme Lebensmittel zu sich nehmen. Ein Blick in die Regale der Supermärkte zeigt, dass die Nahrungsmittelhersteller diesen Wunsch gern erfüllen möchten. Angeboten werden zum Beispiel »kalorienreduzierte« oder gar »fettarme« Brotaufstriche (natürlich auf der Basis von Fett). Der geringere Energiegehalt kommt durch einen erhöhten Wassergehalt zustande. Das butter- oder margarineartige Aussehen wird durch den Zusatz von Emulgatoren erreicht, die für eine gleichmäßige Verteilung der Wassertröpfchen in der Fettgrundlage sorgen. Fettarme Aufstriche enthalten nur 40 %, manche sogar nur 25 % Fett. Eigenartigerweise waren auch Pflanzenöle in diesem Zusammenhang lange Zeit sehr beliebt, obwohl es sich um Vollfettprodukte handelt. Manchmal haben es aber auch Margarinehersteller nicht ganz leicht, wie der Kasten zeigt (s. S. 43).

Im Durchschnitt essen wir viel zu fett. Wir nehmen rund 100 Gramm Fette (entsprechend 900 kcal) am Tag auf, während uns vom energetischen Standpunkt aus 10 Gramm (90 kcal) genügen würden. Vielleicht litten wir in diesem extremen Fall allerdings Mangel an essenziellen Fetten und fettlöslichen Vitaminen. (Allgemein empfohlen werden etwa 25 Gramm Fett, 225 kcal, täglich.) Zu den Fettlieferanten zählen vor allem Fleischprodukte (rund 25 % der Gesamtmenge); Kuchen, Gebäck und Konfekt (20 %); Brotaufstriche (15 %); Milch und Milchprodukte wie Käse und Joghurt (15 %); pflanzliche Lebensmittel (10 %, vor allem Bratkartoffeln, zubereitete Getreideflocken und dergleichen); Fisch (5 %), Eier (5 %) sowie Nüsse, Soßen und Ähnliches (5 %).

Ernährungswissenschaftler raten, weniger Fett zu essen. Am besten erreicht man dies, indem man auf Fleischprodukte, Gebäck, Süßigkeiten und (Fett-)Gebackenes verzichtet. Wenn möglich, sol-

Margarinehersteller sind »angeschmiert«

Die britische Aufsichtsbehörde für Wettbewerbsfragen (ASA), zuständig für Beschwerden über unlautere Werbung, befasste sich 2001 mit der Margarinemarke »Benecol«. Benecol war 1999 mit der Behauptung auf den Markt gebracht worden, den Cholesterinspiegel im Blut durchschnittlich um 14 % senken zu können. Besonders stark sollte der Gehalt des Bluts an so genannten Low-Density-Lipoproteinen (LDL), dem »gefährlichen Cholesterin«, beeinflusst werden. Etliche Kunden waren bereit, für dieses Versprechen gut zu zahlen: Benecol kostete mehr als dreimal so viel wie gewöhnliche Margarine!

Es dauerte nicht lange, bis sich ein Konkurrent, der Hersteller der Margarine Flora Pro.active, bei der ASA über die irreführende Werbekampagne von Benecol beschwerte. Die Behörde schloss sich dem Kläger an: Die Werbung verschweige, dass man, um den Cholesterinspiegel tatsächlich um 14 % zu senken, zwischen 50 und 59 Jahre alt sein und überdies mindestens 32 Gramm Benecol täglich essen müsse (im Durchschnitt werden 20 Gramm am Tag verzehrt). Versuche hatten gezeigt, dass der Cholesterinspiegel jüngerer Probanden durch das Produkt in wesentlich geringerem Maße beeinflusst wird. Benecol wurde angewiesen, die falschen Behauptungen fallen zu lassen.

Damit nahm die Angelegenheit eine neue Wendung: Auch die Hersteller von Flora Pro.active mussten unrichtige Aussagen zu ihrem Produkt zurücknehmen. Der Werbung zufolge sollte die (ebenfalls übertreuerte) Margarine den Blutspiegel an gefährlichem Cholesterin innerhalb von drei Wochen um 10 bis 15 % senken. Das klingt zwar realistischer, gefiel der ASA aber trotzdem nicht. Die Begründung: Jene Menschen, die in den Werbespots von Flora Pro.active auftreten, lebten ohnehin unübersehbar gesund, und ihr Cholesterinspiegel werde durch den Verzehr der Spezialmargarine nur ganz wenig verändert. Auch diese Werbung führt den Verbraucher also in die Irre.

Raten Sie nun, wer sich bei der ASA über Flora Pro.active beschwerte! Natürlich: die Hersteller von Benecol.

---

len Fleischmahlzeiten durch Fisch ersetzt werden,* und aufs Brot kommen fettreduzierte Aufstriche. Die Opfer müssen also nicht groß sein; verloren geht nicht viel Essvergnügen, aber deutlich mehr Körpermasse. Darin könnte der beste Weg zu einem langen Leben (und guter Lebensqualität) bestehen.

Vollkommen fettfrei können wir uns jedoch auch nicht ernähren. Einige lebenswichtige Vitamine (A, D, E und K) kommen ausschließlich in Fetten gelöst vor. Außerdem benötigen wir ungesättigte Fette, Bestandteile vor allem von Pflanzenölen wie Oliven-, Sonnenblumen-, Maiskeim-, Raps-, Soja- und einigen Nussölen (eine Ausnahme ist Kokosöl, das gesättigtste Fett überhaupt). Gesättigte Fette hingegen finden sich in Milchprodukten und Talg (zum Bei-

---

* Man soll allerdings bevorzugt die fettreichen Fischarten wie Makrele, Hering, Lachs und Forelle essen. Mindestens zwei Portionen Fisch pro Woche, davon einmal eine fettreiche Art, werden empfohlen.

spiel vom Rind). Unsere Nahrung sollte möglichst doppelt so viel ungesättigte wie gesättigte Fette enthalten.

Öle und Fette ähneln einander chemisch. Es handelt sich um Triglyceride, Fettsäurederivate des *Glycerins* (→ Glossar), die auch als Lipide bezeichnet werden. Ob die Verbindung bei normalen Temperaturen fest (ein »Fett«) oder flüssig (ein »Öl«) ist, hängt von ihrem Schmelzpunkt ab. Die Molekülstruktur eines Triglycerids sieht aus wie der Großbuchstabe E mit verlängerten Seitenzweigen. Das senkrechte »Rückgrat« des Moleküls besteht in einem Glycerin-Baustein, die Zweige sind *Fettsäuren* (→ Glossar). Zwar spricht man häufig von »gesättigten und ungesättigten Fetten«, genau genommen aber sind es diese Fettsäuren, die einfach oder mehrfach ungesättigt, in *trans*-Anordnung, als Omega-3-, Omega-6- oder als konjugierte Linolsäure (CLA von *conjugated linoleic acid*)* vorliegen.

Welche Fettsäuren in den Triglyceriden enthalten sind, ist von Nahrungsmittel zu Nahrungsmittel unterschiedlich. Von den 11 % Fett, die wir in einem Hühnerei finden, sind 3 % gesättigt, 4,5 % einfach ungesättigt und 3,5 % mehrfach ungesättigt. Zur letztgenannten Gruppe gehören 1,6 % Omega-6- und 1,3 % Omega-3-Fette, gerade einmal 0,1 % *trans*-Fette und noch weniger CLA. Diese Zusammensetzung hängt übrigens nicht davon ab, ob das Huhn im Käfig lebt oder frei auf einem Bauernhof herumläuft.

Die chemischen Fachbegriffe, mit denen die Fette charakterisiert werden, beziehen sich – wie eingangs bereits erwähnt – auf das Vorhandensein von Doppelbindungen zwischen Kohlenstoffatomen. Bevor wir uns diesem Thema näher zuwenden, wollen wir die Fettsäuren besprechen, die überhaupt keine Doppelbindung aufweisen: die gesättigten Vertreter.

Eine Fettsäure besteht aus einer Kette von Kohlenstoffatomen (C). Das Kohlenstoffatom an einem Ende dieser Kette gehört zu einer Säuregruppe, der so genannten Carboxylgruppe CO_2H. In einer gesättigten Fettsäure sind alle weiteren Kohlenstoffatome mit je zwei Wasserstoffatomen verknüpft; als chemische Formel schreibt man dies $-CH_2-CH_2-$, jeweils mit einfachen Strichen. In Nahrungsmitteln kommen fast nur Fettsäuren mit einer geraden Anzahl Kohlenstoffatome vor. Am häufigsten sind die Palmitinsäure (16 C) und

* Eine mehrfach ungesättigte, essenzielle Fettsäure.
  (Anm. d. Übers.)

die Stearinsäure (18 C); die Namen weiterer Verbindungen finden Sie in der folgenden Tabelle.

Gesättigte Speisefettsäuren

Anzahl der Kohlenstoffatome in der Kette	Name*
4	Buttersäure
6	Capronsäure
8	Caprylsäure
10	Caprinsäure
12	Laurinsäure
14	Myristinsäure
16	Palmitinsäure
18	Stearinsäure, Talgsäure
20	Arachinsäure, Erdnusssäure

* Angegeben sind die schon lange gebräuchlichen Trivialnamen. Jede Verbindung hat dazu einen chemisch-systematischen Namen, der aus der Anzahl der Kohlenstoffatome abgeleitet ist, zum Beispiel Palmitinsäure = Hexadecansäure (hexa = 6, deca = 10) oder Stearinsäure = Octadecansäure (octa = 8, deca = 10).

Gesättigte Fettsäuren mit längeren Kohlenstoffketten kommen in unseren Lebensmitteln nicht vor. Verbindungen mit einer ungeraden Anzahl an Kohlenstoffatomen hingegen findet man zuweilen, beispielsweise Pentadecansäure (15 C) und Heptadecansäure (17 C) als Spuren in Milch. Die Valerian- und die Önanthsäure (5 bzw. 7 C) werden von Mikroorganismen gebildet und tragen unter anderem zum charakteristischen Geruch von Käse bei.

Gesättigte Fette liegen bei Zimmertemperatur sämtlich fest (als »Fett«) vor, weil ihre Ketten sich bevorzugt parallel zueinander ausrichten, wodurch dichte Molekülpackungen entstehen und der Schmelzpunkt steigt. Ist (mindestens) eine Fettsäure hingegen ungesättigt, so lockert die Packung auf, der Schmelzpunkt sinkt, und wir sprechen von einem Öl.

Entfernen wir nun von zwei benachbarten Kohlenstoffatomen der Kette je ein Wasserstoffatom. Die Verbindung heißt dann »ungesättigt« (weil sie weniger Wasserstoff enthält, als theoretisch möglich ist), und die betroffenen Kohlenstoffatome bilden eine *Doppelbindung* aus, die Chemiker mit einem doppelten Strich symbolisieren: –CH=CH–. Die durch Abspaltung der Wasserstoffatome frei gewordene Bindung schließt sich also zwischen den Kohlenstoffatomen.

Als wichtigste ungesättigte Speisefettsäuren sind zu nennen die Öl- oder Oleinsäure sowie die Leinöl- oder Linolsäure (je 18 C). Die Oleinsäure enthält eine Doppelbindung, die Linolsäure zwei, weshalb Erstere als einfach und Letztere als mehrfach ungesättigt bezeichnet wird.

Einfach ungesättigte Fettsäuren

Die folgenden einfach ungesättigte Fettsäuren sind in Nahrungsmitteln enthalten; die Omega-Bezeichnung gibt an, an welcher Position der Kohlenstoffkette sich die Doppelbindung befindet.

Trivialname	Anzahl der Kohlenstoffatome in der Kette	Omega-Zahl
Myristoleinsäure	14	Omega-5
Palmitoleinsäure	16	Omega-7
Oleinsäure*	18	Omega-9
Elaidinsäure*	18	Omega-9
Erucasäure	22	Omega-9

* Diese beiden Verbindungen scheinen identisch zu sein. Was es damit auf sich hat, erfahren Sie weiter hinten im Abschnitt zu *trans*-Fettsäuren.

In der Omega-Notation werden die Kohlenstoffatome nummeriert, beginnend bei dem am weitesten von der Carboxylgruppe entfernten Atom, dem letzten Atom der Kette (Omega ist der letzte Buchstabe des griechischem Alphabets). Bei der Oleinsäure liegt die Doppelbindung zwischen dem 9. und dem 10. Kohlenstoffatom, und man schreibt Omega-9. Es gibt auch Omega-3- und Omega-6- Fettsäuren, aber sie sind mehrfach ungesättigt und werden uns weiter unten beschäftigen.

Theoretisch könnte die Doppelbindung einer einfach ungesättigten Fettsäure mit einer Kette aus 18 Kohlenstoffatomen (wie der Oleinsäure) zwischen zwei beliebigen Kettengliedern liegen. In der Natur kommt jedoch nur eine einzige Anordnung vor, nämlich die Omega-9-Säure. Wir finden sie beispielsweise in Olivenöl (wo sie 75 % der Gesamtmenge ausmacht), Rapsöl (63 %) und Erdnussöl (55 %). Sogar Schweineschmalz enthält 43 % Omega-9-Oleinsäure.

Nicht alle einfach ungesättigten Fettsäuren gelten als gesund. Die Erucasäure zum Beispiel soll man eher meiden (manche Fachleute behaupten auch das Gegenteil). Rapsöl enthält über 25 % Erucasäure. Bei Ratten, denen große Mengen Rapsöl verabreicht worden waren, entwickelten sich Störungen des Fettstoffwechsels. Da man vermutete, auch beim Menschen könnte es zu derartigen Effekten kommen, versuchte man sehr intensiv, Rapssorten mit niedrigem Erucasäuregehalt zu züchten – was auch gelang: Rapsöl, das als Nahrungsmittel für Menschen in den Handel kommt, enthält jetzt weniger als 2 % (bis zu 0,5 %) Erucasäure. Bekannt ist dieses Produkt unter dem Namen »Canolaöl« (abgeleitet aus *Canadian oil*). Rapsöl hingegen, das für die industrielle Verwendung (als Schmierstoff oder Hydraulikflüssigkeit) gedacht ist, wird jedoch nach wie vor aus unveränderten Rapssorten gewonnen, denn gerade der hohe Gehalt an Erucasäure macht das Öl auch bei hohen Temperaturen einsatzfähig.

Möglicherweise ist die Fettsäure aber gar nicht so gefährlich, wie es Tierversuche andeuten. Vor allem muss man bedenken, dass wir niemals derartige Mengen Erucasäure zu uns nehmen, wie sie den unglücklichen Versuchstieren verabreicht wurden. Eine an Erucasäure reiche Diät wurde sogar schon zur Therapie bestimmter Erkrankungen verwendet, was durch den Film Lorenzos Öl in der Öffentlichkeit bekannt wurde.

Der allgemeine Trend geht noch immer zum Erucasäure-freien Rapsöl, einem Ziel, das sich durch genetische Modifizierung erreichen lassen könnte. Die Canola-Sorten wurden für den Anbau in Kanada gezüchtet und brachten in manchen Gegenden der Welt keine Erträge. In Indien, wo Raps die zweitwichtigste Ölsaat ist, suchten Wissenschaftler nach einem anderen Ansatz. 1998 entwickelten die indischen Biotechnologen A. Agnihotri und N. Kaushik gentechnisch einen Rapsstamm, der keine Erucasäure produziert. Sein Öl enthält vor allem Olein- und Linolsäure, und zwar jeweils mehr als doppelt so viel wie natürliche Rapsorten.

Mehrfach ungesättigte Fettsäuren

Enthält die Kohlenstoffkette einer Fettsäure mehr als eine Doppelbindung, so spricht man von einer mehrfach ungesättigten Verbindung. Die beiden häufigsten Speisefettsäuren dieses Typs sind die Linolsäure (18 C; 2 Doppelbindungen an den Positionen 6/7

Lorenzos Öl

Dieser Film wurde 1992 unter der Regie von George Miller gedreht mit Nick Nolte, Susan Sarandon und Peter Ustinov in den Hauptrollen; Nolte und Sarandon brachte der Streifen eine Oscar-Nominierung ein. Grundlage des Drehbuchs war die wahre Geschichte des Jungen Lorenzo Odone, der an der erblichen Krankheit ALD (Adenoleukodystrophie) litt. ALD ist genetisch bedingt. Die Patienten sind bettlägerig, blind und spastisch gelähmt. Ihr Fettstoffwechsel kommt nicht mit Fettsäuren zurecht, deren Kohlenstoffketten sehr lang sind. In der Folge kommt es zu Schäden an den Myelinscheiden, die die Nervenzellen im Gehirn umgeben und voneinander isolieren, sodass Informationen nicht korrekt verarbeitet werden. Betroffen sind nur Jungen; das defekte Gen wird von der Mutter weitergegeben.

Lorenzos Eltern, Auguste und Michaela Odone, wollten sich mit ihrer Machtlosigkeit gegen die Krankheit nicht zufrieden geben. Insbesondere Michaela widmete ihr Leben der Pflege und Behandlung des Sohnes, wodurch sie selbst zur Spezialistin wurde. Ein Symptom von ALD ist ein hoher Spiegel sehr langkettiger gesättigter Fettsäuren im Blut. Könnten diese vielleicht die Ursache des Leidens sein? Die Eltern glaubten es und kamen auf die Idee, Lorenzo große Mengen einer ungesättigten langkettigen Fettsäure zu verabreichen. Ihre Wahl fiel auf die Erucasäure, die sie von dem im englischen Hull ansässigen Chemieunternehmen Croda beziehen konnten. Don Suddaby, Chemiker bei Croda, stellte sich erfolgreich der Herausforderung, das Öl zu extrahieren.

Während der Einnahme der Erucasäure fiel Lorenzos Blutspiegel an langkettigen gesättigten Fettsäuren auf die normale Höhe. Aber die Hoffnung trog: Schon als der Film in die Kinos kam, waren Versuche an vielen anderen erkrankten Jungen vorgenommen worden, und die Therapie hatte sich als unwirksam erwiesen. In wahrer Hollywood-Manier endet der Film mit Anzeichen, dass Lorenzo auf die Behandlung anspricht. Unzweifelhaft machte diese Geschichte die Öffentlichkeit auf eine genetische Erkrankung aufmerksam, die immerhin einen von 25 000 Jungen betrifft. Leider erholte sich der echte Lorenzo nicht dramatisch von seinem Leiden. Er blieb bis in die Zwanziger hinein hilflos ans Bett gefesselt.

und 9/10) und die Linolensäure (18 C; 3 Doppelbindungen an den Positionen 3/4, 6/7 sowie 9/10). Hinsichtlich unseres Stoffwechsels ist die weit vorn in der Kette liegende Doppelbindung besonders wichtig. Ernährungswissenschaftler sprechen deshalb von Omega-3-Fettsäuren (u.a. Linolensäure) und Omega-6-Fettsäuren (u.a. Linolsäure).* Die wichtigsten mehrfach ungesättigten Speisefettsäuren sind folgende:

* Verwechseln Sie Linolsäure und Linolensäure nicht – es handelt sich trotz der Namensähnlichkeit um deutlich verschiedene Moleküle!

Trivialname	Anzahl Kohlenstoffatome	Anzahl Doppelbindungen	Omega-Zahl
Linolsäure	18	2	Omega-6
Linolensäure	18	3	Omega-3
Arachidonsäure	20	4	Omega-6
Eicosapentaensäure (EPA)	20	5	Omega-3
Decosahexaensäure (DHA)	22	6	Omega-3

Mehrfach ungesättigte Fettsäuren haben einen Nachteil, dessen Ursache die Doppelbindungen sind: Im Gegensatz zu den wesentlich stabileren gesättigten Fettsäuren sind sie oxidationsanfällig. Diese Oxidation erfolgt langsam, droht aber ständig, und es ist Vorsicht geboten, um zu verhindern, dass Fette oder Öle ranzig werden. Durch Oxidationsvorgänge kann sich an der Oberfläche eines Öls sogar eine feste Haut bilden, wie man es gelegentlich bei Farben oder Firnis auf Leinölbasis beobachten kann; Leinöl besteht zu 95 % aus ungesättigten Fettsäuren.

Ähnliche Oxidationsprozesse finden auch in unserem Körper statt. Dies könnte erklären, dass langlebige Tiere bevorzugt gesättigte Fettsäuren produzieren, weil hierdurch oxidative Schädigungen und Stress vermieden werden. Reinald Pamplona und seine Kollegen von der spanischen Universität Lleida veröffentlichten 1998 eine Studie zu Fettsäuren in der Leber verschiedener Tiere. Sie stellten einen Zusammenhang zwischen der maximalen Lebensspanne einer Art und dem Anteil gesättigter Fettsäuren in den Leberzellen fest; dieser war umso größer, je älter das Tier werden konnte. Menschen haben ein relativ langes Leben, weshalb unser Organismus einen erheblichen Anteil an gesättigten Fetten aufweisen sollte. Das ist an sich keinesfalls schädlich – im Gegenteil: Wir sollten dankbar dafür sein, falls die Theorie richtig ist.

Jedes *Triglycerid-Molekül* (→ Glossar) enthält drei Fettsäuren – gleiche oder verschiedene. Theoretisch gibt es Zehntausende verschiedener Triglyceride. Die Natur begnügt sich im Wesentlichen mit einigen wenigen Zusammenstellungen insbesondere aus Linolsäure (L), Oleinsäure (O), Palmitinsäure (P) und Stearinsäure (S). Olivenöl zum Beispiel besteht vor allem aus O-O-O-Triglyceriden, daneben aus geringen Mengen von insgesamt 15 weiteren Verbindungen. In Sojaöl und Sonnenblumenöl hingegen findet sich nur wenig O-O-O-, dafür viel L-L-L- und L-L-O-Triglycerid, hinzu kommen kleine Anteile von mindestens 14 (Soja) bzw. 20 (Sonnenblume) anderen Molekülen.

Schweineschmalz besteht, wie Sie vielleicht nicht vermuten werden, hauptsächlich aus *ungesättigten* Fettsäuren (obwohl es bei Zimmertemperatur fest und ein tierisches Produkt ist). Es wird verbreitet zum Backen verwendet. Das Fett enthält 18 % O-P-O-, 13 % S-P-O- und 12 % O-O-O-Triglycerid. Der Rest ist eine Mischung aus über 30 weiteren Kombinationen.

In manchen Fetten überwiegt eine bestimmte Verbindung; bei Kakaobutter ist dies das S-P-O-Triglycerid. Aus diesem Grund schmilzt Schokolade in einem recht engen Temperaturbereich, der ungefähr den Bedingungen in unserem Mund entspricht.

Essenzielle Fettsäuren

Experimente mit Ratten zeigten zu Beginn des 20. Jahrhunderts, dass zwei Arten von Fettsäuren für den Organismus unentbehrlich sind. Fehlten sie in der Nahrung der Versuchstiere, beobachtete man eine ganze Reihe von Erkrankungen. Im Stoffwechsel dienen diese Säuren als Ausgangsstoffe der Synthese bestimmter lebenswichtiger Verbindungen, so genannter Prostaglandine. Mit Ausnahme dieser *essenziellen Fettsäuren* kann der Körper sämtliche notwendigen gesättigten und einfach ungesättigten Fettsäuren aus anderen Nahrungsbestandteilen (Kohlenhydraten, Alkohol und sogar Proteinen) selbst herstellen. Omega-3- und Omega-6-Fettsäuren jedoch müssen wir mit der Nahrung aufnehmen. Sie werden zu Arachidonsäure weiterverarbeitet, der Ausgangsverbindung für andere Moleküle, die mit der Selbstverteidigung des Körpers zu tun haben: Sie regeln beispielsweise die Blutgerinnung oder lösen lokale Entzündungen aus, die den Organismus auf Gewebeschäden aufmerksam machen.

Der Mensch kann, wie andere Tiere auch, gesättigte Fettsäuren mit bis zu 18 Kohlenstoffatome langen Ketten im Stoffwechsel selbst herstellen; mehr noch, er kann auch ungesättigte Fettsäuren durch gezieltes Entfernen von Wasserstoffatomen aus gesättigten Ketten gewinnen. Letzterer Prozess funktioniert aber nur an bestimmten Positionen der Kette. Wir können durch Abspaltung von Wasserstoffatomen an den Kohlenstoffgliedern 8 und 9 Stearinsäure in Oleinsäure umwandeln, nicht aber in Linolsäure (omega-6), wozu Wasserstoffatome an den Positionen 6 und 7 entfernt werden müssten. Aus diesem Grund gehört die Linolsäure zu den essenziellen Fettsäuren. Gleiches gilt für die Omega-3-Säuren. Beide Arten von Verbindungen müssen in unserer Nahrung enthalten sein, damit der Stoffwechsel funktioniert.

1987 erschien das Buch *The Omega 3 Phenomenon: The Nutrition Breakthrough of the 80s* von Donald Rudin, Clara Felix und Constance Schrader. Die Autoren vertraten die Theorie, der moderne Mensch nehme zu wenig essenzielle Fettsäuren auf, worin sie die Ursache vieler Zivilisationskrankheiten sahen. Rudin zufolge sind Omega-3-Fettsäuren (insbesondere aus Ölen) an so gut wie jeder Körperfunktion beteiligt. Eine mit diesen Verbindungen angereicherte Diät sollte verschiedenste Leiden kurieren, angefangen bei Herzkrankheiten, Arthritis und Hauterkrankungen über Allergien, Alterserscheinungen und Verhaltensstörungen bei Kindern bis hin zu psychischen Problemen wie Schizophrenie und Agoraphobie (Angst, allein über leere Straßen und Plätze zu gehen), dazu Diabetes und – natürlich – verschiedene Krebsarten. Zu schön, um wahr zu sein! Obwohl sich diese Hoffnungen nicht erfüllt haben, ist die grundlegende Botschaft der Autoren durchaus vernünftig: Wir müssen darauf achten, essenzielle Fettsäuren in ausreichendem Maß zu uns zu nehmen.

Welche Nahrungsmittel sind nun gute Lieferanten von Omega-6- und Omega-3-Fetten? In erster Linie zu nennen ist Fischöl, insbesondere von Hering, Makrele, Lachs und Forelle. Von Algen produziert, werden die Omega-3-Fettsäuren im Meer die Nahrungskette aufwärts weitergegeben, bis sie schließlich beim Menschen ankommen. Die Nahrung der Inuit in Nordamerika ist wahrscheinlich die fettreichste weltweit, und trotzdem treten in dieser Bevölkerungsgruppe sehr selten Herzerkrankungen auf, was auf den hohen Gehalt der Lebensmittel an essenziellen Fettsäuren zurückgeführt wird. Wir sollten es den Inuit nachmachen und verstärkt etwa Linolsäure und Linolensäure aufnehmen, beispielsweise in Form von Dorschleberöl, Heilbuttleberöl, Maiskeimöl oder auch Nachtkerzenöl.

Das an Linolensäure besonders reiche (10 % der Gesamtmenge) Nachtkerzenöl wird aus den Samen der Nachtkerze *Oenothera bien-*

nis gewonnen. Noch mehr Linolensäure (ca. 20 %) enthält das Öl aus Borretschsamen. Nachtkerzenöl wird zur Behandlung von Hautausschlag verordnet (eine typische Tagesdosis beträgt 250 mg). Behauptungen, das Öl lindere Wechseljahresbeschwerden und rheumatische Arthritis, konnten in Doppelblindversuchen jedoch nicht bewiesen werden. Auch Bluthochdruck, Herzerkrankungen und Asthma sprechen auf eine Therapie mit Nachtkerzenöl nachweislich nicht an.

Ein Erwachsener sollte täglich etwa 4 Gramm Omega-6-Fettsäuren und mindestens 1 Gramm Omega-3-Fettsäuren zu sich nehmen. Zum Glück sind die Verbindungen in vielen Lebensmitteln enthalten. Linolsäure (omega-6) und Linolensäure (omega-3) finden sich, wie bereits erläutert, vor allem in Fisch- und Pflanzenöl (Sardinen, Hering, Makrele, Lachs, Soja, Raps und Walnuss).

Unser Körperfett

Vom Augenblick unserer Geburt an nehmen wir Fette zu uns. Um sie zu verdauen, produziert der Körper Enzyme, die *Lipasen*, welche alle Fette gleichermaßen in kleinere Bausteine zerlegen. Das aufgenommene Fett wird nicht unmittelbar als »Pölsterchen« gespeichert. Essen wir also große Mengen einfach ungesättigter Fettsäuren, so bedeutet dies nicht, dass sich die Zusammensetzung unseres Körperfetts entsprechend ändert. Menschliches Fett besteht aus 49 % Oleinsäure, 27 % Palmitinsäure, 9 % Linolsäure, 8 % Palmitoleinsäure und 7 % Stearinsäure. Das Verhältnis zwischen gesättigten (Palmitin-, Stearinsäure) zu ungesättigten (Olein-, Linol-, Palmitoleinsäure) Fettsäuren beträgt folglich 34:66. 57 % der ungesättigten Komponenten haben eine Doppelbindung (Olein-, Palmitoleinsäure), 9 % mehr als eine (Linolsäure). Omega-6-Fettsäuren machen 9 % der Gesamtmenge aus, Omega-3-Fettsäuren kommen nicht vor.

In den ersten Lebensjahren können wir nicht steuern, welche Fette wir aufnehmen. Muttermilch ist ein vollwertiges Nahrungsmittel mit einem Energiegehalt von etwa 750 kcal pro Liter, der Menge, die ein Baby im Durchschnitt täglich trinkt. Im Laufe der ersten beiden Lebenswochen des Kindes fällt der Proteingehalt der Milch auf die Hälfte (von 23 auf 11 Gramm pro Liter), während der Kohlenhydratgehalt zunimmt (von 57 auf 70 Gramm Lactose pro Liter) und auch der Fettgehalt kräftig ansteigt (von 30 auf 45 Gramm pro Liter). Der Fettanteil kann im Laufe einer Stillmahlzeit von minimal 10 bis auf 60 Gramm pro Liter zunehmen. Die Ursache für diese Änderung der Zusammensetzung liegt in den Details der Milchproduktion in der Brust. Zu Beginn trinkt das Baby fettärmere, dafür zuckerreichere und wässrigere Milch, die im vorderen Brustgewebe gebildet wird; später erhält es gehaltvollere Milch aus dem tieferen Gewebe. Muttermilchfett enthält je zur Hälfte gesättigte und ungesättigte Fettsäuren. Zu den gesättigten Spezies gehören Palmitinsäure (26 %), Stearinsäure (8 %), Myristinsäure (8 %), Laurinsäure (5 %) und Arachinsäure (1 %), dazu Spuren anderer Verbindungen. Als einfach ungesättigte Säuren finden sich vor allem Oleinsäure (35 %) und Palmitoleinsäure (3 %), mehrfach ungesättigt sind Omega-6-Linolsäure (10 %) und Spuren anderer Säuren. Von den Omega-3-Säuren enthält die Muttermilch Linolensäure (0,9 %) und Arachidonsäure (0,6 %).

Im Laufe der Jahrzehnte wurde die Zusammensetzung der künstlichen Milchnahrung für Babys durch Zusatz mehrfach ungesättigter Fettsäuren immer weiter verbessert, das heißt, derjenigen der Muttermilch angepasst. Forscher in Großbritannien behaupten sogar, Babys, die derart ergänzte Spezialnahrung bekämen, seien intelligenter als Babys, die mit konventioneller Pulvermilch ernährt würden. Dieses Resultat darf wohl bezweifelt werden.

Ernährungswissenschaftler beschäftigten sich in den vergangenen Jahren besonders mit zwei Arten von Triglyceriden: *trans*-Fettsäuren und konjugierten Fettsäuren.

Trans-Fettsäuren

Durch Hydrierung (Wasserstoffanlagerung) wandelt man Pflanzenöle in Fette um. Es entstehen dabei aber nicht exakt die Verbindungen, die in der Natur	vorkommen. Ob die synthetischen Fette schädlich sind, weiß man noch nicht genau.

In der weiter oben gegebenen Tabelle der einfach ungesättigten Fettsäuren finden Sie zwei Vertreter, die identisch zu sein scheinen: Beide Ketten enthalten 18 Kohlenstoffatome, und die Doppelbindung befindet sich jeweils zwischen den Kettengliedern 9 und 10; es handelt sich also um Omega-9-Fettsäuren. Der tatsächlich bestehende Unterschied zwischen den Molekülstrukturen ist weniger offensichtlich. Er betrifft die Anordnung der Doppelbindung. In der Oleinsäure liegt diese in *cis*-Konformation vor, in der Elainsäure in *trans*-Konformation. Alle in diesem Kapitel tabellierten mehrfach ungesättigten Fettsäuren sind *cis*-Verbindungen.

In der *cis*-Konformation befinden sich die beiden Wasserstoffatome einer Doppelbindung –CH=CH– auf der gleichen Seite dieser Bindung (wie die Enden des Buchstabens C). In der *trans*-Konformation hingegen liegen die Wasserstoffatome einander diagonal gegenüber auf verschiedenen Seiten der Bindung (wie die Enden des Buchstabens S).* Man vermutet, dass *cis*-Fettsäuren gesünder sind als die *trans*-Verbindungen. Ob Letztere aber direkten Schaden anrichten können, ist noch unklar. In den westlichen Industrieländern nehmen die Menschen täglich ungefähr 7 bis 8 Gramm *trans*-Fettsäuren auf. 2 Gramm davon stammen aus tierischen, der Rest aus modifizierten pflanzlichen Produkten.

An jeder *cis*-Doppelbindung knickt die Kette einer Fettsäure in einem bestimmten Winkel ab. Eine *trans*-Doppelbindung hingegen verursacht nur einen kurzen »Schlenker«, die beiden langen Abschnitte der Kette verlaufen parallel. Aus diesem Grund können *cis*-Fettsäuren die weiter oben besprochenen dichten Molekülpackungen gesättigter (und *trans*-ungesättigter) Triglyceride auflockern.

Mit Ölen kann man braten und backen; Fette kann man außerdem aufs Brot streichen. Zudem lassen sie sich leichter und bequemer verpacken und bei Tisch servieren. Deshalb werden Öle industriell in Fette umgewandelt. Man lässt das Öl dazu bei hohem Druck und hoher Temperatur mit Wasserstoffgas reagieren (»Hydrierung«, »Härten«), wobei aus der Doppel- eine Einfachbindung wird. Effektiv verläuft dieser Prozess mit einem Nickel-Katalysator (das fertige Produkt enthält kein Nickel!). Bis zu welchem Grad Wasserstoff an die Fettsäureketten angelagert werden muss hängt davon ab, wie hart das Produkt sein soll: Je weniger Doppelbindungen das Erzeugnis enthält, desto höher ist sein Schmelzpunkt. In der Regel werden zunächst zwei Wasserstoffatome an die Kette mit den meisten Doppelbindungen angelagert; hydriert wird dabei zuerst die Doppelbindung, die dem Kettenende am nächsten liegt. Um abzu-

---

* Chemiker benutzen auch eine noch kürzere Schreibweise:
  Z (von *zusammen*) für *cis*, E (von *entgegen*) für *trans*.

sichern, dass keine vollständig gesättigten Fettsäuren entstehen, wird das Fortschreiten der Härtung ständig überwacht.

Während der Hydrierung passiert aber auch etwas, dessen sich die Margarinehersteller früher nicht bewusst waren: In den Fettsäureketten entstehen trans-Doppelbindungen. In guten Margarinesorten findet man nur 5% trans-Fettsäuren, in kommerziell genutztem Brat- oder Frittierfett hingegen bis zu 40%. Auf diese Weise nehmen die Menschen in den Industrieländern täglich mehrere Gramm trans-Fettsäuren zu sich, vor allem als Bestandteil gehärteter Öle, aber auch mit dem Fleisch mancher Tiere, denn die im Verdauungstrakt von Grasfressern wie Kühen und Schafen lebenden Bakterien produzieren ebenfalls trans-Fettsäuren. Kleine Mengen dieser Verbindungen sind sogar in einigen Pflanzen (Erbsen, Kohl) enthalten.

In den 1930er-Jahren stellte eine Forschergruppe um den kanadischen Biochemiker R. G. Sinclair die Frage, ob sich der Stoffwechsel der trans-Fettsäuren von dem der cis-Verbindungen unterscheidet. Die Antwort lautete damals nein. Fünfzig Jahre später wurde jedoch gezeigt, dass die beiden Verbindungsgruppen bestimmte Enzymsysteme – zumindest von Versuchstieren, vielleicht aber auch vom Menschen – in verschiedener Weise beeinflussen. Bei Studien an menschlichen Probanden wurde bei der Aufnahme von trans-Fettsäuren eine Erhöhung des Blutspiegels von Low-Density-Lipoproteinen (LDL), der wichtigsten Komponente des Cholesterins, beobachtet. Aus diesem Grund wies man trans-Fettsäuren in den 1990er-Jahren die Schuld an Herzkrankheiten oder, nicht weniger finster, an Diabetes, Brust- und Prostatakrebs zu. Andere gingen noch weiter und behaupteten, trans-Fettsäuren schädigten ungeborene Kinder (indem sie Untergewicht verursachen) und bewirkten Störungen des endokrinen Systems (des Hormonhaushalts) gestillter Babys.

Der bekannteste Forscher auf dem Gebiet der Wirkungen von trans-Fettsäuren auf den Organismus ist Walter Willett von der Harvard School of Public Health (USA), der auch die Medien und die Öffentlichkeit auf das Thema aufmerksam machte. Seit 1994 sammelt er mit seinen Mitarbeitern epidemiologische Beweise dafür, dass trans-Fettsäuren das Herz schädigen. Willetts Anschauungen verbreiteten sich rasch – zum Teil dank des einflussreichen *New England Journal of Medicine*, das die Ansicht, trans-Fettsäuren erhöhten definitiv das Risiko für koronare Herzkrankheit, in einem Editorial ausdrücklich unterstützte. Willetts akademischer Ruf und sein Rückhalt bei den offenkundig unabhängigen Herausgebern der renommierten Zeitschrift sorgten dafür, dass die Presse sich der Angelegenheit annahm. Sogar die US-Zulassungsbehörde für Nahrungsmittel und Pharmaka, FDA, empfahl schließlich, auf Lebensmitteln den Gehalt an *trans*-Fettsäuren auszuweisen.

Nicht jeder war mit Willetts Folgerungen einverstanden, und die veröffentlichten Ergebnisse regten andere Forscher an, eigene Studien zu konzipieren. In Schottland beispielsweise versterben relativ viele Leute früh an Herzkrankheiten, aber es gelang nicht, dort einen Zusammenhang mit der Aufnahme von *trans*-Fettsäuren nachzuweisen. Gleiche Resultate brachte eine Untersuchung, die neun europäische Länder und Israel erfasste. Wieder andere Arbeiten wiesen nach, dass unser Körper *trans*-Fettsäuren in gleicher Weise verdaut wie die *cis*-Verbindungen. Angesichts solch widersprüchlicher Ergebnisse wurden Willetts Thesen mancherorts bereits als »Ramsch« bezeichnet. Das scheint ein wenig zu hart zu sein: Der Forscher handelte sicherlich in guter Absicht, zog seine Schlüsse nur vielleicht etwas zu voreilig.

Die Probleme bei der Analyse und Einschätzung der *trans*-Fettsäuren rühren zum Teil daher, dass sich der Gehalt eines Nahrungsmittels an diesen Triglyceriden nur schwer feststellen lässt. Man muss dazu zwei analytische Verfahren koppeln: die Infrarotspektroskopie und die Gaschromatographie. Theoretisch müsste eine dieser beiden Methoden allein ausreichen. Studien am britischen Labor für Chemiker in Behörden ergaben jedoch Differenzen der Resultate von bis zu 20 %.

Um die Wirkung der *trans*-Fettsäuren vergleichend zu untersuchen, greift man in der Regel drei Verbindungen heraus, deren Kohlenstoffkette jeweils 18 Atome enthält: die (gesättigte) Stearinsäure, die Oleinsäure (mit einer *cis*-Doppelbindung in der Kettenmitte) und die Elainsäure (mit einer *trans*-Doppelbindung an gleicher Position). Von den *trans*-Fettsäuren, die bei der Härtung von Ölen entstehen, macht die Elainsäure den größten Anteil aus.

Ronald Mensink und Martijn Katan von der Landwirtschaftsuniversität in Wageningen (Holland) setzen je eine dieser Fettsäuren gezielt der Nahrung von Probanden zu, die in drei Gruppen eingeteilt waren und sich – abgesehen von der Art des Fettes – völlig identisch ernährten. Die Gruppe, die die *trans*-Fettsäure erhalten hatte, wies am Ende des Versuchs einen erhöhten Blutspiegel an »schlechtem« Cholesterin (LDL) und gleichzeitig einen erniedrigten Spiegel an »gutem« Cholesterin (High-Density-Lipoprotein, HDL) auf. Da allerdings die Anzahl der Probanden gering war, sollte man in diese Resultate vielleicht nicht allzu viel hineinlesen.

Inzwischen (1993) veröffentliche eine Forschergruppe von der Harvard University Ergebnisse einer Studie an 90 000 Krankenschwestern. Die eingenommene Menge *trans*-Fettsäuren wurde aus den Angaben abgeschätzt, die die Probandinnen selbst über ihre Ernährung machten. Das Risiko einer Herzerkrankung scheint, so die Aussage der Gruppe, nur geringfügig zu steigen, wenn man größere Mengen *trans*-Fettsäuren isst.

Im Laufe der 1990er-Jahre erschienen weitere Berichte zu diesem Thema. Die vielleicht prestigeträchtigste Untersuchung wurde 1996 vom American Institute of Nutrition in Zusammenarbeit mit der American Society for Clinical Nutrition vorgenommen und kam zu dem Schluss, dass *trans*-Fettsäuren in den Mengen, wie wir sie normalerweise aufnehmen, unsere Gesundheit nicht bedrohen. Damit im Einklang steht die Beobachtung, dass die Sterberate infolge von Herzkrankheiten in Großbritannien seit ungefähr 50 Jahren auf ein Drittel gefallen ist, obwohl die täglich aufgenommene Menge *trans*-Fettsäuren unverändert bei rund 8 Gramm blieb. Auch John Stanley von der Oxford University (1999) sieht *trans*-Fettsäuren nicht als herzschädigend an und deckte überdies Fehler in früheren Studien auf, die den Zusammenhang bejahten. (Stanley griff allerdings nicht die Autoren an, da er Verständnis für die Schwierigkeit zeigte, den Gehalt der Nahrung von Versuchspersonen an *trans*-Fettsäuren sinnvoll abzuschätzen.)

Die British Nutrition Foundation kommt zu folgendem Schluss: »Im Tierversuch konnte nicht nachgewiesen werden, dass *trans*-Fettsäuren Lebenserwartung, Reproduktionsleistung oder Wachstum in irgendeiner Weise beeinträchtigen. Beweise für teratogenes, karzinogenes oder mutagenes Potenzial wurden nicht erbracht.* Die untersuchten Organe wiesen keine Abnormitäten auf.« Auch hier wurde nicht wirklich nachgewiesen, dass *trans*-Fettsäuren das Herz schädigen (diese Befürchtung war der eigentliche Anlass der

---

* Teratogen: fruchtschädigend; karzinogen: Krebs erregend;
  mutagen: Chromosomenschäden bewirkend, die zu einer
  Mutation führen können.

Untersuchung gewesen). Möglicherweise ist das Resultat der späteren Studien, die kein Risiko in *trans*-Fettsäuren finden können, durchaus vernünftig: Es handelt sich schließlich nicht um »künstliche« Chemikalien, die nur bei der Nahrungsmittelverarbeitung entstehen, sondern um Verbindungen, die auch natürlich vorkommen und mit denen der Mensch konfrontiert ist, seit er Schafe hält und deren Fleisch verzehrt.

Lammfett enthält 5 % *trans*-Fettsäuren. Man könnte deshalb vermuten, dass unter den Völkern des Mittleren Ostens, wo Lammfleisch regelmäßig auf dem Speiseplan steht, Herzerkrankungen häufiger auftreten als in Regionen, in denen man traditionell zu Rind- oder Schweinefleisch greift. Dem scheint aber nicht so zu sein. Andere tierische Fette sind ärmer an *trans*-Fettsäuren, beispielsweise Rinderfett (2 %) und Schweinefett (weniger als 0,5 %). In Talg*, dem harten Nierenfett von Rindern und Schafen, finden sich fast 6 % *trans*-Fettsäuren, in dem aus Pflanzenöl hergestellten Talgersatz aber doppelt so viel. Butter enthält 3 % *trans*-Fette, weiche Margarine die doppelte Menge und harte Margarine wiederum das Doppelte; die Pflanzenöle hingegen, aus denen Letztere hergestellt wird, weisen nur Spuren dieser Verbindungen auf (weniger als 0,1 %).

Im Laufe der Jahre haben die Hersteller von Back- und Aufstrichmargarine erforscht, wann und warum sich bei der Härtung von Pflanzenöl *trans*-Fettsäuren bilden, und Methoden entwickelt, um dies weitgehend zu verhindern. Früher bestand das Fett von manchen Gebäcksorten, Pommes frites und frittierten Fleischerzeugnissen zu fast einem Drittel aus *trans*-Verbindungen. Seitdem gelang es, diesen Anteil stufenweise zu reduzieren, über rund 10 % (Mitte der 1990er-Jahre) auf weniger als ein Prozent heute.

* Aus Talg wurden früher Lichter und Seife hergestellt. Talg besteht zu 90 % aus Fett, je zur Hälfte aus gesättigten und (überwiegend einfach) ungesättigten Anteilen.

Konjugierte Fettsäuren

Konjugierte Fettsäuren kommen in der Natur generell selten vor. Eine von ihnen, die konjugierte Linolsäure (CLA), wird jedoch als gesundheitsfördernd angesehen. Ernst zu nehmende Untersuchungen lassen vermuten, dass die Säure sogar helfen kann, Brustkrebs vorzubeugen.

Stellen Sie sich eine Kette von 18 Kohlenstoffatomen vor, die zwei Doppelbindungen zwischen benachbarten Atompaaren beinhaltet, etwa zwischen den Atomen 6 und 7 sowie 8 und 9. Diese Doppelbindungen beeinflussen die dazwischen liegende Einfachbindung (zwischen 7 und 8) so, dass diese ebenfalls einen teilweisen Doppelbindungscharakter annimmt.* Man nennt solche Doppelbindungen *konjugiert*. Konjugierte Fettsäuren finden sich im Fett von Kühen und Schafen. Sie entstehen durch die Tätigkeit anaerober Bakterien, die den Magen der Tiere besiedeln und dort bei der Verdauung mitwirken.

Gewöhnliche Linolsäure enthält zwei *cis*-Doppelbindungen: die Omega-6-Bindung (6–7) sowie die Bindung 9–10. Zwischen beiden befinden sich zwei Einfachbindungen, weshalb keine Konjugation auftritt. In CLA liegt nun die erstgenannte Bindung in *trans*-Anordnung vor, die zweite hingegen in *cis*-Konformation. Bei einer anderen Form der konjugierten Linolsäure, die in der Natur allerdings selten auftritt, sind die Doppelbindungen zwischen den Kohlenstoffatomen 6 und 7 sowie 8 und 9 ausgebildet.

Bakterien sind in der Lage, Linolsäure in Stearinsäure umzuwandeln, wozu an Erstere vier Wasserstoffatome angelagert werden müssen. Der Syntheseweg ist ziemlich kompliziert; CLA tritt als Zwischenstufe auf und gelangt so in die Produkte, die wir von den entsprechenden Tieren verzehren (Lamm- und Rindfleisch, Milch, Sahne, Butter, Joghurt und Käse). Der Anteil der CLA an den Fettsäuren hängt von der Ernährung des Viehs ab. Versuche in Schottland zeigten, dass Weidekühe ungefähr doppelt so viel CLA produzieren wie Tiere, die mit Silage gefüttert werden. Generell ist die enthaltene Menge CLA gering (bis zu 1,2 % in Lammfett, 0,6 % in

---

* Lebensmittelchemiker zählen die Kohlenstoffkette der Fettsäuren genau in der anderen Richtung, als wir es hier tun. Die Doppelbindungen der CLA befinden sich dann zwischen den Atomen 9 und 10 *(cis)* sowie 11 und 12 *(trans)*. Aus diesem Grund wird die CLA manchmal mit *(cis9, trans11)* bezeichnet.

Rinderfett, 1% in Fett von Vollmilch, 0,8% in Sahne, 0,9% in Butter und bis zu 1,7% in Käse). Eine durchschnittliche Person nimmt am Tag ungefähr 400 mg (0,4 g) CLA auf.

Die besondere Wirkung der konjugierten Linolsäure fiel bereits 1979 Michael Pariza vom Institut für Lebensmittelforschung der University of Wisconsin-Madison auf, der den Einfluss von Erwärmung auf Rinderhackfleisch untersuchte. Pariza entdeckte, dass seine Proben eine Verbindung enthalten mussten, die Gene vor Mutationen schützen. Durch weitere Arbeiten identifizierte Parizas Gruppe die aktive Verbindung Mitte der 1980er-Jahre als CLA.

CLA gehört zu den Stoffen, die Krebs effektiv vorbeugen können – zumindest bei Ratten. Welcher Mechanismus exakt vorliegt und in welches Stadium der Krebserkrankung die Substanz eingreift – die Entstehung des Tumors, das Tumorwachstum oder die Bildung von Metastasen –, ist noch unklar. Bei Versuchen an Kaninchen und Hamstern wurde zudem ein Schutz vor Arterienverengung festgestellt, außerdem stärkte CLA das Immunsystem von Mäusen, Ratten und Hühnern. Daneben fungiert die Fettsäure als Wachstumsfaktor junger Ratten und kann den Körper anregen, eigene Fettreserven zu mobilisieren. Der Nutzen der Einnahme hoher Dosen CLA wird damit begründet, dass bestimmte Enzyme die Substanz bevorzugt anstelle der Linolsäure verarbeiten, welche mit einem erhöhten Krebsrisiko bei Nagetieren in Verbindung gebracht wird. Studien in Norwegen ergaben, dass Übergewichtige bei einer CLA-angereicherten Diät (über 3 Gramm täglich) tatsächlich abnehmen.

CLA als Nahrungsergänzungsmittel wird durch Behandlung von linolsäurereichen Ölen (etwa Sonnenblumenöl) mit einer Lauge hergestellt. Dabei bildet sich vorwiegend CLA, aber es entstehen auch geringe Mengen anderer konjugierter Fettsäuren mit Doppelbindungen an verschiedenen Positionen der Kohlenstoffkette. In Experimenten stellte man fest, dass alle Formen der CLA verdaut und als Energiequelle genutzt werden, wobei kein Unterschied zum Stoffwechsel gewöhnlicher Speisefette und -öle beobachtet wurde. Trotzdem wäre es vielleicht voreilig, diesen Ergebnissen folgend, die Ernährung umstellen zu wollen und wieder verstärkt fette Milchprodukte (Sahne, Butter, Vollfettkäse) zu essen – insbesondere, wenn sie kalorienarme Nahrungsmittel wie Obst und Gemüse im Speiseplan ersetzen.

Vitamin C

Vitamin-C-Mangel führt zu Skorbut, wie unsere Vorfahren leidvoll erfahren mussten. Eine sinnvoll zusammengestellte Nahrung liefert uns die benötigte Menge des Vitamins. Manche Leute glauben, mit Riesendosen Vitamin C Krebs vorbeugen zu können. Sogar ein Nobelpreisträger zählte zu den Anhängern dieser – wahrscheinlich trotzdem falschen – Theorie.

In den entwickelten Industrieländern kommen Symptome von Mangelernährung selten vor, weil eine abwechslungsreich zusammengestellte Nahrung (selbst wenn sie überwiegend aus Fastfood, Süßigkeiten und Cola besteht) ausreichende Mengen aller lebenswichtigen Substanzen liefert. Mangelsyndrome werden definitionsgemäß durch das Fehlen eines nur in geringen Mengen nötigen (also in relativ wenigen Lebensmitteln vorkommenden), aber für den Organismus unverzichtbaren Vitamins oder Spurenelements hervorgerufen.

Ein anschauliches Beispiel ist Iod. Iodmangel löst eine charakteristische Schwellung am Hals, den »Kropf«, aus. In Regionen mit geringem Iodgehalt des Ackerbodens kommt diese Erkrankung gehäuft vor; durch die konsequente Verwendung von iodiertem Speisesalz wurde sie mittlerweile mehr oder weniger ausgerottet. Vitamin-D- und Calciummangel insbesondere in der Kindheit führen zu Rachitis, zu deren sichtbaren Folgen gebogene Beine gehören. Die Beriberi-Krankheit, eine Nervenentzündung, ist eine Folge von Vitamin-B1-Mangel, der vor allem bei Hungersnöten auftritt. Die am besten bekannte Mangelkrankheit ist der heutzutage zum Glück ziemlich seltene Skorbut, bewirkt durch Vitamin-C-Mangel, an dem Generationen unserer Vorfahren litten.

Um optimal leistungsfähig zu sein, muss unser Körper etwa 2000 mg Vitamin C enthalten. Maximal 500 mg können wir täglich aufnehmen; Überschüsse, die der Körper nicht benötigt, werden über die Nieren ausgeschieden. Theoretisch kommen wir mit einer Tagesdosis von 10 mg Vitamin C aus, um nicht an Skorbut zu erkranken. Inzwischen häufen sich aber die Beweise dafür, dass erst ungefähr das Zehnfache langfristig positive Auswirkungen zeigt. Einige Leute glauben sogar, mit der hundertfachen Dosis Alterserscheinungen mildern, das Herz schützen und Krebs vorbeugen zu können.

Der Organismus benötigt Vitamin C zur Hormonproduktion. Die höchsten Konzentrationen der Substanz finden sich folglich in

Nebenniere und Hirnanhangsdrüse. Außerdem wirkt Vitamin C zellschützend (als Antioxidationsmittel): Jede Zelle unseres Körpers muss täglich mit Tausenden schädlicher *freier Radikale* (→ Glossar) fertig werden, zumeist Nebenprodukten körpereigener Reaktionen. Vitamin C fängt diese Radikale ab. Das Vitamin ist weiterhin am Eisenstoffwechsel und am Wärmehaushalt beteiligt, spielt eine Schlüsselrolle im Stoffwechsel der Aminosäuren Tryptophan, Phenylalanin und Tyrosin, ist unentbehrlich für die Synthese von Polysacchariden, Collagen, Knorpelgewebe, Dentin, Knochen und Zähnen und schützt den Körper vor den Auswirkungen von Stress und ionisierender Strahlung. Bei schweren Verletzungen ist der Vitamin-C-Bedarf erhöht, da die Substanz an der Neubildung von Gewebe beteiligt und so mitverantwortlich für die Wund- und Knochenheilung ist. Alles in allem ist Vitamin C ein wirklich bemerkenswerter Stoff – und Vitamin-C-Mangel ist eine echte Katastrophe.

Fast alle Tiere können selbst Vitamin C herstellen. Die wenigen Ausnahmen sind Fische, Fledermäuse, Käfer, Meerschweinchen – und Menschen. Vor 25 Millionen Jahren verloren unsere Vorfahren, die Primaten, ein Gen, das für die Herstellung des Enzyms L-*Gulonolactonoxidase* erforderlich ist, welches seinerseits die Synthese von Vitamin C ermöglicht. Alle Nachfolger in diesem Zweig der Evolution, einschließlich die Menschen, waren fortan auf eine vorwiegend vegetarische Ernährung angewiesen, um ihren Vitamin-C-Bedarf zu decken (obwohl man prinzipiell auch aus rohem Fleisch genügend davon aufnehmen kann, wie wir weiter unten sehen werden).

Nur relativ wenige Nahrungsmittel enthalten Vitamin C. Zudem ist die Substanz hitzeempfindlich und oxidationsanfällig, weshalb das ohnehin geringe Angebot häufig durch Kochen, Braten oder langes Lagern weiter dezimiert wird. Zehn Minuten Kochzeit zerstören zum Beispiel rund ein Viertel des ursprünglich in Kohl enthaltenen Vitamin C, und der überwiegende Teil der unbeschädigten Moleküle befindet sich im Kochwasser.

Wie viel Vitamin C soll man nun täglich aufnehmen oder, anders ausgedrückt, wie hoch ist die »empfohlene Tagesdosis« (so der Fachbegriff)? Ernährungsfachleute machen hierzu offenbar von Land zu Land verschiedene Angaben. In Großbritannien werden 40 mg genannt, in den USA 60 mg, in Russland 90 mg; die Deutsche Gesellschaft für Ernährung erhöhte ihre Empfehlung 1999 gar von

75 mg auf 100 mg, einen internationalen Spitzenwert. Alle diese Werte sind wohl eher zu niedrig. Außerdem schwankt unser Vitamin-C-Bedarf im Laufe des Lebens. Besonders hoch ist er während Schwangerschaft und Stillzeit, bei größeren Verletzungen und Erkrankungen sowie im Alter. Balz Frei von der University of California, Berkeley, berichtete 1989 von Oxidationsschäden an körpereigenen Fetten und Proteinen, nachdem sämtliches Vitamin C im Blut verbraucht war. Frei empfahl eine Tagesdosis von mindestens 150 mg. Spätere Untersuchungen von Bruce Armes (ebenfalls Berkeley) legen nahe, dass dieser Wert noch nicht hoch genug ist. Ames ist von einer besonderen Rolle des Vitamin C für den Schutz von Spermien überzeugt. In der Samenflüssigkeit, so Ames, ist der Vitamin-C-Spiegel besonders hoch – und je höher er ist, desto effektiver wird die Oxidation der Samenzellen-DNA verhindert. Um ihre Fruchtbarkeit zu erhalten, sollten Männer Ames zufolge täglich mindestens 250 mg Vitamin C zu sich nehmen. (Mehr über die Fruchtbarkeit des Mannes erfahren Sie im folgenden Kapitel »Wollen und Können – Potenz und Fruchtbarkeit«).

Die am leichtesten zugänglichen und besonders schmackhaften Lebensmittel sind, soweit es den Menschen betrifft, nicht die besten Quellen für Vitamin C. Butter, Käse, Eier, Margarine, Fleisch, Fisch, Geflügel, Brot, Kuchen, Gebäck, Schokolade, Getreide, Nudeln, Reis, Nüsse und Bohnen enthalten das Vitamin überhaupt nicht. Anders sieht es bei Obst und Gemüse aus: Unter ihnen findet sich manche Vitamin-C-»Bombe«, beispielsweise die bescheidene Kartoffel, die in entscheidendem Maße zum Sieg über den Skorbut im 19. Jahrhundert beitrug.

Um täglich genügend Vitamin C zu uns zu nehmen, müssen wir wissen, welche Nahrungsmittel sich zu diesem Zweck besonders eignen. Hier sind einige:

Lebensmittel	Vitamin-C-Gehalt
1 Glas Schwarze-Johannisbeeren-Saft	95 mg
1 Orange	90 mg
1 Schale Erdbeeren	60 mg
1 Portion Rosenkohl	45 mg
1 Portion Brokkoli	30 mg
1 Portion frisch zubereitete Bratkartoffeln*	30 mg
1/2 Grapefruit	30 mg
1 Scheibe Zitrone	20 mg
1 Tomate	15 mg

* Gemeint sind wohlgemerkt Bratkartoffeln, die aus rohen Kartoffeln zubereitet wurden, nicht etwa die aus verarbeiteter Kartoffelmasse hergestellten, tiefgekühlten Pommes frites.

Andere Gemüsesorten mit einem Vitamin-C-Gehalt von mindestens 50 mg in 100 g sind rote und grüne Paprikaschoten, Kohl und Spinat. Erbsen enthalten etwas weniger Vitamin C, werden dafür aber meist in größeren Mengen verzehrt und gehören deshalb ebenfalls zu den wichtigen Vitaminquellen. Auch in allen Früchten findet sich Vitamin C, insbesondere in Mangos und Honigmelonen. Gestillte Babys leiden normalerweise nicht unter Vitamin-C-Mangel, da in jedem Liter Muttermilch 50–70 mg davon enthalten sind. (Ein Baby trinkt durchschnittlich 750 ml Milch am Tag, nimmt damit also rund 50 mg Vitamin C auf.) Frische Kuhmilch hingegen ist mit 10 mg pro Liter vergleichsweise Vitamin-C-arm, überdies hängt der Gehalt von der Jahreszeit ab: Im Frühjahr ist er besonders niedrig.

Wer den Rat der Ernährungswissenschaftler beherzigt, fünfmal am Tag eine Portion Obst oder Gemüse zu essen, kommt ohne zusätzliche Vitamin-C-Gaben aus. Viele Speisen und Getränke werden heutzutage mit dem Vitamin angereichert, insbesondere Fertiggerichte, deren ohnehin geringer Vitamin-C-Gehalt durch die Verarbeitung mehr oder weniger verloren gegangen ist. Wenn Sie sich überwiegend von Fastfood ernähren, sollten Sie trotzdem erwägen, täglich Vitamin C in Tablettenform einzunehmen (eine Tablette enthält bis zu 1000 mg!).

Vitamin C setzt man auch Mehl zu, um die Backfähigkeit zu verbessern: Der Teig wird elastischer, die Krume wird lockerer, Poren werden größer. Allerdings überlebt das Vitamin die Backofentemperaturen nicht. In der Fischzucht findet Vitamin C zur Stärkung des Skeletts Anwendung (ein Mangel verursacht das Broken-Back-Syndrom). Das Vitamin verhindert das Bräunen von geschnittenem Obst und Gemüse und wirkt als Konservierungsstoff. In Europa ist es als Lebensmittelzusatz unter der Nummer E300 zugelassen.

Pflanzen stellen Vitamin C in der Regel zu dem gleichen Zweck her wie Tiere – zum Schutz der Zelle vor oxidativer Schädigung, insbesondere durch Ozon und durch radikalische Nebenprodukte der Photosynthese. Das Vitamin verbessert die Stressresistenz bei Trockenheit, Kälte und Luftverschmutzung, spielt eine Rolle beim Wachstum und verhindert Langzeitschäden an immergrünen Blättern und Nadeln.

Der Mechanismus der Vitamin-C-Produktion in Pflanzen war den Wissenschaftlern bis vor kurzem rätselhaft. Erst 1998 fanden Nicholas Smirnoff und seine Mitarbeiter an der Biologischen Fakultät der Exeter University (England) die Lösung. Die Gruppe stellte Vitamin C aus Glucose mit Galactose, einem anderen Zucker, als Zwischenprodukt her. Führten sie Blattpflanzen Galactose direkt zu, so bildete sich das Vitamin sehr schnell. Auch das verantwortliche Enzym, die L-*Galactose-Dehydrogenase*, konnten die Forscher aus Exeter isolieren.

Skorbut – Geißel der Seefahrt

Vor Skorbut brauchen wir heutzutage keine Angst mehr zu haben. Mehr leiden mussten darunter frühere Generationen, insbesondere Menschen, die sich nur selten mit frischem Obst und Gemüse versorgen konnten: Seeleute auf langen Reisen, Stadtbewohner und im späten Winter, wenn die nach der letzten Ernte angelegten Vorräte knapp wurden, nahezu die gesamte Bevölkerung der nördlichen Länder.

Zweifellos ist der Skorbut bereits seit der Antike bekannt. Zur allgemeinen Plage wurde er jedoch erst mit der Eroberung der Welt durch die mittelalterlichen Seefahrer. Während seiner ersten Umsegelung des Kaps der Guten Hoffnung (1497) verlor der portugiesische Kapitän Vasco da Gama (ca. 1460–1524) von seiner 160 Mann zählenden Besatzung 100 Leute durch Skorbut. Ähnliches musste Ferdinand Magellan (ca. 1480–1524) erleben, als er 1520 als Erster die Südspitze Südamerikas umschiffte. Der Franzose Jacques Cartier (1491–1557), 1535 zur Erforschung des Nordwestens von Neufundland aufgebrochen, hatte ebenfalls mit einem Ausbruch von Skorbut zu kämpfen, aber er bekam Hilfe von den Eingeborenen: Diese empfahlen einen Absud von Blättern einer Pflanze, die »Hanneda« genannt wurde. Das Heilmittel brachte Cartiers Männer innerhalb einer Woche tatsächlich wieder auf die Beine. Um welche Pflanze es sich handelte, können wir nur vermuten. Bekannt ist aber, dass man ein Vitamin-C-reiches Getränk erhält, wenn man junge Kiefernnadeln in heißem Wasser ziehen lässt. Vielleicht war »Hanneda« also ein Nadelbaum.

Gegen Ende des sechzehnten Jahrhunderts war der Skorbut allgemein als Krankheit anerkannt. Verschiedene Pflanzenauszüge wurden zu seiner Behandlung vorgeschlagen. John Gerard (1545–1612) nennt in seinem 1597 veröffentlichten Werk »Herball« Barbarakraut und Löffelkraut (engl. *scurvygrass,* »Skorbutkraut«, ein kresseähnliches, in Meeresnähe wachsendes Kraut). Flottenkommandant James Lancaster, Befehlshaber einer Ostindien-Expedition im Februar 1600, nahm Orangen und Zitronen an Bord und bestand darauf, dass jeder Mann an jedem Morgen drei Teelöffel Zitronensaft erhielt. Im Gegensatz zu den anderen Schiffen der Expedition brach auf Lancasters Segler kein Skorbut aus. Die Ostindische Kompanie glaubte fortan fest an die Wirkung von Zitrusfrüchten, deren Vorteile der Kompaniearzt John Woodall (1556–1643) in seinem Buch *The Surgeon's Mate* ausführlich darlegte. Zweifellos war die Vorbeugung auf diese Weise erfolgreich, was man allerdings der Säure des Saftes, nicht seiner Herkunft zuschrieb. Aus diesem Grunde griff man anstelle des besonders im tropischen Klima leicht verderblichen Fruchtsafts auf andere saure Getränke zurück, etwa Essig oder einige Tropfen Vitriolöl (Schwefelsäure) in Wasser. Die irrtümliche Verordnung von Schwefelsäure gegen Skorbut hielt sich hartnäckig hundert Jahre lang.

Im fortgeschrittenen Stadium schwollen dem Skorbutkranken die Glieder; insbesondere Beine und Füße wurden blaufleckig wie nach kräftigen Schlägen. Die Ursache hierfür waren Blutungen unter der Haut. Geschwüre im Mund und Zahnfleischbluten ließen den Atem übel riechen, oft fielen die Zähne aus. Sträflinge, die auf heruntergekommenen Schiffen in Kolonien gebracht wurden, waren – noch verstärkt durch harte Strafen – besonders anfällig für Skorbut.

Langsam kamen Ärzte auf Ideen, die das Übel in der Tat an der Wurzel packten. 1734 riet ein Dr. Johannes Bachstrom aus Leyden in Holland Schiffsreisenden, zur Vorbeugung gegen Skorbut Gemüse mitzuführen. Leider wurde dieser Ratschlag missachtet; er hätte viele Leben retten können. Ein Dr. Mead hingegen meinte, die Patienten müssten einfach die aus kalter Erde aufsteigenden Dämpfe einatmen. Auch diesen Rat befolgte niemand, es hätte allerdings auch nichts genützt.

James Lind (1716–1794) verfasste 1753 die klassische Schrift *A Treatise of Scurvy*. Er unterschied nach den Anfangssymptomen drei Formen des Skorbuts. Die erste, schlimmste Form sei gekennzeichnet durch »einen schlagartigen Ausbruch und schnelle Ausbreitung, als epidemisches oder allgegenwärtiges Leiden«. Sie trat bei Seeleuten auf langen Reisen und Einwohnern belagerter Städte auf und betraf manchmal sogar ganze Völker (große Teile der Niederlande 1562). Die zweite, weniger schreckliche Form war der endemische Skorbut: In bestimmten Landstrichen wurden ständig einige Fälle beobachtet, die Bevölkerung war niemals gänzlich von der Krankheit befreit. Lind vermutete die größte Anfälligkeit für solche Endemien im hohen Norden, bei den Bewohnern Islands, Grönlands, Skandinaviens und Nordrusslands. Als dritte, vergleichsweise harmlose Form nennt Lind das Auftreten von Einzelfällen, beispielsweise in England und dort vorwiegend in London.

Lind war ein Verfechter der Vorbeugung durch Zitrusfrüchte. Seine Meinung hatte er sich durch ein Experiment an zwölf skorbutkranken Schiffsreisenden gebildet, die im Mai 1747 von Bord der *Salisbury* gegangen waren. Lind teilte die Patienten in sechs Paare ein und verabreichte jedem Paar eine bestimmte Medizin: Apfelwein, Vitriol, Essig, Meerwasser, ein Patentmittel (Knoblauch, Senfsamen, Meerrettich und Myrrhe) sowie Zitrusfrüchte (täglich zwei Orangen und eine Zitrone). Im Gegensatz zu den ersten fünf Paaren waren die Männer, die den Fruchtsaft erhielten, binnen einer Woche geheilt. Leider wurden Linds Erkenntnisse nicht sofort in die Tat umgesetzt. Während des Siebenjährigen Krieges zwischen England und Frankreich (1756–1763) starben erneut über 100 000 Seeleute der königlich-britischen Flotte an Skorbut, und noch 1781 fielen von einer 12 000 Mann starken britischen Flotte 1600 Männer der Mangelkrankheit zum Opfer.

Mit der Zeit begannen einige Kapitäne, Linds Arbeiten zur Kenntnis zu nehmen. Der englische Kapitän James Cook (1728–1779) beispielsweise lud für seine drei Jahre dauernde Weltumsegelung (1772–1775) etliche Fässer Sauerkraut und verlor nicht einen einzigen Mann durch Skorbut. Die konservierte Vitaminreserve trug wohl dazu bei, mehr jedoch sicherlich Cooks Bestreben, bei jeder Gelegenheit frisches Obst und Gemüse an Bord zu nehmen.

Der Fortschritt bei der Bekämpfung des Vitamin-C-Mangels verlief quälend langsam. Manche nützliche Idee wurde durch Ignoranz zunichte gemacht. Der Wiener Arzt Mertens beobachtete 1793, dass gekochtes Gemüse dem rohen als Vorbeugungsmittel unterlegen war; nur konnte man auf langen Schiffsreisen nicht viel Frisches mitführen. Die Seeleute ernährten sich im Wesentlichen von Haferbrei, Speck, Zwieback, Käse und Pökelfleisch. Keines dieser Nahrungsmittel enthält Vitamin C. Irgendetwas musste aber geschehen. Mitte der 1790er-Jahre ordnete die britische Admiralität schließlich an, jeder Seemann im aktiven Dienst müsse täglich eine Ration Limonensaft erhalten. Diese Maßnahme hätte im Prinzip Wirkung zeigen können, obwohl Limonensaft weniger Vitamin C enthält als Orangen- oder Zitronensaft, nur ging der Vitamingehalt durch das Erhitzen des Saftes (zur Konservierung) verloren – und die Schiffe Seiner Majestät wurden unvermindert von Skorbut heimgesucht.

In einem Erlass zur Seefahrt von 1845 wurde festgelegt, dass Schiffe, die mehr als zehn Tage lang keinen Hafen anliefen, zur Vorbeugung gegen Skorbut Limonen- oder Zitronensaft mitzuführen hatten (vorgeschrieben war 1 Unze, ca. 30 g, täglich; bei Limonensaft bedeutet das eine Tagesdosis von 5 mg Vitamin C, bei Zitronensaft 10 mg). Am beliebtesten war Limonensaft *(lime juice)*, der durch Zusatz von Rum haltbar gemacht worden war. In den Vereinigten Staaten nannte man britische Seeleute nach In-Kraft-Treten dieser Verordnung »Limeys«. 1927 wies das Handelsministerium Schiffsführer an, jedem Besatzungsmitglied täglich eine halbe Unze (ca. 15 g) konzentrierten Orangensaft (30 mg Vitamin C) verabreichen zu lassen. In der britischen Handelsmarine war der Skorbut damit überwunden. Weniger Glück hatten die Besatzungen von Kriegsschiffen.

Die britische Armee kämpfte mit Skorbut im Krimkrieg (1854–1856) und im Ersten Weltkrieg (1915). Die Krankheit brach zu Beginn des Krimkriegs rasch aus und wütete im Oktober 1854 bereits unter den Truppen. Lord Raglan (1788–55), der Oberbefehlshaber, versuchte erfolglos, vor Ort frisches Gemüse zu erwerben, und forderte daraufhin vom Kriegsministerium in London Limonensaft an. Geliefert wurden über 8000 Liter, die im Dezember 1854 am Standort Balaclava ankamen. Raglan allerdings war damals schon krank und starb im Juni 1855, sodass der Saft vergessen wurde und bis Kriegsende längst verdorben war. Florence Nightingale (1820–1910), die Reformerin des britischen Krankenhauswesens, notierte während eines Besuchs auf der Krim, dass der Skorbut mehr Opfer gefordert habe als die Kampfhandlungen. Von 1200 Mann, die im Januar 1855 krank in Scutari eintrafen, hätten 1000 Skorbut gehabt. Der verbündeten französischen Armee erging es nicht besser, sie verlor durch den Vitaminmangel schätzungsweise 20 000 Soldaten.

Etwa zur gleichen Zeit, während des Goldrauschs in Kalifornien (1849), brach auch in Amerika der Skorbut aus. Auf der Suche nach dem sagenhaften Reichtum reisten Goldgräber von weit her über Land an oder umschifften Kap Horn. Ihre Nahrung bestand hauptsächlich aus Mehl, Zwieback sowie gepökeltem Schweine- und Rindfleisch. Ungefähr 10 000 Abenteurer sollen, so schätzt man, an Skorbut zugrunde gegangen sein.

Bis zum Beginn des 20. Jahrhunderts war in der Armee keine erneute Häufung von Skorbutfällen zu verzeichnen. Erst im Dezember 1915 mussten die Briten wieder darunter leiden. General Townshend befand sich mit den Streitkräften des British Empire auf dem Rückzug, nachdem er vergeblich versucht hatte, die türkische Festung Ktesiphon am Tigris, rund 32 Kilometer südöstlich von Bagdad, einzunehmen. Townshend beschloss, sich dem Feind in Kut-el-Amara zu stellen, wo ihn die türkischen Verfolger bald belagerten. Von Weihnachten an wurde das Essen streng rationiert: Die britischen Soldaten erhielten täglich 600 Gramm Pferdefleisch und 300 Gramm Brot, an die Angehörigen der indischen Hilfstruppen wurden pro Tag 300 Gramm Gerstenmehl, 120 Gramm Gerstenkörner, etwas Butterschmalz und ein paar Datteln ausgegeben. Die Folge waren Mangelkrankheiten: Während die Briten durch den Vitamin-B1-Mangel an Beriberi litten, bekamen die Inder Skorbut, denn Pferdefleisch enthält ein wenig Vitamin C (jedenfalls genügend, um den Ausbruch von Skorbut zu verhindern), in Gerstenkörnern hingegen findet sich Vitamin B1. Als Townshend Ende April schließlich kapitulierte, gab es unter seiner 9000 Mann starken Truppe 150 Beriberi- und 1100 schlimme Skorbutfälle. Der Skorbut quälte die britische Armee den gesamten Ersten Weltkrieg hindurch in Mesopotamien, dem heutigen Irak (zeitweise waren über 10 000 Soldaten gleichzeitig betroffen). Nicht einmal die Einnahme von Limonensaft reichte zur Vorbeugung aus, weshalb man endgültig zur Anwendung von Zitronensaft überging.

Die Entdeckung des Vitamin C

Über die Ursachen des Skorbuts und potenzielle Heilmittel wurde, wie wir gesehen haben, im Laufe der Jahrhunderte vielfach spekuliert. Für schuldig hielt man ranzige Butter, Kupferpfannen, Rum, Zucker, Tabak, Feuchtigkeit, Kälte, Meeresluft, Erbanlagen, Tugendlosigkeit, Mangel an Obst, Infektionen, Faulheit beim Exerzieren und den Beginn des Frühlings. Einige der Vorschläge kamen der Lösung des Rätsels nahe, andere hatten zumindest indirekt etwas mit den wahren Ursachen zu tun. Gegen Ende des Winters beispielsweise lag die letzte Ernte mit reichlichem Angebot von frischem Obst und Gemüse schon mehrere Monate zurück; kein Wunder, dass sich Skorbutfälle um diese Zeit häuften. Auch die Idee, der Gebrauch von Kupferpfannen bewirke Skorbut, ist gar nicht so abwegig: Kupfer katalysiert die Reaktion von Vitamin C mit Sauerstoff, wodurch das Vitamin für den Organismus nutzlos wird.

Den ersten wissenschaftlichen Hinweis auf den Auslöser des Skorbuts lieferte 1907 eine Studie im Auftrag der norwegischen Regierung zur Erforschung von Beriberi. Die Ärzte Axel Holst und Theodor Frölich versuchten, Beriberi bei Meerschweinchen durch in bestimmter Weise beschränkte Ernährung zu bewirken. Einige Versuchstiere erkrankten tatsächlich, allerdings an Skorbut, wodurch bewiesen war, dass es sich dabei um eine Mangelkrankheit handelt. Damals wurde häufig mit Meerschweinchen experimentiert, und diesen Tieren fehlt – wie dem Menschen – das Gen zur eigenen Vitamin-C-Produktion.

1918 identifizierte Harriette Chick vom Lister Institute in London einige Nahrungsmittel, die das Ausbrechen von Skorbut bei Meerschweinchen verhindern. Im darauf folgenden Jahr nannte Jack Drummond den Skorbut verhindernden Stoff »Vitamin C«. Die Natur der Substanz blieb zunächst rätselhaft. 1928 isolierte der ungarische Biochemiker Albert Szent-Györgyi* (1893–1986), zu dieser Zeit tätig an der Mayo-Klinik in Rochester (Minnesota), die Verbindung als Erster. Er wollte sie »Ignose« nennen, abgeleitet vom lateinischen Wort *ignorare* (»nicht wissen«), weil er nicht wusste, was er da gefunden hatte. Der Herausgeber des *Biochemical Journal*, dem Szent-Györgyi seine Arbeit eingesandt hatte, fand das nicht lustig; er schickte den Beitrag zurück mit der Bemerkung, die Zeitschrift publiziere keine Scherze. Auch ein weiterer Namensvorschlag des Forschers, »Godnose«, wurde glatt abgelehnt. Schließlich nannte Szent-Györgyi die Substanz Hexuronsäure und klärte ihre Summenformel auf, $C_6H_8O_6$. In seinem Artikel vermutete er, es können sich um den Stoff handeln, der Skorbut verhütet; beweisen konnte er es jedoch nicht. Erst Charles King von der University of Pittsburgh in den Vereinigten Staaten zeigte, dass die Hexuronsäure, die er aus Kohl und Zitronensaft isoliert hatte, mit Vitamin C identisch war. Trotzdem war es Szent-Györgyi, dem 1937 in Würdigung seiner Entdeckung der Nobelpreis für Physiologie und Medizin zuerkannt wurde. Bereits 1931 war der Ungar in seine Heimat zurückgekehrt. Bis 1945 arbeitete er an der Universität Szeged und wanderte 1945 in die USA aus. Er leitete später das Institut für Muskelforschung in Woods Hole, Massachusetts.

Vitamin C – eine Goldgrube

1933 wurde Norman Haworth, damals Professor für organische Chemie an der Universität Birmingham (England) und einer der führenden Experten für Zucker, eine Probe Vitamin C zugeschickt. Haworths Arbeitsgruppe gelang es, die Struktur der Verbindung aufzuklären und durch eine Synthese im eigenen Labor zu bestätigen. Ungefähr zu dieser Zeit kam für das Vitamin der Name Ascor-

* Ausgesprochen wie »Saint George«.

binsäure in Gebrauch (aus dem Griechischen, »kein Skorbut«). 1937 erhielt Haworth gemeinsam mit Paul Karrer den Nobelpreis für Chemie.*

Die Grundstruktur der Ascorbinsäure ist ein fünfgliedriger, ein Sauerstoff- und vier Kohlenstoffatome enthaltender Ring. Zwei der Kohlenstoffatome sind durch eine Doppelbindung verknüpft. Dieses Strukturmerkmal macht die Säure einerseits anfällig für die Oxidation durch Luftsauerstoff, ist aber andererseits verantwortlich für die oxidationshemmende Wirkung des Vitamins im Organismus.

Der Strukturaufklärung folgte alsbald die Entdeckung eines Syntheseweges. Dass sich gewöhnliche Zucker, insbesondere Glucose, als Ausgangsstoff eignen, konnte aus dem Molekülbau des Vitamins geschlossen werden. 1933 stellte Tadeus Reichenstein die Verbindung erstmals aus Glucose her. Bereits im Jahr darauf lief, zunächst im Schweizer Pharmaunternehmen Roche, die industrielle Produktion von Vitamin C im großen Maßstab an. Die Weltjahresproduktion liegt heute bei über 50 000 Tonnen; ein großer Teil davon stammt aus einer Anlage bei Dalry in Nordayshire, Schottland, deren Ausstoß zu 90 % exportiert wird.

Die Synthese von Vitamin C ist mehrstufig. Zunächst wird Glucose mit Wasserstoff zu Sorbitol umgesetzt, welches dann durch den Mikroorganismus *Acetobacter suboxydans* in Sorbose umgewandelt wird. Mithilfe von Kaliumpermanganat oder einem anderen Oxidationsmittel oxidiert man die Sorbose anschließend zu einem Gulonsäurederivat, deren Behandlung mit Salzsäure schließlich zur Ascorbinsäure führt. 1985 entwickelte das Biotechnologie-Unternehmen Genetech einen einfacheren, nur zwei Stufen umfassenden Prozess. Ein gentechnisch modifiziertes Bakterium wandelt dabei Glucose direkt in Gulonsäure um.

Vitamin C sollte sich (neben anderen Vitaminen) für die Hersteller als wahre Goldgrube erweisen. Die enormen Profite kamen hauptsächlich durch ein illegales Kartell zustande, mit dessen Hilfe der Preis künstlich hoch gehalten wurde. Die Absprache zwischen schweizerischen, französischen, deutschen, amerikanischen und japanischen Vitaminproduzenten erfolgte – unter Federführung des Unternehmens Hoffmann-La Roche – 1989. Mitte der 1990er-Jahre wurde das Kartell aufgedeckt; in der Folge kam es zu Gerichtsver-

---

* Der Schweizer Karrer (1889–1971) klärte die Strukturen der Vitamine E, K und B_2 auf.

fahren in Europa und den USA. Die Kartellmitglieder, neben Hoffmann-La Roche die Unternehmen BASF, Aventis, Solvay, Merck sowie Daiichi Pharmaceutical und Eisai aus Japan, mussten in Nordamerika Kompensationszahlungen von 1,2 Milliarden Dollar leisten (die Hälfte davon Hoffmann-La Roche). Zusätzlich verhängte die Europäische Kommission eine Geldstrafe von 860 Millionen Euro (460 Millionen entfielen wieder auf Hoffmann-La Roche); die Bußgelder wurden am Jahresumsatz der Unternehmen bemessen. Folgerichtig sank der Profit aus der Vitamin-C-Produktion schlagartig, in Europa beispielsweise von 250 Millionen Euro auf (1998) 120 Millionen Euro. Roche verkaufte seine Vitaminanlagen 2003 für 1,9 Milliarden Euro an das niederländische Chemieunternehmen DSM.

Vitamin C, Schnupfen und Krebs

Linus Pauling (siehe Kasten) sprach sich besonders öffentlichkeitswirksam für die Einnahme von Riesendosen Vitamin C aus, aber nicht er hatte diese kontrovers bewertete Vorbeugemaßnahme erfunden, sondern Irwin Stone. In Stones Werk *The Healing Factor* konnte man bereits 1974 die Ansicht des Autors nachlesen, Ascorbinsäure spiele eine viel wichtigere Rolle in unserem Organismus, als man jemals angenommen habe. Dem Buch und der Theorie wurde nur geringe Aufmerksamkeit zuteil – bis Stone eines Tages mit Pauling gemeinsam im Aufzug stand. Die beiden Forscher begannen sich zu unterhalten, und es wird berichtet, beim Aussteigen aus der Kabine sei Pauling bereits davon überzeugt gewesen, den Körper mit Vitamin C vor so gut wie allen Krankheiten schützen zu können.

Von diesem Tag an wurde Pauling zu einem Vorkämpfer der Ascorbinsäure in Tagesdosen von mindestens 1000 mg zur Therapie von relativ harmlosen Leiden (Erkältungskrankheiten) bis zu lebensbedrohenden Zuständen (Krebs). Um seine Behauptungen untermauern zu können, gründete Pauling in den 1970er-Jahren im kalifornischen Palo Alto das Institut für Orthomolekulare Medizin (heute Linus Pauling Institute of Science and Medicine). Viele einflussreiche Mediziner blieben dessen ungeachtet skeptisch. In neuerer Zeit scheinen sich hingegen Hinweise zu häufen, dass Paulings Ideen nicht völlig falsch gewesen sein müssen: Inzwischen wissen

Linus Pauling (1901–1994)

Linus Pauling erhielt zweimal den Nobelpreis, und zwar den Nobelpreis für Medizin (1954) und den Friedensnobelpreis (1962). Allgemein wird davon ausgegangen (obwohl es in der offiziellen Begründung nicht direkt gesagt wurde), dass der Friedensnobelpreis dem Forscher für seine unermüdlichen Anstrengungen verliehen wurde, die Öffentlichkeit auf die Gefahren von Atomwaffentests in der Atmosphäre aufmerksam zu machen. Paulings Buch *No More War!* (1958) und eine von 11 021 Wissenschaftlern unterschriebene Petition der Vereinten Nationen, die er der US-Regierung vorlegte, trugen wesentlich zur Aushandlung eines teilweisen Testverbots bei. Der Vertrag trat am gleichen Tag in Kraft, an dem Pauling den Preis in Empfang nahm.

Den Nobelpreis für Chemie erhielt Pauling in Anerkennung seiner bahnbrechenden Arbeiten zur chemischen Bindung und zur Molekülstruktur. Seine größte Leistung bestand darin zu erklären, wie sich Atome zu Molekülen zusammenschließen und wie die entstandenen komplexen Gebilde aufgebaut sind. Sein 1939 erstmals erschienenes Lehrbuch *The Nature of the Chemical Bond* gilt als Klassiker.

Pauling erkannte, dass die Chemie den Schlüssel zum Verständnis des Baus und der Funktionsweise von biologischen Molekülen wie Antikörpern, Hämoglobin und Proteinen liefert. Er entdeckte, dass sich Einweißmoleküle zu sprungfederähnlichen Strukturen verdrillen lassen, und kam der Aufklärung der DNA-Struktur sehr nahe. In einer 1953 gemeinsam mit E. J. Corey veröffentlichten Arbeit schlug er eine Dreifach-Helix vor. 1962 erhielten Maurice Wilkins, Francis Crick und James Watson für die Entdeckung der prinzipiell ähnlichen Doppel-Helix den Nobelpreis.

Pauling erkannte, dass die Chemie den Schlüssel zum Verständnis des Baus und der Funktionsweise von biologischen Molekülen wie Antikörpern, Hämoglobin und Proteinen liefert. Er entdeckte, dass sich Einweißmoleküle zu sprungfederähnlichen Strukturen verdrillen lassen, und kam der Aufklärung der DNA-Struktur sehr nahe. In einer 1953 gemeinsam mit E. J. Corey veröffentlichten Arbeit schlug er eine Dreifach-Helix vor. 1962 erhielten Maurice Wilkins, Francis Crick und James Watson für die Entdeckung der prinzipiell ähnlichen Doppel-Helix den Nobelpreis.

In seinem Heimatland wurde Pauling als unpatriotisch und politisch zu weit links stehend angesehen. Nach Konflikten mit der US-Regierung wurde ihm in den 1950er-Jahren sogar die Ausstellung eines Passes verweigert. 1960 riskierte er eine Gefängnisstrafe wegen Missachtung des Kongresses, als er ablehnte, einem Unterausschuss die Namen derer offen zu legen, die ihn beim Sammeln von Unterschriften für seine Anti-Atomtest-Petition unterstützt hatten.

---

wir, welchen Schaden freie Radikale im Körper anrichten können und dass diese Angreifer durch Antioxidanzien wie Vitamin C wirksam abgewehrt werden.*

Die allgemein verbreitete Ansicht, Vitamin C eigne sich zur Behandlung banaler Erkältungskrankheiten, wurde 1987 wissen-

---

* Ziemlich viele Menschen glauben nach wie vor an Vitamin C als wunderbares Allheilmittel, wovon man sich zum Beispiel auf der recht informativen, aber auch voreingenommen anmutenden Website www.vitamincfoundation.org überzeugen kann.

schaftlich untermauert: Elliot Dick, Leiter des Labors für Virusforschung an der Universität Wisconsin, konnte zeigen, dass Ascorbinsäure sowohl die Symptome der Infektion lindert als auch die Übertragung des Virus hemmt. Forscher am Zentrum für kardiovaskuläre Erkrankungen der Universität Edinburgh berichteten 1992 über ein erhöhtes Angina-Pectoris-Risiko bei Männern mit geringem Gewebespiegel von Vitamin C.

Seine Ansichten über die Rolle der Ascorbinsäure veröffentlichte Pauling in zwei Bestsellern, *Vitamin C and the Common Cold* sowie *How to Live Longer and Feel Better*. In diesen Werken riet er zur täglichen Einnahme von insgesamt 10 g Vitamin C, da dies das Leben verlängere, den Geist gesund erhalte und Infektionen heile. Die Primaten, unsere Vorfahren, ernährten sich vorwiegend vegetarisch und nahmen – so berechnete Pauling aus der Nahrungszusammensetzung eines Gorillas – jeden Tag ungefähr 10 g Vitamin C zu sich, eine Dosis, die der Forscher auch für den Menschen für angemessen hielt.

Pauling leistete auch einen Beitrag zu *Cancer and Vitamin C*, einem Buch des schottischen Chirurgen Ewan Cameron, in dem Ascorbinsäure eine Schlüsselrolle bei der Vorbeugung von Krebs zugeschrieben wurde (die Autoren behaupteten allerdings nicht, das Vitamin könne die Rückbildung bereits manifester Tumore bewirken). Cameron hatte in den 1970er-Jahren am Vale-of-Leven-Krankenhaus in Loch Lomondside 100 Patienten, die an Krebs in fortgeschrittenen Stadien litten, mit Vitamin-C-Tagesdosen von 10 g behandelt. Diese Patienten überlebten mindestens doppelt so lange wie die Mitglieder einer nicht behandelten Kontrollgruppe. Nachdem Cameron und Pauling ihre Erkenntnisse 1976 in der einflussreichen amerikanischen Zeitschrift *Proceedings of the National Academy of Sciences* publiziert hatten, wurden sie von Kollegen angegriffen, deren eigene Experimente die Theorie nicht bestätigten. In der Tat könnte die Cameron-Studie fehlerbehaftet gewesen sein: Bei der Auswahl der beiden verglichenen Patientengruppen wurden potenziell mit den Resultaten wechselwirkende Variablen nicht sorgfältig genug dokumentiert und gegebenenfalls ausgeschlossen.

Vitamin C: Noch immer für eine Überraschung gut

1999 berichteten P. Samuel Campbell und seine Kollegen von der University of Alabama, Vitamin C könne in massiven Dosen Stress reduzieren (zumindest bei Ratten). Die Arbeit unterstützte ältere Studien an Seniorinnen und Marathonläufern, denen versuchsweise große Mengen Vitamin C verabreicht worden waren und die daraufhin verbesserte Immunfunktionen bzw. eine geringere Anfälligkeit auf Atemwegsinfekte zeigten. Campbell setzte seine Ratten unter Stress, indem er sie drei Wochen lang eine Stunde täglich in einen engen Drahtkäfig einsperrte. Massive Vitamin-C-Gaben bewirkten, dass die Ratten die Gefangenschaft gelassener überstanden als Tiere aus einer nicht mit Ascorbinsäure behandelten, ansonsten aber identisch ernährten Kontrollgruppe, die unter Gewichtsverlust, sinkenden Hormonspiegeln und steigenden Spiegeln von Antikörpern im Blut litten. Vielleicht wirkt das Vitamin auf gestresste Menschen ähnlich.

In der Vergangenheit ging man stets davon aus, dass nur ein Mangel an Vitamin C schädlich ist, während der Körper ein Überangebot einfach ausscheidet. Mittlerweile stellte sich jedoch heraus, dass auch Überschüsse an Vitamin C negative Folgen haben können. Ian Blair und seine Mitarbeiter am Zentrum für Krebspharmakologie der University of Pennsylvania in Philadelphia berichteten 2001 in der Zeitschrift *Science*, Ascorbinsäure könne den Spiegel potenziell gefährlicher oxidierender Substanzen im Körper *erhöhen*. Es handele sich dabei um ungesättigte Aldehyde, die bei der Reaktion von Fetthydroperoxiden mit Vitamin C entstehen und insbesondere die DNA angreifen. Dieses Resultat, so Blair und Mitarbeiter, erkläre vielleicht, warum massive Dosen Vitamin C keinen wirklichen Schutz vor Krebs bieten.

Einige Anwendungen des Vitamin C sind reichlich bizarr. In den 1990er-Jahren konnte man in Japan »Vitamin-C-Strumpfhosen« erwerben. Mikrokapseln, die in das Gewebe eingearbeitet waren, sollten das Vitamin bei der Reibung der Hose am Bein freisetzen, dort kühlend und erfrischend wirken und damit für gesündere, schönere Beine sorgen. Wer daran glaubt ...

Rätselhaftes Nitrat

In den 1980er-Jahren häuften sich alarmierende Meldungen über Nitrat in Trinkwasser. Nitrat verursache, so hieß es, Zyanose (»Blue-Baby-Syndrom«) bei Säuglingen, bei älteren Leuten hingegen Magenkrebs. Inzwischen scheint es, dass keine der beiden Behauptungen stichhaltig war; stattdessen hat man Hinweise darauf gefunden, dass dieser als gefährlich verdächtigte Stoff Teil der natürlichen Abwehrmechanismen unseres Körpers ist.

Alle Lebewesen benötigen Proteine. Diese bestehen aus *Aminosäuren* (→ Glossar), welche wiederum Stickstoff enthalten. Die einzelnen Aminosäuren sind durch Peptidbindungen –NH–CO– miteinander verknüpft, es entstehen Polypeptide (wie man Proteine oder Eiweiße auch nennen kann). Stickstoff ist deshalb lebenswichtig, was unter anderem darin zum Ausdruck kommt, dass der Körper eines durchschnittlichen Erwachsenen immerhin etwa zwei Kilogramm des Elements enthält.

Auf unserem Planeten steht reichlich Stickstoff zur Verfügung – in Form des gasförmigen Elements, das rund 80 % der Atmosphäre ausmacht und als Nährstoff leider völlig nutzlos ist. Frühe Agrochemiker im 19. Jahrhundert nahmen an, Pflanzen könnten Stickstoff in irgendeiner Weise direkt aus der Luft aufnehmen. Ihre ersten Versuche mit Universaldüngern waren folgerichtig zum Scheitern verurteilt, denn diese enthielten keine physiologisch nutzbare Form des Stickstoffs. Erst nachdem man erkannt hatte, dass Pflanzen das Element nicht über die Blätter, sondern über die Wurzeln beziehen, begann man, den Boden mit Stickstoffdüngern anzureichern. Man verwendete entweder die nitratreichen Ablagerungen von Vogelmist (Guano), die sich im Laufe unzähliger Generationen auf den Pazifischen Inseln angesammelt hatten, oder Nitratminerale aus Chile.

Nur wenige Mikroorganismen und Pflanzen können Luftstickstoff »fixieren«; ihre Tätigkeit sorgt seit Jahrmillionen für die Aufrechterhaltung des ökologischen Gleichgewichts eines ganzen Planeten. Bei richtiger Planung lässt sich mit diesem Stickstoffvorrat sogar eine intensive, kontinuierliche Landwirtschaft betreiben, wobei der Bevölkerungsdichte allerdings Grenzen gesetzt sind. Von den Erträgen eines Hektars Land lassen sich, wendet man Fruchtfolgesysteme kombiniert mit »natürlichen« Düngemitteln wie Kompost, Mist, Jauche und Abwasser an, zehn Menschen (im Wesentlichen vegetarisch) ernähren. Bringt man dagegen stickstoffhaltigen

»Kunstdünger« aus, so reicht die Nahrung für viermal so viele Menschen aus und ist zudem mannigfaltiger.

Eine riesige Stickstoffreserve in der Atmosphäre ständig vor Augen zu haben, ohne sie in etwas physiologisch Nützliches wie etwa Ammoniak (NH_3) überführen zu können, ließ den Chemikern des 19. Jahrhunderts keine Ruhe. Stickstoff mit Wasserstoff reagieren zu lassen gelang nicht, wie sehr man das Gemisch auch aufheizte. Dabei winkte ein hoher Preis: Als man die Reaktion im 20. Jahrhundert endlich beherrschte, sollte sie die Landwirtschaft revolutionieren und in ungeahntem Maße intensivieren.

Jahrelang hatte der deutsche Chemiker Fritz Haber an der Ammoniaksynthese gearbeitet, bis er den gangbaren Weg fand – mit Eisen als Katalysator. Der Ingenieur Carl Bosch entwickelte das großtechnische Verfahren, und am 3. Juli 1909 ging bei BASF die erste Haber-Bosch-Anlage in Betrieb. Heute werden jährlich 150 Millionen Tonnen Ammoniak weltweit auf diese Weise produziert. Der Hauptteil davon wird in Form von Düngemitteln verwendet, weshalb der künstliche Stickstoffeintrag auf landwirtschaftliche Flächen mittlerweile den natürlichen übersteigt.

Leider sah man die erste Haber-Bosch-Anlage nicht als Mittel zur Bekämpfung des Hungers auf der Welt, sondern als Ausgangspunkt für die Herstellung von Explosivstoffen, die Deutschland zur Führung des Zweiten Weltkriegs benötigte. Ammoniak wurde dazu in Salpetersäure umgewandelt, einem Rohstoff für Sprengmittel. Erst nach 1945 setzte man das Ammoniak zu Ammoniumnitrat-Düngemitteln um. Zwei Milliarden Menschen auf der Welt beziehen ihre Nahrung in der Hauptsache von damit angereicherten Böden.

Seit über 50 Jahren ist Ammoniumnitrat eines der Massenprodukte der chemischen Industrie. Trotzdem birgt die Verbindung Gefahren, die bis heute nicht endgültig beherrscht werden. Bei der Lagerung oder dem Transport großer Mengen Ammoniumnitrat drohen Explosionen. Das erste solche Großunglück fand am 21. September 1921 auf dem BASF-Gelände in Oppau statt: 4000 Tonnen Ammoniumnitrat flogen in die Luft, die Haber-Bosch-Anlage wurde zerstört, 430 Werksarbeiter und Anwohner kamen um. Am 15. April 1947 explodierte im amerikanischen Texas City ein Schiff mit 5000 Tonnen der Chemikalie; es gab 552 Tote, über 3000 Verletzte, und weite Teile der Stadt wurden verwüstet. Erst vor relativ kurzer Zeit, am 21. September 2001, tötete die Explosion von 300

Tonnen Ammoniumnitrat in Toulouse zwar »nur« 29 Menschen und verletzte 650 weitere, aber die Auswirkungen des Unfalls waren in weitem Umkreis spürbar. Die Hälfte der Fenster der Millionenstadt wurde durch die Druckwelle herausgeschleudert. Ohne Nitrat können Pflanzen nicht leben. Indem Mikroben und andere Lebewesen die Überreste abgestorbener Pflanzen und Tiere verwerten, füllen sie den natürlichen Nitratvorrat im Boden ständig wieder auf. In Regenwasser lösen sich Stickstoffoxide, die bei Gewittern entstehen, und gelangen als Nitrat (in geringen Mengen) zur Erde. Manche Mikroorganismen können Stickstoff aus der Luft aufnehmen. Sie leben in Symbiose mit Leguminosen wie Bohnen oder Klee. Rhizome, die sich an den Wurzeln dieser Arten entwickeln, wandeln gasförmigen Stickstoff in Ammoniak um und leiten dieses – im Austausch für Kohlenhydrate – an die Pflanze weiter.

Mit Ammoniumnitrat-Düngemitteln lassen sich die Ernten verdreifachen oder vervierfachen. Es besteht jedoch die Gefahr, dass das sehr gut wasserlösliche Nitrat durch Regen aus dem Boden ausgewaschen wird und in Flüsse oder Seen gelangt. Die unmittelbare Wirkung besteht in einer Förderung des Wachstums der Wasserpflanzen, wodurch Gewässer unansehnlich werden und die Schiffbarkeit beeinträchtigt wird. Erhöhte Nitratkonzentrationen im Grundwasser belasten die Qualität des Trinkwassers. Ursprünglich wurde nitrathaltiges Trinkwasser primär als Gefahr für Säuglinge betrachtet, die mit Babynahrung gefüttert wurden, denn es kann eine ernährungsbedingte Methämoglobinämie (Comly-Syndrom, »Blue-Baby-Syndrome«; siehe unten) verursachen. 1972 wurde durch die Vermutung, Nitrat löse Magenkrebs aus, eine umfangreiche Medienkampagne in Gang gesetzt, in deren Folge der Nitratgehalt des Trinkwassers in der EU und den USA gesetzlich beschränkt wurde. Wie weitere Nachforschungen ergaben, stammt jedoch nur ein kleiner Teil des aus dem Boden ausgewaschenen Nitrats aus Kunstdünger.

In den 1950er-Jahren wurden in der Vereinigten Staaten gehäuft Fälle von Zyanose – bläulich verfärbter Haut infolge eines Sauerstoffmangels im Blut – bei Säuglingen festgestellt. Als Ursache wurde Leitungswasser ausgemacht, das hohe Nitratkonzentrationen enthielt und zur Zubereitung der Flaschennahrung verwendet worden war. Eindeutig stellte Nitrat ein Gesundheitsrisiko dar; die

WHO legte später einen ADI-Wert* von 3,65 mg pro Kilogramm Körpergewicht fest.

Als potenzieller Krebsauslöser genauer unter die Lupe genommen wurde Nitrat, nachdem 1970 eine epidemiologische Studie in Chile hohe Nitratgehalte des Trinkwassers mit dem Auftreten von Tumoren der Mundschleimhaut, der Speiseröhre und des Magen-Darm-Trakts in Zusammenhang gebracht hatte. Nachfolgende Untersuchungen in Europa und Nordamerika schienen die Resultate zunächst zu bestätigen, wenngleich sich in manchen Fällen gerade das Gegenteil ergab: Von zwanzig epidemiologischen Studien zur Verbindung zwischen Krebs und Nitrat belegten schließlich nur zwei eine positive Korrelation (höhere Nitratgehalte bedeuten höhere Krebshäufigkeit), elf überhaupt keinen und sieben einen negativen Zusammenhang (höhere Nitratgehalte bedeuten geringere Krebshäufigkeit).

Eine Gruppe von Epidemiologen um Sir Richard Doll am John Radcliffe Hospital in Oxford (England) kam in den 1980er-Jahren zu dem Schluss, der Nitratgehalt der Nahrung habe keinen Einfluss auf die Bildung von Tumoren. Auch eine Studie an Arbeitern in Düngemittelfabriken, die stark nitratbelasteten Stäuben ausgesetzt sind, ergab kein höheres Krebsrisiko. Möglicherweise wurden die frühen Untersuchungen durch unbekannte Faktoren verfälscht, etwa den natürlichen Nitratgehalt vieler Nahrungsmittel, der überhaupt nicht in Betracht gezogen worden war. 80 % des täglich aufgenommenen Nitrats stammen in der Tat aus Gemüse (besonders aus Kopfsalat, Spinat, Roter Bete und Sellerie), nur 20 % hingegen aus dem Trinkwasser. 100 g Sellerie enthalten 230 mg Nitrat; bei Spinat sind es 160 mg, bei Roter Bete 120 mg und bei Kopfsalat 105 mg. Natürlich nimmt man diese Gemüse normalerweise nicht in großen Mengen zu sich. In Kartoffeln, unzweifelhaft einem Hauptbestandteil unserer Ernährung, finden sich aber immerhin noch 15 mg Nitrat pro 100 g.

1985 entdeckte man, dass unser Stoffwechsel selbst täglich 70 mg Nitrat produziert, welches dem von außen zugeführten völlig identisch ist. Zellen setzen Nitrat als Reaktion auf Infektionen oder bei großer physischer Anstrengung frei, etwa beim Radfahren

* Der ADI-Wert (Acceptable Daily Intake) gibt die Menge eines Stoffes in Milligramm pro Kilogramm Körpergewicht an, welche ein Mensch lebenslänglich täglich verzehren kann, ohne gesundheitliche Schäden davonzutragen. (Anm. d. Übers.)

oder Joggen. Die Tatsache, dass der Einsatz stickstoffhaltiger Dünger von Jahr zu Jahr zunimmt, ließ sich zudem schlecht mit der allmählich abnehmenden Häufigkeit von Krebs des Verdauungstraktes vereinbaren. Ob Nitrat überhaupt Krebs auslösen kann, ist schwer nachzuweisen. Wahrscheinlich schützt die Verbindung den Körper aber vor verschiedenen pathogenen Keimen; nicht umsonst verwendete man es im 19. Jahrhundert vor der Entdeckung des Aspirins zur Behandlung von Fieber.

Diese Schutzfunktion des Nitrats beruht auf folgendem Mechanismus: Ein Teil des Nitrats (NO_3^-) aus der Nahrung wird von spezialisierten, die Zunge besiedelnden Bakterien in Nitrit (NO_2^-) umgewandelt. Im stark sauren Milieu des Magens wird aus Nitrit Stickstoffmonoxid (NO), welches pathogene Bakterien wie *Salmonella* oder *Escherichia coli* abtötet, die allein durch die Magensäure nicht unschädlich gemacht werden. Anfänglich hatte man gedacht, das gebildete Nitrit sei Krebs erregend, da es mit Aminen zu den im Tierversuch nachweislich kanzerogenen N-Nitrosaminen reagieren kann. Inzwischen erscheint es eher unwahrscheinlich, dass dieser Prozess im menschlichen Organismus tatsächlich stattfindet.

Obwohl, wie wir gesehen haben, keine Verbindung zwischen der Nitratbelastung des Trinkwassers und Häufungen von Krebsfällen bewiesen werden konnte, wurde die maximal zulässige Nitratkonzentration in Oberflächengewässern – insbesondere Trinkwasserreservoirs – bei 50 ppm* in der EU bzw. 45 ppm in den Vereinigten Staaten festgelegt. Klärwerke wurden mit zusätzlichen Behandlungsstufen zur Nitratentfernung ausgerüstet, und die Ausbringung von Stickstoffdüngern auf »empfindliche« Flächen wurde beschränkt, obwohl sich inzwischen herausgestellt hat, dass der Hauptteil des Nitrateintrags in Flüsse und Seen nicht aus Düngern stammt, sondern ganz natürlich durch Bodenmikroorganismen erzeugt wird. Aus jedem Hektar Ackerland, ob bebaut oder nicht, werden jährlich 40 kg Nitrat ausgewaschen.

Seit über 100 Jahren untersucht man nitrathaltige Düngemittel in der berühmten Versuchsstation Rothamsted rund 30 km nördlich von London. Die Forscher verfolgen hier den Stickstoffgehalt naturbelassener und kultivierter Böden, wobei sie sich besonders für die Nitrataufnahme durch Feldfrüchte und Bodenmikroben interes-

* ppm bedeutet *parts per million*, »Teile in einer Million (Teile)«.

sieren und die Auswaschung der Verbindung abschätzen. Damit ein Acker möglichst wenig Nitrat an das Grundwasser abgibt, muss man – so ergaben die Studien – die Menge ausgebrachten Düngers exakt an den Bedarf der Kultur anpassen, außerdem darf man die Nährstoffe nur zu bestimmten Jahreszeiten zuführen. Flüsse und Trinkwasser werden auf diese Weise nur mit sehr geringen Mengen zusätzlichen Nitrats belastet.

Die Gesetzgebung zum Nitratgehalt von Trinkwasser gründet sich auf Daten, die wissenschaftlich nicht ausreichend belegt sind. Der wissenschaftliche Lebensmittelausschuss bei der EU-Kommission fasste seine Meinung zum Nitrat im September 1995 in dem Dokument *Opinion on Nitrate and Nitrite* zusammen und kam zu dem Schluss, epidemiologische Studien hätten »bislang keinen kausalen Zusammenhang zwischen der Nitratexposition und dem Krebsrisiko beweisen« können. Fachleute stimmten ein: Dr. Jean-Louis L'Hirondel vom regionalen Krankenhauszentrum in Caen, Frankreich, ein anerkannter Experte für die physiologische Wirkung des Nitrats, hält die 1962 von der WHO und FAO *(Food and Agricultural Organisation)* herausgegebenen Direktiven für »überflüssig« und ihre baldige Aufhebung für »unvermeidlich«.

Tom Addiscott (IACR-Rothamsted) und Nigel Benjamin (St. Bartholomew's Hospital, London) gehen in ihrer Arbeit, die 2000 in der Zeitschrift *Food Science and Technology* veröffentlicht wurde, noch einen Schritt weiter. Nitrat sei, so argumentieren sie, für den menschlichen Körper *nützlich* als Teil eines wichtigen Abwehrmechanismus gegen Gastroenteritis. Deshalb enthalte der Speichel von Natur aus Nitrat. Möglicherweise nahmen die Fälle von Lebensmittelvergiftungen in den 1980er- und 1990er-Jahren so dramatisch zu, weil versucht wurde, das Nitrat möglichst aus der Nahrung zu entfernen. Addiscott und Benjamin folgern: »Vermutlich sollte die EU dafür sorgen, dass alle Menschen ausreichend mit Nitrat versorgt sind, anstatt unsere Nitrataufnahme weiterhin einschränken zu wollen.«

Nicht alle sind jedoch von der Harmlosigkeit des Nitrats überzeugt. Peter Weber vom amerikanischen Zentrum für die gesundheitlichen Auswirkungen der Umweltverschmutzung kämpft im Hintergrund für die Aufrechterhaltung des von der Umweltschutzbehörde EPA festgelegten Grenzwerts von 45 ppm. Zwischen Nitrat und einer Reihe von Krankheiten wie Diabetes, Magenkrebs, Blasenkrebs bei älteren Frauen und Non-Hodgkin-Lymphomen besteht, so Weber, ein Zusammenhang. Die Schwierigkeit, über die Nahrung aufgenommenes und im Körper erzeugtes Nitrat getrennt voneinander zu messen, erschwert den Beweis solcher Behauptungen ungemein.

Für bestimmte Personengruppen, beispielsweise Senioren, kann es trotzdem durchaus sinnvoll sein, die Nitrataufnahme zu begrenzen. Wenn wir älter werden, geht die Produktion von Hypochlorsäure im Magen zurück; das bedeutet, der Körper kann das Nitrat weniger effektiv verarbeiten. Ein solches Säuredefizit tritt auch bei Mangelernährung auf. Gefährdet sind deshalb insbesondere ältere Menschen aus ärmeren Schichten, und tatsächlich gibt es epidemiologische Hinweise darauf, dass Magenkrebs bei alten Leuten in weniger guten Wohngegenden mit gleichzeitig hohen Nitratkonzentrationen im Trinkwasser häufiger auftritt, zumindest in Großbritannien.

Die Düngung eines Ölfeldes

Eines der Probleme der Erdölgewinnung besteht darin, dass die tief in der Erdkruste liegenden Öl führenden Schichten bestenfalls die Hälfte des enthaltenen Bodenschatzes freigeben. Manchmal bleiben zwei Drittel des Öls fest an poröses Gestein (wie Sandstein) gebunden zurück. In Norwegen fand man eine Lösung dieses Problems: Natriumnitratlösung wird in die Erdöllagerstätten gepumpt, wo es die Vermehrung Nitrat reduzierender Bakterien fördert. Diese wiederum lösen die Ölvorräte aus dem Gestein. Bis zum Ende unseres Jahrzehnts könnte man aus dem Norne-Ölfeld unter dem Nordmeer vor Norwegen, dicht am Polarkreis, auf diese Weise rund 80 Millionen Kubikmeter Öl gefördert haben, mehr als das Doppelte dessen, was man bis vor kurzem für gewinnbar hielt.

3
Wollen und Können – Potenz und Fruchtbarkeit

Sex und Fortpflanzung mögen die Triebkräfte vieler unserer Entschlüsse sein. Doch das reine Vergnügen der sexuellen Betätigung und die Erfüllung, die die Gründung einer Familie bringt, werden heutzutage oft überschattet von Besorgnissen – besonders des Mannes: Bin ich unfruchtbar? Werde ich »es« heute schaffen? Was kann ich tun (einnehmen), um meinen Puls (und den des Partners oder der Partnerin) zu beschleunigen und eine vielleicht für beendet gehaltene Beziehung neu zu beleben? Kann ich es mir leisten, mich über Gelegenheitsbekanntschaften hinaus auf eine langfristige Partnerschaft einzulassen? In diesem Kapitel betrachten wir einige Moleküle genauer, die etwas mit Sexualität, Impotenz, Unfruchtbarkeit oder sogar mit dem veraltenden Ritual der Brautwerbung zu tun haben.

Eigenartigerweise wird dem Wort *Chemie* eine besondere Bedeutung beigemessen, wenn es um zwischenmenschliche Beziehungen geht: Wenn die »Chemie stimmt«, wirken zwei Menschen aufeinander (sexuell) anziehend. *Diese* Chemie jedoch funktioniert niemals ohne bestimmte Mechanismen *jener* Chemie, auf naturwissenschaftlicher Ebene. Wir lernen vier chemische Verbindungen kennen, die in diesem Zusammenhang eine Rolle spielen, und zwar folgende: Stickstoffmonoxid, das junge Männer anregt, Viagra, das ältere Männer anregen kann, Amylnitrit, das den Sex intensiver werden lassen soll, und Selen, dessen Mangel Schuld daran sein kann, dass ein sexuell aktiver Mann keine Nachkommen zeugt. Eine letzte chemische Substanz, die in diesem Kapitel besprochen werden wird, kommt äußerlich zur Anwendung, um der Öffentlichkeit zu zeigen, wen man liebt und von wem man wiedergeliebt wird: der Diamant. Fall Sie die Themen der ersten vier Abschnitte als abstoßend oder beleidigend empfinden, sollten Sie direkt bis zum fünften Abschnitt weiterblättern.

Stickstoffmonoxid (NO)

Das giftige, einst als Luftschadstoff angesehene Stickstoffmonoxid schaltet das Ventil, welches den Blutzufluss in den Penis regelt. Daneben löst das Molekül viele andere physiologische Prozesse aus, von denen manche auch außer Kontrolle geraten können. Wie wird dieses einfache freie Radikal gebildet, und was kann es tatsächlich bewirken?

Stickstoffmonoxid regelt physiologische Funktionen vom Kopf bis zu den Zehen: Gehirn, Nase, Kehle, Lunge, Magen, Leber, Nieren, Genitalen, der Darmtrakt und das Gefäßsystem kommen nicht ohne das Molekül aus. Wir brauchen es zum Schlucken und zur Darmentleerung, es hilft uns beim Kampf gegen Viren, Bakterien und Parasiten. An jedem flüchtigen Gedanken, jedem Traum, jedem Schmerz ist es beteiligt. In jeder Mikrosekunde unseres Lebens produziert der Körper eine konstante Menge NO-Moleküle, welche ihrerseits nur wenige Sekunden überleben. Bei einigen Erkrankungen muss dem Organismus innerhalb kürzester Zeit NO zugeführt, bei anderen muss es sofort entzogen werden.

Das Herz braucht Energie, um Blut pumpen zu können. Zur Energiegewinnung ist NO vonnöten, das über die Herzkranzgefäße zugeführt wird. Sind diese Arterien verengt, meist durch Fettablagerungen, so erleidet der Patient schmerzhafte Krämpfe in der Brust. Ein solcher Angina-Pectoris-Anfall kann bereits durch geringste Anstrengungen ausgelöst werden. (Bei völliger Verstopfung der Gefäße kommt es zum Herzinfarkt.) Bei der Behandlung geht es darum, dem Herzen möglichst rasch NO zuzuführen. Einige bereits lange gebräuchliche Medikamente gegen Angina Pectoris gleichen den natürlichen NO-Vorrat des Körpers aus und verstärken den Blutzufluss zum Herzen durch eine Entspannung der Gefäßmuskulatur. Diese Substanzen können (nach demselben Mechanismus) beim Mann eine Erektion bewirken.

Dass der Körper ausgerechnet NO benötigt, ist zunächst überhaupt nicht einzusehen. Man denkt bei NO an ein unangenehmes Gas, das mit Sauerstoff zu Stickstoffdioxid (NO_2) reagiert, welches sich wiederum mit Wasser zu Salpetersäure verwandelt. Findet dieser Vorgang in der Atmosphäre statt, so entsteht saurer Regen; Stickoxide sind folglich Luftschadstoffe. Zudem ist Stickstoffmonoxid ein *freies Radikal* (→ Glossar) – und sind es nicht gerade solche Stoffe, gegen die der Körper unablässig kämpfen muss, weil sie Zellen schädigen, Krebs auslösen und uns altern lassen? Auf den ersten Blick scheint es also durchaus kontraproduktiv zu sein, dass unser Organismus freiwillig NO produziert. Bei näherem Hinsehen werden wir aber feststellen, dass wir es mit einem ziemlich ungewöhnlichen Molekül zu tun haben.

Der Erste, der das Gas herstellte, war wohl Johannes Baptista van Helmont (1579–1644), ein flämischer Alchimist, der zurückgezogen auf seinen Gütern bei Brüssel lebte. Van Helmont suchte nicht, wie viele andere Alchimisten seiner Zeit, einfach nur nach dem Stein der Weisen und dem Lebenselixier, wie ein Blick in die Aufzeichnungen beweist, die kurz nach seinem Tod von seinem Sohn veröffentlicht wurden. Van Helmont wusste, dass es verschiedene Gase gab; er führte den Begriff »Gas« überhaupt ein, abgeleitet vom griechischen *khaos* für »Durcheinander«. Obwohl er NO, wie man mit ziemlicher Sicherheit weiß, darstellen konnte, fehlten ihm die Möglichkeiten, auch seine Eigenschaften zu erforschen. Dies gelang erst viele Jahre später dem englischen Chemiker Joseph Priestley (1733–1804), der eine Methode zum Auffangen von Gasen in einem umgedrehten, wassergefüllten Glasgefäß entwickelt hatte. Zu Recht wird Priestley die Entdeckung des NO (1772) zugeschrieben, obwohl er sich vielleicht an früheren Beobachtungen eines Landsmanns, des Alchimisten John Mayow (1640–79), orientiert haben mag. Mayow beschrieb verschiedene »Arten von Luft«, eine davon könnte durchaus NO gewesen sein.

NO wird bei verschiedenen chemischen Reaktionen gebildet. Der einfachste Weg der Darstellung, der auch im Chemieunterricht demonstriert wird, ist folgender: Konzentrierte Salpetersäure wird auf Kupferspäne getropft. Im Reaktionsgefäß steigen rotbraune Dämpfe auf, denn das entstandene NO reagiert mit dem Luftsauerstoff zu NO_2. Man leitet das Gas durch Wasser, um dieses unerwünschte Nebenprodukt auszuwaschen; übrig bleibt farbloses NO. In kleinem Maßstab lässt sich NO besser durch Umsetzung von Natriumnitrit ($NaNO_2$) mit Ascorbinsäure (Vitamin C) darstellen.

An der Luft wird NO rasch zu rotbraunem NO_2 oxidiert. Als Katalysator der Reaktion ist Wasserdampf erforderlich, weshalb trockener Sauerstoff nicht mit NO reagiert. Chemisch verhält sich das Gas verbrennungsfördernd (ähnlich dem Sauerstoff, aber nicht so ausgeprägt).

Als eines der wenigen bekannten *stabilen* freien Radikale übt Stickstoffmonoxid auf Chemiker eine gewisse Faszination aus. Das überschüssige, »ungerade« Elektron sollte dem Molekül eigentlich zu extremer Reaktivität verhelfen. Dies ist nicht der Fall, weshalb das Gas viele Jahre lang intensiv erforscht wurde. NO kann das ungepaarte Elektron auch abgeben. Es entsteht das Nitrosonium-Ion NO^+, das sich darstellen und als Sulfat sogar handhaben lässt. NO^+ bindet sehr fest an Metalle. Hunderte derartiger Verbindungen sind bekannt.

In der Industrie gewinnt man NO durch Umsetzung von Ammoniak (NH_3) mit Sauerstoff bei 900°C. Auch hier ist die Anwesenheit von Wasserdampf erforderlich, außerdem setzt man einen Platin und Rhodium enthaltenden Katalysator ein. Der überwiegende Teil des Produkts wird als Ausgangsstoff zur Herstellung von Ammoniumnitrat-Düngemittel (NH_4NO_2, über das Zwischenprodukt Salpetersäure) und von Nylon (über das Zwischenprodukt Hydroxylamin, NH_2OH) verwendet. Im ersteren Fall findet sich der Stickstoff über kurz oder lang in unserem Körper als Bestandteil von Proteinen wieder, im letzteren Fall begegnen wir ihm in unserer Umwelt (und tragen ihn vielleicht sogar an den Füßen).

Im 20. Jahrhundert spielte NO eine unrühmliche Rolle als eines der so genannten NO_x-Gase, die als Abgase von Fahrzeugen mitverantwortlich waren für den Smog vor allem der heißen Sommermonate in den Innenstädten. In gemäßigten Klimazonen trug NO hauptsächlich zur Entstehung des sauren Regens bei. Im Großen und Ganzen hat die Zivilisation diese Probleme inzwischen unter Kontrolle gebracht, wodurch NO seinen schlechten Ruf langsam verlor. Junge Leute verbinden NO jetzt eher mit seiner Funktion im Geschlechtsleben.

NO! Wirklich nicht?

Wie entdeckte man die Rolle des Stickstoffmonoxids im Organismus? Tatsächlich handelte es sich um ein fehlendes Kettenglied in einer Folge von Ereignissen. Früher hielt man Acetylcholin für den Botenstoff, der die Gefäßmuskulatur entspannt. Robert Furchgott und John Zawadzki, zwei amerikanische Wissenschaftler, entfernten die Endothelzellen, mit denen die Wände der Blutgefäße ausgekleidet sind und mit denen das Acetylcholin in Wechselwirkung tritt. Daraufhin hatte das Molekül unerwarteterweise nicht mehr die gewohnte Wirkung – Acetylcholin war also nur einer von mehreren beteiligten Botenstoffen. Eine zweite, von den Endothelzellen ausgeschüttete Verbindung musste die Muskeln aktivieren. Furchgotte und Zawadzki nannten diese Substanz EDRF *(endothelium-derived relaxing factor)*, kamen ihrer Natur aber nicht auf die Spur.

Dabei blieb es geraume Zeit lang. EDRF, so wurde vorgeschlagen, sollte in seiner Struktur Wirkstoffen ähneln, die nachweislich eine Entspannung der Gefäßmuskulatur bewirken, Nitroglycerin und Amylnitrit. Gemeinsam ist diesen Verbindungen eine NO_2-Atomgruppe, mit der, wie vermutet wurde, die Wirkung offenbar zusammenhängt.

Schließlich wurde der zweite Botenstoff identifiziert: Es ist NO. Angesichts der bekannten Natur dieses Gases war das nur schwer zu akzeptieren, obwohl man bereits wusste, dass manche Bakterien NO herstellen und abgeben. Die Idee allerdings, höhere Lebewesen könnten das Gas »freiwillig« produzieren, schien absurd – dass ein instabiles, toxisches Gas, noch dazu ein freies Radikal, im Körper entstand, war so wenig wahrscheinlich, wie dass man mit NO den Nobelpreis gewinnen konnte. Doch siehe da: Ersteres traf zu, und Letzteres trat ein!

Ein Nobelpreis für NO

1998 erhielten Robert Furchgott, Ferid Murad und Louis Ignarro gemeinsam den Nobelpreis für Medizin in Anerkennung »ihrer Entdeckungen hinsichtlich des Stickstoffmonoxids als Signalmolekül des kardiovaskulären Systems« – und sie erhielten ihn zu Recht: Sie waren die Ersten, die zeigen konnten, dass tatsächlich ein Gas in dieser Weise wirken kann.

1980 hatte Furchgott das Experiment vorgenommen, aus dem sich die Anwesenheit eines zweiten, unbekannten Botenstoffs folgern ließ, der für die Entspannung der Blutgefäßmuskulatur sorgt. Murad entdeckte 1977 die Freisetzung von NO als Wirkprinzip des Nitroglycerins. Er spekulierte, NO müsse eine natürliche Rolle im Körper spielen, ohne dies allerdings belegen zu können. Ignarro schließlich führte 1986 die Analyse aus, anhand derer NO als das gesuchte Signalmolekül identifiziert wurde.

Während die zukünftigen Nobelpreisträger forschten, hatte sich auch die pharmazeutische Industrie dieses Problemkreises angenommen. Mitte der 1980er-Jahre gingen Salvador Moncada und seine Kollegen in den Wellcome-Forschungslabors in Beckenham,

England, bereits davon aus, dass es sich bei dem fehlenden Botenstoff um NO handelte. Um seine biologische Wirkung zu untersuchen, verkleinerten sie eine Apparatur, mit der in der Autoindustrie der NO-Gehalt von Abgasen gemessen wurde. Sie konnten zeigen, in welcher Weise das Gas (das sie direkt aus einer Druckflasche entnahmen) die Muskulatur entspannt. Zu ihrer Überraschung stellten sie außerdem fest, dass die Blutgefäße selbst NO herstellen können, und zwar aus der im Körper reichlich vorhandenen *Aminosäure* (→ Glossar) Arginin. Besonders viel Arginin ist in Nüssen enthalten, es macht zum Beispiel 11 %), Reis (9 %), Muskelfleisch (7 %), Eier (6 %), Fisch (6 %) und Kartoffeln (5 %). Jeder Liter unseres Blutes enthält 14 mg Arginin.

Ein Baustein des Arginins ist eine Guanidingruppe, zu welcher wiederum das Stickstoffatom gehört, das bei der NO-Synthese abgetrennt wird. Dafür, dass diese Reaktion ablaufen kann, sorgt ein Enzym namens *NO-Synthase*. Notwendig ist außerdem die Anwesenheit molekularen Sauerstoffs (O_2). Eines der beiden Sauerstoffatome wird Teil des NO, das andere ersetzt das vom Arginin abgespaltene Stickstoffatom, wodurch das Arginin in Citrullin umgewandelt wird. (Der Körper kann daraus Arginin zurückgewinnen.) Die Markierung von Arginin mit radioaktivem ^{15}N, das später im gebildeten NO nachgewiesen wurde, lieferte den ersten Beweis dafür, dass tatsächlich diese Aminosäure den Ausgangspunkt der NO-Synthese bildet.

Die Fähigkeit von Organismen, NO zu produzieren, ist keine späte Errungenschaft der Evolution. Bereits der Pfeilschwanz – eine Krebsart, deren Ursprünge sich über 500 Millionen Jahre der Erdgeschichte zurückverfolgen lassen – entwickelte eine Methode, NO aus Arginin freizusetzen. Das Molekül dient dem Krebs zur Unterbindung der Blutgerinnung.

Nun konnte die Gruppe von Wellcome erklären, wie Amylnitrit und Nitroglycerin* einem Angina-Pectoris-Anfall entgegenwirken: Sie setzen NO frei und entspannen damit die verengten Gefäße, wodurch sich die Zufuhr von Blut und Sauerstoff zum Herzmuskel normalisiert. Beim Kontakt mit einem Enzym, der *mitochondrialen Aldehyd-Dehydrogenase*, spaltet Nitroglycerin eine seiner drei Nitrogruppen ab. Es bildet sich das Nitrit-Ion NO_2^-, das leicht zum NO re-

* Gebräuchlich sind auch die Synonyme Isoamylnitrit bzw. Glyceroltrinitrat.

duziert werden kann. Die Mitochondrien können lediglich geringe Mengen Nitroglycerin in der beschriebenen Weise verarbeiten, weshalb Vasodilatatoren (gefäßerweiternde Mittel) dieser Art nur kurzzeitig wirken.

Erst 2002 kam man den Einzelheiten des Wirkmechanismus von NO auf die Spur. Am Duke University Medical Center in Durham, North Carolina, identifizierte eine Gruppe um Jonathan Stamler die mitochondriale Aldehyd-Dehydrogenase als für die NO-Freisetzung verantwortliches Enzym. Die Forscher konnten auch erklären, warum die wiederholte Gabe von Nitroglycerin immer geringere Wirkung zeigt: Jedes Enzymmolekül, das ein Nitroglycerin verarbeitet hat, ist anschließend in dieser Hinsicht desaktiviert. Im extremen Fall können so sämtliche in den Mitochondrien vorhandenen Enzyme außer Gefecht gesetzt werden.

Im Gehirn wurde NO erstmals von John Garthwaithe und seinen Kollegen an der Liverpool University gefunden. Wie die Forscher zeigen konnten, stellt dieses Organ NO auf demselben Weg her wie die Blutgefäße. Solomon Snyder von der Johns-Hopkins-University in den Vereinigten Staaten bestätigte dieses Resultat, indem er das NO produzierende Enzym NO-Synthase vervielfältigte und an vielen Stellen des Gehirns nachwies. Tatsächlich kennt unser Organismus drei Typen der NO-Synthase; je eine »bedient« die Arterien, das Gehirn und das Immunsystem. Dass unser Hirn mehr NO-Synthase enthält als jedes andere Organ, führt uns vor Augen, wie bedeutend NO für seine Funktion ist.

Vielleicht erweist sich NO sogar als der seit langem gesuchte »retrograde Botenstoff«, die Grundlage des Gedächtnisses. Wie erkennt eine in früherer Zeit stimulierte Rezeptorzelle im Gehirn die gleiche Stimulation wieder? Der Rezeptor sendet das Signal »Botschaft empfangen und verstanden« an den Absender zurück, welcher sich wiederum so programmiert, dass er bei der nächsten derartigen Stimulation eine intensivere Botschaft schickt. Spekulationen, NO könnte – da das Molekül im Gehirn so häufig vorkommt – der entsprechende Botenstoff sein, konnten bisher noch nicht bewiesen werden.

NO ist ein kleines Molekül. Deshalb kann es mit Leichtigkeit in die Zellen hinein- und aus ihnen herausdiffundieren, und wenn seine Arbeit getan ist, lässt es sich schnell »einsammeln« und unschädlich machen. Nachdem es in den Nervenzellen gebildet wurde, breitet es sich umgehend aus und aktiviert alle Zellen in der Nachbarschaft. Weiße Blutzellen, zum Beispiel Makrophagen (ein Typ der Fresszellen), produzieren reichlich NO als Kampfstoff gegen angreifende Mikroorganismen. Die Immunantwort kann so intensiv ausfallen, dass sich die Blutgefäße stark erweitern, der Blutdruck plötzlich sinkt und der Patient bewusstlos wird. Ein solcher Ohnmachtsanfall kann das erste Anzeichen einen septischen Schocks sein, der rasch tödlich enden kann. Geeignete Inhibitoren hemmen die Tätigkeit der NO bildenden Enzyme und stellen den normalen Blutdruck in wenigen Augenblicken wieder her. Nur selten leidet der Organismus an einem derartigen Überangebot von NO. Häufiger, besonders im Alter, ist ein NO-Mangel, der sich in Form von Herzkrankheit und Angina Pectoris äußert.

Die meisten Körpergewebe bilden kein Hindernis für die Diffusion von NO. Nicht durchdringen kann das Molekül jedoch die Blutgefäße, denn beim Eintritt in eine rote Blutzelle wird es sofort zerstört: Es trifft auf ein Sauerstoff bindendes Hämoglobinmolekül und oxidiert umgehend zu Nitrit, gelegentlich sogar weiter zu Nitrat.

Als freies Radikal kann NO selbst recht stabil sein – verglichen mit anderen freien Radikalen, deren Lebensdauer Sekundenbruchteile nicht übersteigt. Trotzdem existiert es nicht lange genug, als dass man seine Tätigkeit im Körper bequem verfolgen könnte. Methoden, die zum Nachweis geringster Konzentrationen NO entwickelt wurden, lassen sich *in vivo* nicht anwenden. Diese Situation änderte sich schlagartig mit den bahnbrechenden Arbeiten einer Gruppe analytischer Chemiker um Tetsuo Nagano von der Graduate School of Medicine an der Universität Tokio. 1998 veröffentlichten die Forscher ein neues Verfahren zur Verfolgung von NO, indem sie Reaktionen des Moleküls entwickelten, deren Produkte fluoreszieren.

Bei diesen Reaktionspartnern handelt es sich um Diaminofluorescein-Farbstoffe. Während ihrer Umsetzung mit NO wird ein intensiv grünes Licht ausgesendet, dessen Wellenlänge und Intensität gemessen werden kann. Aus den Daten lässt sich die Menge vorhandenen Stickstoffmonoxids berechnen. Die Reaktion ist sehr spezifisch; die Farbstoffmoleküle reagieren nicht mit anderen Substanzen in biologischen Geweben, weshalb irreführende Signale ausgeschlossen werden können. Zudem ist das Verfahren ungeheuer empfindlich. Es spürt NO noch in Konzentrationen von wenigen Nanogramm pro Liter (ppt, Teilen in einer Billion!) auf.

Dr. NO

NO freisetzende Wirkstoffe werden schon seit über 125 Jahren medizinisch angewendet und haben unzählige Leben gerettet. Alles begann mit Antoine Jerome Balard (1802–1876), der sich fragte, welche Substanzen gelegentlich das Bouquet von *Eau de Vie de Marc*, einen aus Trester (ausgepressten Traubenschalen nach der Weinbereitung) gewonnenen Branntwein, verdarben. Er stieß auf Amylnitrit, das ihm – wie er notierte – heftige Kopfschmerzen bereitete. Andere, die den Dampf der flüssigen Verbindung ebenfalls eingeatmet hatten, berichteten von Symptomen wie einer Beschleunigung des Herzschlags und Rötungen des Gesichts, die nach kurzer Zeit wieder abklangen.

Sir Benjamin Ward Richardson (1828–1896) studierte die medizinischen Effekte des Amylnitrits systematischer und legte seine Erkenntnisse in einem Vortrag auf der Jahrestagung der Britischen Gesellschaft zur Förderung der Wissenschaften (BAAS) 1864 dar. Dass die Wirkung auf einer Erweiterung der Blutgefäße beruhte, fand erst der Londoner Arzt Sir Thomas Lauder Brunton (1844–1916) heraus. Sir Thomas verabreichte das Mittel mit deutlichem Erfolg Patienten, die an Angina Pectoris litten, und publizierte dies 1867 in *The Lancet*, der führenden medizinischen Zeitschrift.

Amylnitrit, eine leicht flüchtige Flüssigkeit, siedet bei 98 °C. Wer mit einer Anginaattacke rechnen musste, konnte eine mit der Substanz gefüllte Glasampulle bei sich tragen und sie im Bedarfsfall in einem Taschentuch zerbrechen, um sich durch Einatmen der Dämpfe Erleichterung zu verschaffen. Erwähnt wird diese Therapie zum Beispiel in dem Sherlock-Holmes-Krimi »Der niedergelassene Patient«.

Inzwischen ereignete sich Seltsames in der Fabrik Alfred Nobels in Schweden. Nobel selbst litt unter Kopfschmerzen sobald er auf dem Werksgelände erschien; einige seiner Angestellten dagegen, die mit Herzbeschwerden zu kämpfen hatten und mit der Herstellung oder Konfektionierung von Nitroglycerin beschäftigt waren, gaben an, die Schmerzen in der Brust ließen während der Arbeit nach. Diese Beobachtung kam örtlichen Medizinern zu Ohren, und schließlich wurde Nitroglycerin zur Therapie des kranken Herzens verschrieben. Sogar Nobel selbst wurde später damit behandelt trotz der Kopfschmerzen, die ihn als Nebenwirkung quälten. In einem

Brief aus dieser Zeit bemerkt Nobel, es sei eine Ironie des Schicksals, dass sein Arzt ihn jetzt anweise, Nitroglycerin zu *essen*. Die Patienten legten sich ein winziges Kügelchen (0,5 mg Nitroglycerin) unter die Zunge, wo es sich rasch auflöste und unmittelbar in den Blutkreislauf aufgenommen wurde. (Die Tabletten waren nicht explosionsgefährdet, denn das Nitroglycerin wurde mit Lactose oder einem anderen Kohlenhydrat verdünnt.)

Wer Nitroglycerin ausgesetzt ist, kann – wie Alfred Nobel – eine spezielle Migräne entwickeln, die Mediziner als Nitroglycerin-Kopfschmerz bezeichnen. Zu den (Neben-)Wirkungen des Mittels zählen außerdem eine Rötung des Gesichts, Herzklopfen und die Ausscheidung großer Mengen von Urin. Dieser Zustand war auch als »Montagskopfschmerz« bekannt: Besonders stark waren die Angestellten am ersten Tag der Arbeitswoche betroffen, im Laufe der folgenden Tage gewöhnte sich der Organismus langsam an die Substanz.

Auf die (unerwünschte) physiologische Wirkung von Nitroglycerin stießen Ärzte auch während des Ersten Weltkriegs. Frauen, die Granaten mit dem Sprengstoff füllten, klagten über Schwindelgefühl. Ihr Blutdruck erwies sich als sehr niedrig; das bedeutete, sie hatten über die Lungen und die Haut genügend Nitroglycerin aufgenommen, um die Wirkung zu verspüren. Auch ein anderer Sprengstoff, Trinitrotoluol (TNT), bewirkte bei Arbeitern in Munitionsfabriken während des Zweiten Weltkriegs derartige Probleme. Es gab sogar einige Todesfälle.

Heutzutage wendet man Nitroglycerin in Form eines Sprays (Coro-Nitro) an. Bei ersten Anzeichen einer Herzattacke oder kurz vor Anstrengungen, die mit großer Wahrscheinlichkeit einen Angina-Pectoris-Anfall auslösen, sprüht man sich das Mittel auf die Zunge. Alternativ kann man ein entsprechend präpariertes Pflaster (10 mg oder 5 mg Wirkstoff) direkt auf die Haut kleben (Deponit).

Alle aufgeführten Wirksubstanzen enthalten eine Atomgruppe NO_2. Ist sie über eines der Sauerstoffatome mit dem Molekülrest verknüpft, liegt ein Nitrit vor; erfolgt die Verknüpfung über das Stickstoffatom, handelt es sich um eine Nitroverbindung. Mit gasförmigem NO würde man normalerweise niemanden behandeln; dass dieses giftig ist, musste der große englische Chemiker Sir Humphry Davy (1778–1829) am eigenen Leibe bei einem Experiment im Jahre 1800 erfahren, das er fast nicht überlebt hätte.

Allerdings gibt es Ausnahmen, vorausgesetzt, das Gas wird sehr sorgfältig dosiert. In den 1990er-Jahren mischte man Spuren von gasförmigem NO (25 ppm) in Sauerstoff, der zur Beatmung von Patienten – sogar Säuglingen – mit Lungenstauungen verwendet wurde. Etwa jedes fünfte Baby scheidet im Mutterleib eine schleimige Substanz, so genanntes Mekonium, in das Fruchtwasser aus. Gelangt Mekonium in die Lungen, so kann nach der Geburt die Atmung erschwert sein. Durch die Gabe von gasförmigem NO färbt sich die infolge des Sauerstoffmangels bläuliche Haut des Kindes rasch gesund rosa.

In der Regel besteht jedoch der bessere Weg, dem Körper NO zuzuführen, in einer Verabreichung von Nitroverbindungen. Zur Behandlung von Herzbeschwerden werden unter verschiedenen Handelsnamen vor allem Tetranitroerythrit (Cardilate), Isosorbiddinitrat und Pentaerythrit-Tetranitrat verschrieben. Tetranitroerythrit wirkt langsam; der Effekt setzt erst nach 15 Minuten ein, hält dafür aber bis zu drei Stunden lang an, während das beliebtere Isosorbiddinitrat bereits nach drei Minuten eine Stunde lang wirkt. Isosorbiddinitrat wird in Form von Tabletten, Kautabletten und Mundsprays abgegeben (Elantan, Isoket, Isordil, Monit und andere Präparate). Pentaerythrit-Tetranitrat (Mycardol) schließlich wird nur noch selten verordnet; es wirkt bis zu sechs Stunden lang, aber bis zum Einsetzen der Wirkung vergehen rund 20 Minuten. Alle diese Vasodilatatoren (gefäßerweiternden Mittel) werden von Enzymen in den Muskel- oder Gefäßzellen abgebaut, wobei NO freigesetzt wird.

Sämtliche genannten Substanzen sind, wie Nitroglycerin selbst, hochexplosiv und werden auch als Sprengstoffe verwendet. Die Sprengkraft bewirken die enthaltenen Nitratgruppen (NO_3), welche bei der Explosion in Stickstoffgas (N_2) und Sauerstoff zerfallen; der Sauerstoff wiederum reagiert mit den Kohlenstoff- und Wasserstoffatomen des Molekülrests zu Kohlendioxid und Wasser, wodurch noch mehr Energie freigesetzt wird. Schlägt man auf eine solche Verbindung, so läuft eine Druckwelle durch den Stoff, Nitrat trifft auf Nitrat und innerhalb einer Millisekunde wird eine Kettenreaktion ausgelöst, die in eine Explosion mündet.

Je besser wir über NO Bescheid wissen, desto mehr Beobachtungen können wir richtig einordnen und erklären. Metzger zum Beispiel verhindern seit Jahrhunderten mithilfe von Natriumnitrit, dass sich auf geräuchertem Schinken oder in Pökelfleisch gefährliche

Bakterien vermehren. Warum diese Methode funktioniert, ist uns erst in neuerer Zeit klar geworden: Das einfache Salz wirkt als Quelle von NO. Auch nachdem wir eine Schnitte mit Cornedbeef aufgegessen haben, nützt uns NO noch, denn es löst die wellenartigen Bewegungen des Darms aus, die den Speisebrei durch Magen und Verdauungskanal transportieren. Natriumnitrit verleiht Fleisch eine appetitlich rote Farbe: Es wird zu NO reduziert, welches sich mit Hämoglobin (über dessen Eisenatom) zu einer pinkfarbenen Substanz verbindet.

Mikrophagen, eine Gruppe der Fresszellen, suchen im Blut nach körperfremden Teilchen wie angreifenden Bakterien oder mutierten Zellen und zerstören sie durch Injektion einer tödlichen Dosis NO. NO bindet an bestimmte Proteine, so genannte Transkriptionsfaktoren, die Gene ein- und ausschalten können. Die Verknüpfung erfolgt über Schwefelatome der Aminosäuren solcher Proteine. Zwar kann das NO von dort wieder entfernt werden, aber die gewonnene Zeit reicht dem Körper zur Mobilmachung des Immunsystems, zur Bekämpfung und zur Abtötung der pathogenen Mikroorganismen aus. Natürlich haben die Bakterien eigene Verteidigungsstrategien entwickelt. Spezielle schwefelhaltige Proteine »locken« die NO-Moleküle an und halten sie fest, und bestimmte Transkriptionsfaktoren reagieren auf den Angriff von NO durch das Einschalten von Genen, die für die massenhafte Synthese von Verteidigungsproteinen zuständig sind.

Inzwischen steht zweifelsfrei fest, dass die Bindung von NO an Schwefelatome aus Proteinen einer der wichtigsten Aktivierungsmechanismen unseres Organismus ist. Einen wesentlichen Beitrag zur Aufklärung der Wirkungsweise des Stickoxids leistete Jonathan Stamler vom Duke University Medical Center in North Carolina (USA). Wir wissen jetzt mit Sicherheit, dass NO im Körper an zwei Atomsorten bindet – an den Schwefel der Proteine und an das Eisen im Zentrum des Häm-Moleküls. Die letztgenannte Wechselwirkung sorgt für den Einfluss des NO auf den Botenstoff cGMP, den wir in Kürze ausführlich diskutieren werden.

Kein Sex ohne NO

Männer lassen ihre Augen blitzen, um der Angebeteten ihre Bereitschaft zum Sex zu signalisieren. Auch männliche Glühwürmchen blinken bei der Brautwerbung – und die Grundlage für die Leuchterscheinungen ist das NO-Molekül, wie Barry Trimmer und seine Mitarbeiter von der Tufts University, Massachusetts, 2001 berichteten. NO ist der Botenstoff, der spezielle Zellen des Glühwürmchens veranlasst, Licht auszusenden. Brachten die Forscher die Insekten in eine Atmosphäre, die 70 ppm NO enthielt, »glühten« sie unablässig.

Die Wirkung von NO auf Männchen der Gattung Mensch ist nicht weniger dramatisch. Erotische Stimuli im Gehirn senden Signale an den Corpus cavernosum (den Schwellkörper), ein schwammiges Gebilde im Penis, der daraufhin NO freisetzt. Durch die nachfolgende Muskelentspannung strömt Blut in das Gewebe ein, der Schwellkörper schwillt an, und der Penis wird steif. Die erste Arbeit zur Rolle von NO in diesem Zusammenhang wurde 1991 von Professor K.-E. Andersson, Universitätsklinik Lund, in der Zeitschrift *Acta Physiologica Scandinavica* veröffentlicht. (Einen ähnlichen Artikel hatte kurz zuvor bereits eine Gruppe vom University Medical Center in Boston, Massachusetts, beim *Journal of Clinical Investigation* zur Publikation eingereicht; er erschien jedoch erst nach Anderssons Arbeit.) Wie Sie sicher vermuten, sorgte der Artikel weltweit für Aufmerksamkeit – diese war aber gering verglichen mit dem Medienrummel, der für eine erschöpfende Behandlung des nun folgenden Moleküls sorgte.

Tote zum Leben erwecken: Viagra

Die sexuelle Betätigung von Männern im mittleren Alter kann dadurch beeinträchtigt sein, dass eine Erektion nur schwer erreicht oder nicht lange genug aufrechterhalten werden kann. Ältere Männer stört dies vielleicht weniger als jüngere. Abhilfe schafft der Griff zu Viagra.

Unbewusste Erektionen erlebt ein Mann jede Nacht mehrmals. Oft erwacht er sogar mit erigiertem Penis. Warum ist das so? Freud hatte eine Antwort parat: Männer träumen von sexuellen Erlebnissen – direkt oder wenigstens in Form von Symbolen. Hätte Freud schon von Enzymen und Stickstoffmonoxid gewusst, wäre er vielleicht zu einem anderen Schluss gekommen: Nicht der Traum bewirkt die Erektion, sondern – viel wahrscheinlicher – umgekehrt.

Das Verlangen eines älteren Mannes nach sexueller Betätigung kann durch mangelnde Leistungsfähigkeit des »kleinen Freundes« stark beeinträchtigt sein. Abhilfe bei diesem fachsprachlich als Erektionsstörung oder erektile Dysfunktion (ED) bezeichneten Leiden bringt der Griff zu Viagra. Gewöhnlich heißt es, Frauen könnten einen Orgasmus vortäuschen, Männer eine Erektion aber nicht. Seit der Einführung von Viagra aber können auch Männer schon im Voraus »felsenfest« darauf vertrauen, »es« zu schaffen.

Der britische Neurophysiologe Dr. Giles Brindley ging mit einem Vortrag über die Behandlung von Impotenz (1983 in Las Vegas) in die Geschichte ein, den er mit einem Experiment nachhaltig illustrierte. Zunächst hatte er den Delegierten der Jahresversammlung der Amerikanischen Urologenvereinigung erläutert, welch erstaunliche Erektion man durch Injektion der Substanz Phenoxybenzamin in den Penis bewirken könne. (Normalerweise dient diese Verbindung zur Behandlung von Bluthochdruck.) Vielleicht befürchtete er, seine Behauptung würde mit Skepsis aufgenommen – jedenfalls bereitete er dem Auditorium nach den theoretischen Ausführungen eine Überraschung, die keiner der Zuhörer so schnell vergessen haben wird.

Wenige Minuten vor Beginn seiner Vortrags hatte sich der 57 Jahre alte Brindley selbst Phenoxybenzamin in den Penis gespritzt. Das Mittel tat seine Wirkung, und Brindley trat hinter dem Pult hervor, ließ seine Jogginghose herunter und präsentierte dem staunenden Publikum eine wirklich eindrucksvolle Erektion. Dabei beließ er es nicht: Durch die Reihen gehend, ermunterte er die Anwesenden, sich durch Befühlen des Gliedes selbst davon zu überzeugen, dass die Steifigkeit nicht künstlich durch eine innere Schiene aufrechterhalten wurde. (Darin bestand damals eine der Methoden der Wahl, Impotenten einen Geschlechtsakt zu ermöglichen.)

Auf die Idee, dass blutdrucksenkende Mittel wie Phenoxybenzamin auf den Penis genau die gegenteilige Wirkung ausüben könnten, war Brindley in der Diskussion mit einem Kollegen gekommen. Unerschrocken ging der Mediziner nach Hause und probierte die Methode mit sichtlichem Erfolg an sich aus. In einer seiner Arbeiten erwähnt Brindley, die Injektion von Papaverin, einem anderen Wirkstoff, habe eine »vier Stunden lang nicht nachlassende Erektion« erzeugt. Papaverin wird zu diesem Zweck auch heute noch verwendet, vorausgesetzt, der Patient ist bereit, es in den Penis zu injizieren. Männliche Pornodarsteller greifen, so heißt es, häufig darauf zurück.

Bindleys Erfolg regte andere Forscher an, mit der Injektion verschiedener Substanzen zu experimentieren. Manche Wirkstoffe erwiesen sich als Treffer; einer davon, Caverject von Pharmacia & Upjohn, wurde 1995 als Erster seiner Art von der US-Behörde FDA zur Behandlung von Erektionsstörungen zugelassen und anschließend auf den Markt gebracht (die chemische Bezeichnung ist Alprostadil). Caverject wirkte sehr gut – der einzige Nachteil bestand in der notwendigen Injektion, weshalb man es eigentlich nur wählte, wenn alle anderen Mittel versagt hatten. Dann aber konnte es tatsächlich Erleichterung bringen.

Nicht jeder Mann ist in der Lage, sich mit einer Injektionsnadel in den Penis zu stechen. Für diese Fälle standen etwas weniger schmerzhafte Möglichkeiten zur Verfügung, den erschlafften »Kollegen« in Schwung zu bringen. Beispielsweise konnte man ein Kügelchen Alprostadil in die Spitze des Penis einführen und warten, bis der Wirkstoff durch den Harnleiter in das umgebende Gewebe diffundiert war und sich ein Effekt zeigte. Carl Djerassi hat die Behandlung der Impotenz literarisch verarbeitet, wie Sie im unten stehenden Kasten nachlesen können.

NONO: Carl, du hast es vorausgesehen!

Carl Djerassi – Dramatiker, Poet, Romancier und Erfinder der Anti-Baby-Pille – veröffentlichte 1998 einen Roman mit dem vielleicht kürzesten jemals gewählten Titel: NO. Im Mittelpunkt der Handlung steht die indische Wissenschaftlerin Renu Krishnan. Sie experimentiert mit Substanzen, die NO freisetzen, und zwar dort, wo es am dringendsten benötigt wird: im Penis. Ihr Versuch, ein Unternehmen zur Vermarktung ihrer Entdeckung zu gründen, ist durch skrupellose Machenschaften zum Scheitern verurteilt. Djerassi »erfindet« in diesem Buch Doppel-Potenz-Moleküle NONO, in denen ein NO an eine zweite, mit einem Molekül verknüpfte NO-Gruppe bindet. Tatsächlich werden derartige Verbindungen mittlerweile erforscht und auf ihre medizinische Verwendbarkeit hin untersucht. Mögliche Einsatzgebiete wären die Behandlung von pulmonaler Hypertension (Druckerhöhung im Lungenarteriensystem), die Förderung der Gefäßheilung nach Ballonkatheter-Angioplastie (Gefäßdehnung), die Hemmung der Blutgerinnung sowie die Konservierung von Spenderherzen vor der Transplantation. Die Schwierigkeit beim Design solcher Wirkstoffe besteht in der Begrenzung des Effekts auf die gewünschten Körperregionen.

Viagra ist der Handelsname des Ende der 1980er-Jahre in den Labors des Pharmaunternehmens Pfizer (Sandwich, England) entwickelten Wirkstoffs Sildenafilcitrat. Entdeckt wurde die Substanz eher zufällig bei der Suche nach neuartigen Medikamenten zur Therapie von Angina Pectoris. Simon Campbell und David Roberts, die seit 1985 an diesem Thema arbeiteten, interessierten sich besonders für Moleküle, mit denen sich das Enzym *Phosphodiesterase* blockieren lässt. Die Funktion dieses Enzyms besteht darin, den Botenstoff cGMP zu desaktivieren.* Unter anderem wirkt cGMP gefäßerweiternd, das heißt, es entspannt die Muskeln der Blutgefäße, indem es die Diffusion von Calciumionen aus den Muskelzellen heraus veranlasst. 1986 schloss sich Nick Terret der Gruppe an.

Den gewünschten Effekt zeigte unter anderem die Substanz Zaprinast. Das Molekül enthält zwei Ringstrukturen, an die jeweils weitere Atomgruppen gebunden sind. Diese Gruppen modifizierten die Forscher von Pfizer, um die Wirkung zu verstärken. Schließlich waren sie mit ihrem Ergebnis zufrieden. Die Verbindung erhielt die Nummer UK92480 und den Namen Sildenafil.

Im Laborversuch erwies Sildenafil sich als nicht toxisch. Klinische Versuchsreihen an Menschen wurden im Juli 1991 begonnen. Freiwillige erhielten steigende Dosen des Mittels, um eventuelle Nebenwirkungen festzustellen. Nach der Verabreichung großer Mengen klagten einige Probanden tatsächlich über Kopfschmerzen, Verdauungsstörungen, Sehstörungen und Muskelschmerzen – und bei fast allen traten besonders steife Erektionen auf, wie sie einige der Behandelten zuvor jahrelang nicht erlebt hatten. Wen überrascht es, dass diese »Nebenwirkung« zum eigentlichen Mittelpunkt der Studie wurde? Auch bei niedrigerer Dosierung, so stellte sich heraus, wirkte Sildenafil erektionsfördernd, wenn man nach der Einnahme etwas Geduld aufbrachte. Nach Doppelblindversuchen gaben interessanterweise auch 30 % der Mitglieder der Kontrollgruppe, welche ein Placebo erhalten hatten, eine verbesserte Erektionsfähigkeit an.

Eine Dosis von 25 mg Sildenafil verstärkte die Erektionen von 65 % der Probanden, 50 mg verhalfen 80 % zum Erfolg, die maximale Dosis von 100 mg gar 90 % (wobei die restlichen 10 % angaben, Kopf- und Magenschmerzen hätten das sexuelle Verlangen

---

* cGMP ist die Abkürzung für cyclisches Guanosinmonophosphat.

wirksam unterdrückt). Entsprechende Versuche wurden in Großbritannien, Frankreich und Schweden vorgenommen. Nach Abschluss der Studien war man sich bei Pfizer im Klaren, einen Treffer gelandet zu haben: Fast alle Versuchsteilnehmer wollten das Mittel weiterhin anwenden, viele sträubten sich sogar, nicht verbrauchte Tabletten abzuliefern.

Was nun noch gebraucht wurde, war ein sexy Name für den neuen Wirkstoff. »Viagra« ist einprägsam und erinnert im Klang an »Niagara« – gigantische, zu Tal donnernde Wassermassen und beliebtes Reiseziel in den Flitterwochen. Millionen der hellblauen, rautenförmigen Tabletten entströmten den Produktionslinien von Pfizer, und innerhalb weniger Wochen machte Viagra Schlagzeilen auf der ganzen Welt. Die Tabletten enthalten neben Sildenafil Hilfsstoffe wie Cellulose, Calciumphosphat, Titandioxid, Lactose (um die Löslichkeit im Magen zu verbessern) und natürlich den für Unverwechselbarkeit sorgenden blauen Farbstoff. Je nach Dosierung wird noch die Bezeichnung VGR 25, VGR 50 oder VGR 100 aufgeprägt.

Viagra wirkt auf molekularer Ebene und deshalb unabhängig von der Ursache der Erektionsstörungen – gleichgültig, ob diese durch Depressionen, Stress, eine organische Krankheit wie Diabetes oder einen chirurgischen Eingriff an der Prostata bedingt sind.

Die berühmte Kinsey-Studie zum Sexualverhalten der Amerikaner aus den 1940er-Jahren verrät uns, dass damals 15 % aller über 50 Jahre alten Männer impotent waren. Seitdem ging es unübersehbar bergab. In den 1990er-Jahren litten, so behaupten verschiedene Untersuchungen, bereits 40 % der Männer über 40 an Erektionsstörungen verschiedenen Grades. (Die Zahlen stammen aus einer kleinen, 1994 unternommenen Studie; als »erektionsgestört« wurden auch diejenigen Befragten eingeordnet, die seltene Probleme angaben.) Pfizer waren solche öffentlichkeitswirksamen Daten natürlich willkommen – obwohl es fast unmöglich war, ihre Aussagekraft realistisch zu bewerten. Das angesehene United States National Institute of Health schätzt, dass 30 Millionen männlicher Amerikaner von Erektionsproblemen betroffen sind und nur ein Fünftel von ihnen professionelle Hilfe sucht. Der um Viagra veranstaltete Rummel machte jedenfalls deutlich, dass die erektile Dysfunktion ein viel weiter verbreitetes Leiden ist, als zuvor angenommen wurde.

So funktioniert Viagra

Einer Erektion geht die sexuelle Erregung durch Gedanken, Worte oder Taten voraus. Dabei wird Stickstoffmonoxid von den Nervenendigungen in das Schwellkörpergewebe des Penis freigesetzt. Dieses einfache Molekül regt das Enzym *Guanylatcyclase* zur Produktion von cGMP an, welches wiederum die Muskeln erschlaffen lässt, die die Blutzufuhr zum Penis regeln. Blut strömt in den Penis ein, dieser wird größer und schließlich so fest, dass er steht.

Ein anderes Enzym, die *Phosphodiesterase*, hat die Aufgabe, cGMP zu zerstören. Mit dem raschen Anfluten von NO und cGMP nach einer sexuellen Erregung wird die Phosphodiesterase im Normalfall nicht fertig. Anders ist die Situation bei älteren Männern. Sie produzieren nicht genug NO und cGMP, um den neutralisierenden Effekt der Phosphodiesterase zu überwiegen, und die Erektion ist nicht stark genug oder lässt sehr schnell wieder nach. Viagra korrigiert diese Fehlfunktion durch Blockierung der Phosphodiesterase.

Warum aber wirkt Viagra in dieser Weise nur auf den Penis und nicht auf andere Gewebe, in denen cGMP ebenfalls produziert und abgebaut wird? Die Antwort liegt in strukturellen Variationen der Phosphodiesterase. Viagra desaktiviert nur die Phosphodiesterase-5 (im Penis) und lässt andere Varianten, etwa die Phosphodiesterase-3 in der Herzmuskulatur, unbehelligt. Durch seine spezielle Größe passt das Sildenafil-Molekül gerade auf das aktive Zentrum der Phosphodiesterase-5 und blockiert dieses. Bis sich das Enzym von dem unerwünschten Gast befreit hat, kann es sein eigentliches Ziel cGMP nicht angreifen, dessen Spiegel im Penis sich aufbaut und erhalten bleibt, solange der Mann sexuell aktiv ist.

Viagra erweitert aber auch Blutgefäße im Gehirn. So werden Nebenwirkungen wie Kopfschmerzen und Schwindelgefühl verursacht. Vorübergehend sehen manche Patienten außerdem blaustichige Bilder, weil die Zapfen, für die Farbwahrnehmung in der Netzhaut zuständige Sinneszellen, ebenfalls durch die Phosphodiesterase-5 beeinflusst werden.

Viagra ist kein Aphrodisiakum. Es wirkt nur, wenn der Mann sexuell erregt wird. Theoretisch kann man Viagra also einnehmen, ohne den geringsten Effekt zu verspüren, obwohl man sich schwer vorstellen kann, dass ein Mann, der absichtlich Viagra schluckt, dabei nicht irgendwie an Sex denkt.

1998 kam Viagra in den USA auf den Markt, nachdem Versuche an Gruppen von 532 und 329 Männern vorgenommen worden waren, gefolgt von Studien an mehreren tausend Probanden. Zwei Versuchspersonen starben, ein 66 Jahre alter starker Raucher und ein 53 Jahre alter, anscheinend gesunder Mann. Diese Todesfälle waren nicht unerwartet, da die Versuchsgruppen aus Männern mittleren Alters bestanden.

In der ersten Woche nach seiner Einführung wurde das Medikament 35 000-mal verschrieben, in den ersten drei Wochen 300 000-mal, Ende 1998 waren bereits über 5 Millionen Rezepte ausgestellt worden. Noch kein Medikament in der Geschichte der Pharmazie verkaufte sich dermaßen schnell. Die Wirkung auf die Aktien von Pfizer folgte auf dem Fuße: Innerhalb zweier Wochen schnellte der Kurs von 45 auf 115 Dollar nach oben. Bis zum Sommer 1998 hatten Hunderttausende Männer das Präparat ausprobiert. Von den 69 verzeichneten Todesfällen entfielen 46 auf Herzkranke, die sich bei der Ausübung des Geschlechtsakts wahrscheinlich überanstrengt hatten.

Viagra nimmt man eine Stunde vor dem geplanten sexuellen Kontakt ein. Es wirkt drei bis fünf Stunden lang; in diesem Zeitraum können mehrere effektive, zum Samenerguss führende Erektionen erreicht werden. Als Freizeitdroge ist Viagra in manchen Homosexuellengruppen beliebt, kann aber, besonders in Verbindung mit der Inhalation flüchtiger Nitrite – so genannter »Poppers«, siehe unten –, gefährlich sein. Die Kombination beider Substanzen kann die Gefäße so stark erweitern, dass es zum Kreislaufkollaps kommt.

Nicht alle Nebenwirkungen von Viagra sind unerwünscht, zumindest nicht bei Nashörnern und Sattelrobben. Das Afrikanische Nashorn war fast ausgerottet, denn sein Horn fand regen Absatz als Bestandteil der chinesischen Medizin, insbesondere zur Therapie der Impotenz. Jetzt greifen die Chinesen zu Viagra. (Natürlich könnte die Hornmedizin durchaus jenen Männern helfen, die in der oben erwähnten Doppelblindstudie auch auf das Placebo reagierten.) Rhinozeroshorn besteht aus Keratin, einem einsträngigen Protein, und hat keinerlei medizinische Wirkung – jedenfalls keine, die nicht auch durch Einnahme anderer Keratingebilde (gemahlene Hufe, Fingernägel) erzielt werden könnten. Auf alle Fälle ist die Einfuhr und die Verwendung von Rhinozeroshorn in China seit 1993 verboten, sodass den Nashörnern mit etwas Glück eine Überlebenschance bleibt.

Die Sattelrobben waren zwar nicht ganz so stark bedroht wie die Nashörner, aber auch sie wurden gejagt, weil man es auf ein Körperteil von ihnen zur Heilung der Impotenz abgesehen hatte – den Penis. Kurz vor der Einführung von Viagra wurden für einen Robbenpenis 100 Dollar gezahlt; danach sank die Nachfrage und folglich auch der Preis, der jetzt bei etwa 15 Dollar liegt.

Nachdem sich Viagra als wahrer Goldesel erwiesen hatte, überrascht es nicht, dass andere Pharmaunternehmen auf diesen Zug aufzuspringen versuchten. Sie entwickelten ähnliche, ja sogar bessere und sicherere (so behaupteten sie) Produkte: Vasomax (Schering-Plough), Cialis (Eli Lilly und Icos), Levitra (Glaxo-SmithKline). Der letztgenannte Wirkstoff bewirkte bereits in einer Dosis von 10 mg bei 75 % von 805 Versuchsteilnehmern eine Erektion, die zum Vollzug des Geschlechtsakts ausreichte. Levitra soll die Phosphodiesterase-5 noch wirksamer blockieren als Viagra, und das mit weniger Nebenwirkungen beispielsweise auf das Sehvermögen. Zwar dauert es etwas länger, bis die Wirkung einsetzt, dafür hält diese auch bis zu zwölf Stunden an (bei Viagra sind es vier). Besonders geeignet ist das Mittel nach chirurgischen Eingriffen an der Prostata, die häufig zu Erektionsstörungen führen.

Pfizer versuchte, gerichtlich gegen diese Alternativen vorzugehen. Obwohl alle Prozesse scheiterten, konnte das Unternehmen wenigstens sein Patent auf Sildenafil bis 2013 festschreiben lassen. Dass es Pfizer nicht gelang, exklusive Rechte auf Phosphodiesterase-Blocker zu beanspruchen, lag vor allem an Arbeiten zum gleichen Thema, die unabhängige Forscher in den Jahren 1992 und 1993 veröffentlicht hatten. Die Autoren konnten die Gerichte davon überzeugen, dass Pfizer lediglich die Anregungen anderer in die Tat umgesetzt hatte (obwohl das Originalpatent 1991 angemeldet worden war).

Liebestränke und Lendenelixiere

Kein Pharmaunternehmen stellt Aphrodisiaka als solche her. Etliche Medikamente, die gegen ganz andere Leiden verschrieben werden, scheinen jedoch durchaus auf das sexuelle Verlangen zu wirken. Einige davon führen, so wird behauptet, zum ultimativen Orgasmus.

Im Lexikon wird ein Aphrodisiakum als Substanz definiert, die das sexuelle Verlangen anregt. Solche Mittel vergrößern nicht den Penis, sondern wecken Begehren bei Menschen, denen die Lust auf Sexualkontakte aus verschiedenen Gründen abhanden gekommen ist. Männer wünschen sich einen Stoff, der nicht nur ihr Verlangen, sondern auch das der Partnerin steigert. Seit Jahrtausenden sind die Menschen auf der Jagd nach wirksamen Liebestränken. Schon in ägyptischen Papyri aus der Zeit des Mittleren Reichs (um 2000 v. Chr.) sind entsprechende Rezepte nachzulesen.

Zu den offenbar aphrodisisch wirkenden Substanzen gehören Yohimbin, Bromocriptin und Deprenyl (Selegilin). Yohimbin, gewonnen aus inneren Rindenschichten des in Westafrika beheimateten Baumes *Coryanthe yohimbe*, wird von Männern zur Steigerung und Verlängerung der sexuellen Erregung verwendet. Es gehört zu den Indolalkaloiden und kann von Anbietern pflanzlicher Heilmittel bezogen werden. Sein Wirkprinzip besteht wahrscheinlich darin, den Blutfluss in den Penis hinein zu verstärken, aus dem Penis heraus hingegen zu unterdrücken – er unterscheidet sich also von den beschriebenen NO-abhängigen Mechanismen.

Bromocriptin, ein Mutterkornalkaloid, enthält (wie der Name besagt) ein Bromatom. Medizinisch wird es zur Therapie der Parkinson-Krankheit eingesetzt. (Berichtet wurden auch Erfolge bei der Behandlung anderer Störungen, beispielsweise Fettleibigkeit.) Bromocriptin unterdrückt die Freisetzung des Hormons Prolactin aus der Hirnanhangsdrüse; Prolactin ist für die Auslösung und Aufrechterhaltung der Milchproduktion in der Brust während der Stillzeit zuständig. Beide Geschlechter produzieren Prolactin – und je mehr, desto geringer ist das Bedürfnis nach Sex. Da Bromocriptin außerdem den Spiegel der Wohlfühlchemikalie Dopamin im Gehirn beeinflusst, kann es sexuelle Erregungszustände fördern. Die gleichzeitige Hemmung der Prolactinsynthese verstärkt die aphrodisische Wirkung.

Deprenyl (besser bekannt als Selegilin), ebenfalls ein Mittel zu Behandlung der Parkinson-Krankheit, ist bei weitem nicht so kompliziert aufgebaut wie Yohimbin oder Bromocriptin. Strukturelle Ähnlichkeiten bestehen zu Amphetamin und zu Phenylethylamin, dessen Anwesenheit das Suchtpotenzial von Schokolade zugeschrieben wird. Ein ungewöhnliches Strukturmerkmal des Deprenyls ist eine Kohlenstoff-Kohlenstoff-Dreifachbindung; ob der Ruf des Stoffes als Aphrodisiakum in irgendeiner Weise mit dieser Bindung zusammenhängt, weiß man aber nicht.

Amylnitrit wird zur Behandlung von Angina Pectoris nicht mehr verschrieben. Apotheken halten es aber nach wie vor vorrätig, und es erfreut sich ungetrübter Beliebtheit zur Verstärkung des Orgasmus beim Geschlechtsverkehr zwischen Männern – in dieser Hinsicht steht es nur Cannabis nach. Nitrite werden zwar nicht mehr in Ampullen abgegeben, sondern in Fläschchen mit Schraubverschluss, aber der Name »Poppers« blieb erhalten; er leitet sich von dem Geräusch ab, das austretender Amylnitritdampf beim Öffnen der Ampulle verursacht.

In den Vereinigten Staaten sind Nitrite nur noch als Reinigungsmittel für bestimmte Zwecke (Leder, Köpfe von Videorekordern) erhältlich. Der Besitz von Poppers ist illegal.* In vielen anderen Ländern ist der Verkauf in Sexshops erlaubt. Meist enthalten Poppers heute nicht mehr Amylnitrit (Siedepunkt 98°C), sondern die noch leichter flüchtigen Verbindungen Butylnitrit (Siedepunkt 78°C) oder Isobutylnitrit (67°C). Aufgrund des niedrigen Siedepunkts wirkt die letztgenannte Verbindung am besten.

Nitrite lösen nur kurzzeitige Effekte aus. Sie verstärken, während des Geschlechtsverkehrs eingeatmet, den Blutzufluss in den Penis, wodurch dieser größer und härter wird. Das Resultat wird als ultimativer Orgasmus des Mannes beschrieben. Die US-Zulassungsbehörde FDA stufte diese Nitrite im Prinzip als sicher ein, verbot ihre Abgabe 1991 aber trotzdem, denn Poppers sind besonders beim Analsex unter Homosexuellen beliebt, der die Ausbreitung von AIDS in dieser Personengruppe fördert. Nitrite entspannen den Schließmuskel des Afters. (Genau genommen senken sie dadurch die Verletzungsgefahr beim Analverkehr und setzen so die Wahrscheinlichkeit der Übertragung von HIV herab.)

Letztendlich lässt sich die Wirkung aller genannten »Liebestränke« auf die Erzeugung von NO im Körper zurückführen, selbst wenn sie manchmal über den Umweg der Ausschüttung von Wohlfühlsubstanzen im Gehirn erfolgt. Näheres dazu erfahren Sie im fünften Kapitel »Alles im Kopf«.

Das Sex-Element Selen

Das Sperma heute junger Männer ist wahrscheinlich von schlechterer Qualität als das ihrer Väter. Vielfältige Ursachen sind in der Diskussion, von der vorwiegend sitzenden Beschäftigung bis zu Störungen des Hormonhaushalts. Ein Faktor, der die männliche Fruchtbarkeit entscheidend beeinflusst, wird jedoch oft übersehen: das Selen.

Infolge Selenmangels produziert ein Mann weniger Spermien, die zudem schlechter beweglich sind. Dass die Nahrung zu wenig Selen enthält, nimmt man in der Regel überhaupt nicht wahr; unübersehbar sind jedoch die Folgen, wenn selbst ausdauernde Versuche, Nachkommen zu zeugen, vergeblich bleiben. Der schottische Forscher Alan MacPherson wies den Zusammenhang zwischen der Fruchtbarkeit des Mannes und Selen 1993 nach: In einem Doppelblindversuch verabreichte er das Element einer Gruppe von Män-

---

* Dies trifft auch für Deutschland zu. (Anm. d. Übers.)

nern und verglich deren Spermienzahl mit derjenigen einer unbehandelten Kontrollgruppe. Bei den Männern, die Selentabletten erhalten hatten, verdoppelte sich die Anzahl lebensfähiger Spermien im Laufe des Versuchs, wohingegen sie bei den Männern, die ein Placebo geschluckt hatten, konstant blieb.

Dass ein Mann zeugungsunfähig ist, kann natürlich verschiedenste Gründe haben. Zweifelsfrei enthält die durchschnittliche Nahrung in einigen Teilen der Welt heute jedoch viel weniger Selen, als empfehlenswert wäre. Ausufernde Fleischmahlzeiten am Lagerfeuer gehören der Vergangenheit an, und in Europa wird das Brot nicht mehr aus dem selenreichen amerikanischen Weizen gebacken.

Bis 1975 war nicht bekannt, dass Selen für den menschlichen Körper unverzichtbar ist. Verwendet wurde das Element in lichtempfindlichen Detektoren und Photokopierern, ansonsten sah man es als eher giftig an. Männer, die Selen von Berufs wegen ausgesetzt sind, werden unter Umständen von Freunden und Partnern gemieden: Die Substanz wird über die Haut aufgenommen und über die Schweißdrüsen und die Lunge wieder ausgeschieden, was Körper und Atem abstoßend riechen lässt. Die Spermien dieser Bedauernswerten können jeden olympischen Rekord im Schwimmen brechen – ans Ziel gelangen sie mit ziemlicher Sicherheit trotzdem nicht.

1975 änderte sich die allgemeine Einstellung zum Selen. Yogesh Awashti, der damals in Galveston (Texas) arbeitete, identifizierte das Element als Baustein des oxidationshemmenden Enzyms *Glutathionperoxidase*. Dieses Enzym zerstört Peroxide, bevor sie sich in gefährliche freie Radikale verwandeln können. 1991 fand Professor Dietrich Behne am Hahn-Meitner-Institut Berlin ein weiteres selenhaltiges Enzym, die *Deiodinase*, welche die Hormonproduktion in der Schilddrüse und in anderen Geweben fördert.

Jedes Molekül Glutathionperoxidase enthält, wie wir inzwischen wissen, vier Selenatome; das bedeutet, in jeder Körperzelle findet sich über eine Million solcher Atome. Ein durchschnittlicher männlicher Amerikaner besteht folglich unter anderem aus 14 mg Selen*, das hauptsächlich im Knochengerüst und in besonders hoher Konzentration in Haaren, Nieren und Hodengewebe angereichert ist. Ein durchschnittlicher Brite enthält nur halb so viel Selen.

* Das sind 10^{20} oder 100 Milliarden Milliarden Atome!

Selen ist lebenswichtig, aber man kann es auch übertreiben. Die empfohlene maximale Tagesdosis liegt bei 0,45 mg. Wer mehr aufnimmt, riskiert eine Selenvergiftung mit den oben beschriebenen widerlichen Symptomen, hervorgerufen von flüchtigen Methylselenverbindungen, in deren Form der Körper überschüssiges Selen loszuwerden versucht. Es ist tatsächlich eine Gratwanderung: Bekommt der Mann zu wenig Selen, kann er keine Nachkommen zeugen; bekommt er zu viel Selen, möchte ihm niemand so nahe kommen, dass Nachkommen gezeugt werden könnten. (Eine Einzeldosis von 5 g Selen ist ernsthaft gesundheitsschädlich.)

Idealerweise sollte man täglich 0,2 Milligramm Selen aufnehmen (oder, in die von Ernährungswissenschaftlern bevorzugte Einheit umgerechnet, 200 Mikrogramm). Das scheint sehr wenig zu sein, aber gerade dieses bisschen kann in der Nahrung fehlen.* Der Selengehalt unserer Lebensmittel ist sehr unterschiedlich. Eine gewisse Zeit lang kann der Körper auf eigene Vorräte zurückgreifen, irgendwann müssen diese jedoch wieder aufgefüllt werden. Dazu braucht man mindestens 50 Mikrogramm Selen am Tag. Liegt die tatsächliche Zufuhr deutlich darunter, sind die Speicher irgendwann erschöpft, und das wenige verfügbare Selen fließt in besonders wichtige Stoffwechselvorgänge. Die Produktion glücklicher Spermien gehört nicht dazu.

Als Lieferanten der täglichen Selendosis kommen besonders Brot und Getreideflocken in Frage. Wesentlich mehr Selen enthalten zum Beispiel Nüsse, insbesondere Paranüsse (20 Mikrogramm je Nuss – die Menge variiert allerdings stark). Bereits mit drei Paranüssen am Tag kann man demnach seinen Selenbedarf decken, und Mangelerscheinungen beugt schon eine selenreiche Nuss pro Tag vor. Zu den selenreichen Naturprodukten gehören auch Cashewnüsse (bis zu 65 Mikrogramm in einem 100-Gramm-Tütchen).

Die Selenkonzentration im Meerwasser ist mit 0,2 ppb sehr gering. Einige Fischarten, besonders Thunfisch, Kabeljau und Lachs, können das Element jedoch anreichern. Weitere gute Selenquellen sind Innereien, die sich allerdings immer geringerer Beliebtheit erfreuen. Leber mit Speck oder Steak und Nierenpastete sind Gerichte, die heute nur mehr selten auf dem Speiseplan stehen, aber noch

---

* Im Laufe des gesamten Lebens benötigt man ungefähr 5 g (einen knappen Teelöffel voll) Selen.

in unserer Vätergeneration sicherlich zur Leistungsfähigkeit der Keimdrüsen beigetragen haben.

Vollkornbrot aus (amerikanischem!) Weizen verbessert die Selenversorgung erheblich (4 Scheiben enthalten 60 Mikrogramm des Elements). Auch in Pilzen findet sich Selen, in einer Portion (50 Gramm) etwa 5 Mikrogramm. Hervorstechend ist der Selengehalt des besonders in Italien gern verzehrten Ziegenfußporlings *(Albatrellus pes-caprae)* mit über 1000 Mikrogramm in 50 Gramm. (Solche Pilze kann man übrigens gefahrlos essen, denn ihr Selen wird vom Körper nur zögerlich aufgenommen.)

Wer seinem Selenhaushalt mit *natürlichen* Nahrungsergänzungsmitteln auf die Sprünge helfen will, greift am besten zu Bierhefe (vorausgesetzt, sie wurde auf einem selenreichen Nährmedium gezüchtet). Als Alternative findet man in den Regalen der Drogeriemärkte und Apotheken Selenpräparate. Sie enthalten meist Seleno-Methionin (siehe unten), gelegentlich auch das einfache Salz Natriumselenit ($NaSeO_3$), das man auch zur Anreicherung von Tierfutter in Regionen mit selenarmen Böden verwendet. Natriumselenit, eine weiße, kristalline, leicht wasserlösliche Substanz, wird vom Körper problemlos aufgenommen. Hinderlich für die Selenabsorption wirken fett- und proteinreiche Nahrungsmittel.

Selen wurde 1817 von Jöns Jakob Berzelius (1779–1849), zu dieser Zeit Professor für Chemie und Medizin an der medizinischen Hochschule Stockholm, entdeckt. Im Sommer jenes Jahres hatte man ihn um die Untersuchung eines rotbraunen Sediments gebeten, das sich am Boden von Kammern sammelte, in denen in einer Gripsholmer Fabrik Schwefelsäure hergestellt wurde. (In dieses Unternehmen hatte Berzelius investiert.) Aufgrund des starken Rettichgeruchs, der den Ablagerungen beim Erhitzen entströmte, dachte der Chemiker zunächst an eine Tellurverbindung. (Tellur war zwanzig Jahre zuvor in Form des Minerals Goldtellurid in einer rumänischen Mine entdeckt worden.)

Weitere Untersuchungen überzeugten Berzelius davon, dass es sich hier nicht um Tellur, sondern ein neues, in chemischer Hinsicht dem Tellur allerdings sehr ähnliches Element handelte. Den Namen leitete er vom griechischen *selene* für »Mond« ab, um einen Bezug zum Tellur (von lat. *tellus,*»Erde«) herzustellen. Das neue Element, so notierte Berzelius, verdampfte wie Schwefel und schied sich wie dieses an kalten Flächen als »Blume« wieder ab. (Schwefelblume ist hellgelb, die des Selens hingegen rot.) Diese Beobachtungen bezogen sich auf die nichtmetallische Form des Elements. Inzwischen ist bekannt, dass Schwefel, Selen und Tellur im Periodensystem der Elemente untereinander stehen, weshalb ihre chemischen Analogien nicht überraschen. Für seine Neugier zahlte der Forscher auch einen Preis: Er begann so abstoßend zu riechen, dass ihn seine Haushälterin des übermäßigen Knoblauchkonsums verdächtigte. Das Einatmen des gefährlich giftigen Gases Selenwasserstoff (H_2Se) brachte ihn sogar in Lebensgefahr.

Heutzutage gewinnt man Selen vor allem aus dem Schlamm, der sich auf dem Boden von elektrolytischen Bändern zur Reinigung von Kupfer absetzt. Zu den Hauptproduzenten gehören Kanada, die Vereinigten Staaten, Bolivien und Russland, wichtigste Abnehmer sind neben den USA Europa und Japan. Von den 1500 jährlich gewonnenen Tonnen Selen stammen rund 10 % aus Industrieabfällen und alten Kopiergeräten. Das Halbmetall Selen kommt in zwei Modifikationen vor, einer metallischen und einer nichtmetallischen.

Metallisches Selen hat die interessante Eigenschaft, seine elektrische Leitfähigkeit bei Lichteinfall um das Tausendfache zu erhöhen. Deswegen verwendet man das Element in photoelektrischen Zellen, Bestrahlungsmessern und Solarzellen. In der Elektronik ist man auf hochreines (99,99 %) Selen angewiesen. Etwa ein Drittel der gesamten Selenproduktion wird zu diesen Zwecken verbraucht. Der zweitwichtigste Nutzer ist die Glasindustrie: Mit Selen kann man Glasschmelzen entfärben und die bronzefarbig schillernden, Sonnenlicht abweisenden Fensterscheiben herstellen. In die Lebensmittel- und Tiernahrungsindustrie (als Nahrungsergänzungsstoff) schließlich fließen jährlich 250 Tonnen Selen, vorwiegend in Form von Natriumselenit.

Möglicherweise werden eines Tages selenbeschichtete Kontaktlinsen auf den Markt gebracht. Solche Linsen könnten mehrere Wochen lang ohne Pause getragen werden: Die Selenbeschichtung schützt das Auge vor bakteriellen Infektionen (durch die Bildung kräftiger Oxidationsmittel) und verhindert gleichzeitig das Festsetzen von Mikroben an der Linsenoberfläche.

Selen: Mangel und Überfluss

Selen gehört zu den auf der Erde seltenen Elementen. Trotzdem gibt es Regionen, in denen die Böden zu viel Selen enthalten. In der

Atmosphäre beträgt die Selenkonzentration nur etwa 1 Nanogramm (Milliardstel Gramm) pro Kubikmeter in Form der Verbindungen Methyl- und Dimethylselenid, welche von anaeroben Bakterien im Boden, in Gewässern und Abwässern ausgeschieden werden. Wie bedeutsam solche Prozesse sind, stellte sich 1989 heraus, als sich das Ölunternehmen Chevron entschloss, selenbelastete Abwässer statt in die San-Francisco-Bucht auf 35 Hektar Ödland zu leiten. Der Acker war extra angelegt worden, um giftige Abwässer zu reinigen; der Hauptteil des Selens würde, so meinte man, an Bodenteilchen gebunden und als Sediment enden. Bei der laufenden Überprüfung des Selengehalts im Boden fanden die überraschten Wissenschaftler nur halb so viel Selen, wie sie erwartet hatten. Der Rest war, von Bakterien in gasförmige Substanzen überführt, vom Wind davongetragen worden.

20 000 Tonnen Selen landen schätzungsweise jährlich in der Atmosphäre. Zwei Drittel davon gehen auf das Konto menschlicher Tätigkeit, etwa der Verbrennung von Kohle und der Verhüttung von Metallen. Im Prinzip bedeutet das keinen Umweltschaden, jedenfalls nicht, wenn das Element in Regenwasser gelöst über selenarmen Landstrichen niedergeht. Über Jahre hinweg gut gedüngter Boden enthält rund 400 mg Selen pro Tonne, weil das verbreitet angewendete Superphosphat aus Schwefelsäure hergestellt wird, in der sich Spuren von Selensäure (H_2SeO_4) befinden. Einige Böden wurden durch Ausbringen entsprechender Salze bewusst mit Selen angereichert.

In manchen Teilen der Welt ist das Ackerland von Natur aus reich an Selen. An Pflanzen, die dort wachsen, können sich Weidetiere vergiften; sie leiden unter der so genannten Schwindel- oder Drehkrankheit, die schon der berühmte venezianische Abenteurer Marco Polo (1254–1324) bei seinen Reisen ostwärts nach China entlang der Seidenstraße beobachtete. Die Tiere, berichtet Marco Polo, taumelten wie Betrunkene. Auch die nordamerikanischen Great Plains gehören zu den selenreichen Gebieten. Die Cowboys im Wilden Westen beobachteten, dass das Abweiden bestimmter Pflanzen bei ihren Herden die Drehkrankheit auslöste, und nannten das Gewächs Narrenkraut (*locoweed* von span. *loco*, »verrückt«). Botanisch handelt es sich um die Bärenschote *(Astragalus)*, einen Schmetterlingsblütler. Tatsächlich kann die Bärenschote große Mengen Selen (bis über ein Prozent ihrer Trockenmasse) anreichern. 1934 wies der

Biochemiker Orville Beath endgültig nach, dass die Drehkrankheit Symptom einer Selenvergiftung ist.

Nicht nur Haustiere können unter Überangeboten von Selen leiden. 1983 war das Wasser der Kesterton-Talsperre im kalifornischen San Joaquin Valley so stark mit Selen aus landwirtschaftlichen Entwässerungssystemen belastet, dass missgebildete Wildgansküken schlüpften; auch tote ausgewachsene Wildgänse wurden gefunden. Umgehend wurde die Drainageleitung unterbrochen und das Gebiet gereinigt.

Zu viel Selen ist ungesund; zu wenig Selen kann noch schlimmere Folgen haben. Besonders arm an Selen sind größere Flächen in vielen Landesteilen Chinas, besonders in den Gebieten Keshan und Linxian.* Dadurch enthält die Nahrung der dortigen Bevölkerung nur Spuren von Selen. Gefährdet sind vor allem Kinder, unter denen gehäuft Fälle einer viralen Herzmuskelerkrankung auftraten, welche als Keshan-Krankheit bekannt wurde. Die Keshan-Krankheit führt zu einer abnormen Vergrößerung des Herzens und in der Hälfte aller Fälle zum Tod. Das Leiden wurde mit der Selenversorgung in Zusammenhang gebracht, und 1974 wurde ein entsprechender Versuch in großem Maßstab vorgenommen: Von 20 000 Kindern erhielt die Hälfte ein Selenpräparat, die andere Hälfte ein Placebo. Aus der selenbehandelten Gruppe entwickelten 17 Kinder die Keshan-Krankheit, eins starb daran; aus der Kontrollgruppe erkrankten 106 Kinder und 53 starben.

Ein zweiter Großversuch, diesmal im Gebiet Linxian, ließ den Schluss zu, dass auch die Häufigkeit von Magenkrebs mit dem Selengehalt der Nahrung korrelieren kann. Fünf Jahre lang nahmen 30 000 Probanden mittleren Alters verschieden zusammengesetzte Vitaminpräparate (A, B_2, C und E) sowie Zink oder Selen ein. Signifikant nahm die Krebshäufigkeit in der Gruppe ab, die Vitamin E und Selen erhalten hatten. Ob sich der Selenmangel auch auf die Fruchtbarkeit der Männer auswirkt, war nicht Gegenstand der Stu-

* In China werden auffallend häufig Virusmutationen beobachtet. Eine Theorie bringt dies mit dem niedrigen Selengehalt der Nahrungsmittel in Zusammenhang. Der Selenmangel schwächt das Immunsystem, folglich können sich Viren viel schneller und effektiver vermehren, und virulente Stämme treten mit größerer Wahrscheinlichkeit auf. Das normalerweise gutartige Coxsackie-Virus kann das Herz eines mit Selen unterversorgten Menschen ernsthaft schädigen, und eine Infektion mit Influenza-Viren greift die Lungenzellen eines solchen Patienten wesentlich stärker an.

die (wahrscheinlich war dieses Thema auch nicht von Interesse angesichts der Tatsache, dass chinesische Paare ohnehin nicht mehr als ein Kind haben durften). Langfristig betrachtet, lässt sich aber nicht erkennen, dass die Selenarmut chinesischen Ackerlandes die Bevölkerungszahl nachhaltig begrenzt hat.

In Großbritannien verabreichen Bauern den Viehbeständen seit Jahren Selenpräparate. Unter anderem durch das Abschmelzen der Gletscher nach der jüngsten Eiszeit vor rund 10 000 Jahren und durch heftige Regenfälle in den nachfolgenden Jahrtausenden wurde Selen aus den Böden der Britischen Inseln ausgelaugt.

1984 ordneten die finnischen Behörden an, sämtlichen Düngemitteln Selen zuzusetzen, nachdem man festgestellt hatte, dass ein durchschnittlicher Finne nur 25 Mikrogramm des Elements am Tag aufnahm (wenig mehr als die zur Verhinderung der Keshan-Krankheit nötige Mindestmenge von 20 Mikrogramm). Auffällig häufig traten zudem Fälle der Weißmuskelerkrankung bei Weidevieh sowie von Herzschwäche und Krebs in der Bevölkerung auf. Infolge des Regierungsbeschlusses stieg der Selengehalt finnischen Ackerlands so weit an, dass die Nahrung jetzt im Mittel 90 Mikrogramm Selen täglich liefert.

Mit Selen ist es wie mit vielen anderen Spurenelementen: Ein Zuviel ist mindestens genauso gesundheitsschädlich wie ein Zuwenig. Ob man genügend Selen aufnimmt, hängt, wie wir gesehen haben, entscheidend von der Qualität der Böden im Wohnumfeld und der Zusammensetzung des Speisezettels ab. Generell liegt die Tagesdosis zwischen 6 und 200 Mikrogramm, für Amerikaner im sorgenfreien Bereich zwischen 90 und 120 Mikrogramm, für Briten hingegen bei eher Besorgnis erregenden 30 bis 40 Mikrogramm. Empfohlen werden 75 Mikrogramm für Männer und 60 Mikrogramm für Frauen.

Naturprodukte enthalten Selen entweder in Form von Selenocystein (Brokkoli, Knoblauch) oder von Selenomethionin (Fleisch, Getreide). Selenocystein besitzt ein Kohlenstoffatom weniger als Selenomethionin und wird im Gegensatz zu Letzterem nicht in Proteine eingebaut, ist daher physiologisch besser verfügbar. Wahrscheinlich spielt es von beiden Verbindungen auch die bedeutendere Rolle bei der Vorbeugung von Krebs.

Offenbar wirkt Selen als Gegenmittel (der Fachausdruck lautet Antagonist) bei Vergiftungen durch Metalle wie Cadmium, Quecksilber, Arsen und Thallium. Thunfisch beispielsweise enthält überdurchschnittlich viel Quecksilber. Trotzdem kann man ihn relativ bedenkenlos essen, denn der Fisch reichert aus seiner Nahrung auch Selen an.* In den 1970er-Jahren löste die Entdeckung des hohen Quecksilbergehalts von Thunfisch besonders in den Vereinigten Staaten beträchtlichen Rummel und auch Ängste aus, weil man ihn auf die Umweltverschmutzung zurückführte. Von der gleichzeitig hohen Selenkonzentration und deren Schutzfunktion wusste man noch nichts. Über Nacht verschwanden Thunfischkonserven aus den Regalen der Supermärkte, Millionen Dosen wurden vernichtet. Die Analyse einer Thunfischprobe aus dem 19. Jahrhundert, die im Schaukasten eines Museums die Jahrzehnte überdauert hatte, erbrachte jedoch ebenso hohe Quecksilberkonzentrationen. – Auch andere Meereslebewesen, zum Beispiel Robben, schützen sich mit Selen vor Schädigungen durch Quecksilber. Die Anpassung von Arbeitern in Quecksilberminen an das Metall könnte nach auf einem ähnlichen Mechanismus verlaufen, vorausgesetzt, der Selengehalt der Nahrung ist hoch genug.

Selen ist gesund

Nicht nur Unfruchtbarkeit und die Keshan-Krankheit, sondern auch Bluthochdruck, Krebs und Arthritis werden mit einer Selenunterversorgung in Zusammenhang gebracht. Die Beweise sind weitgehend epidemiologischer Natur. Wahrscheinlich ist der Selenmangel nicht der Auslöser der genannten Leiden, sondern ein sekundärer Faktor. In einigen Fällen scheint die Beweislage durchaus zu überzeugen. Erkrankungen, die auf Angriffe freier Radikale zurückzuführen sind, werden sicherlich durch einen Mangel an selenhaltigen Enzymen gefördert, die freie Radikale zerstören können. Bei Alzheimer-Patienten im frühen Stadium verlangsamte die Gabe von Selenpräparaten das Fortschreiten der Krankheit, zumindest insoweit es den Verlust der kognitiven Fähigkeiten betraf.

Eine Studie an 1300 älteren Menschen in den Vereinigten Staaten ergab, dass die Einnahme selenhaltiger Nahrungsergänzungsmittel

---

* Ungeachtet dessen wird empfohlen, sich auf ein Thunfischsteak oder zwei Dosen Thunfischkonserven pro Woche zu beschränken.

die Häufigkeit neuer Fälle von Lungen- und Prostatakrebs sowie Krebs des Verdauungstrakts um 30 % senkte. Es scheint, als sei Selen zur Aktivierung eines Gens erforderlich, das seinerseits die Herstellung einer tumorhemmenden Substanz bewirkt.

Heutzutage kann man Selenpräparate (in Kombination mit den antioxidativen Vitaminen A, C und E) in Drogerien, Reformhäusern und Apotheken erwerben. Als Erster brachte Alan Lewis den Nutzen der Selentherapie mit seinem Buch *Selenium: the Essential Trace Element You Might Not be Getting Enough of* (1982) an die Öffentlichkeit. Damit war er seiner Zeit weit voraus. Diese und andere Publikationen führten schließlich zur Entwicklung einer richtiggehenden Selen-Industrie, die die Bedürfnisse Gesundheitsbewusster erfüllen soll. Manche Leute raten sogar zu »organischem« Selen (im Gegensatz zum »anorganischen«) in Form selenhaltiger Aminosäuren (besonders Selenomethionin). Selenangereichertes Hühnerfutter bewirkt offensichtlich einen höheren Selengehalt der Eier. Manche Landwirtschaftbetriebe erzielen 20 Mikrogramm pro Ei und mehr.

Zu den führenden Fachleuten für die physiologische Bedeutung des Selens gehört die britische Wissenschaftlerin Margaret Rayman vom Centre of Nutrition and Food Safety an der Surrey University. Im Editorial der Februarausgabe 1997 des *British Medical Journal* bezeichnete Rayman Unfruchtbarkeit, Herzmuskelkrankheiten und Krebs als die wichtigsten mit der Selenversorgung verknüpfte Leiden. Sie hob hervor, dass die tägliche Selenaufnahme eines durchschnittlichen Briten im zurückliegenden Vierteljahrhundert von im Großen und Ganzen ausreichenden 60 Mikrogramm auf alarmierende 35 Mikrogramm abgesunken ist. Die britische Krebsforschungsbewegung stimmte einem Pilotprojekt 1999 mit 500 Freiwilligen zu, das 210 000 Pfund kostete. Man hoffte, eine Großstudie mit Doppelversuchen an über 10 000 Personen anschließen zu können. Trotz der Zusage der Mitarbeit von Krebsforschungseinrichtungen verweigerte der wichtigste Sponsor des Projekts, der britische Medical Research Council, nach dem Einreichen des Gesamtvorhabens 2002 zu Raymans Enttäuschung die Bereitstellung der erforderlichen Mittel von 6 Millionen Pfund.

Keine Nachkommen ohne Selen

Jeder Mann, der Nachwuchs zeugen möchte und (möglicherweise dank Viagra) nicht unter technischen Problemen zu leiden hat, ist enttäuscht, wenn es trotzdem nicht »klappt«. Während die Wirkstoffforschung eine Lösung für Erektionsprobleme finden konnte, steht ein Tonikum für die Hoden noch aus – eine Substanz, die sicherstellt, dass nur gesunde Spermien produziert und ejakuliert werden. Auch zwischenzeitlich, bis diese Suche vielleicht von Erfolg gekrönt ist, kann Mann aber etwas für die Leistungsfähigkeit seiner Samenzellen tun.

Einige Forscher, darunter der bereits erwähnte Alan MacPherson, führen sinkende Spermienzahlen auf einen Selenmangel in der Nahrung zurück. Das Argument ist durchaus stichhaltig, denn ohne Selen können sich die Samenzellen nicht richtig entwickeln. Zusätzliches Selen, eingebaut in das Enzym *Glutathionperoxidase*, benötigen Spermien sowohl im Kopf als auch in den Hüllen der Mitochondrien. Besonders im Mittelteil des Spermiums, wo Kopf und Schwanz miteinander verknüpft sind, findet sich Selen. Es scheint dort eine strukturelle Funktion auszuüben. Vielleicht ist dies die Ursache dafür, dass mit Selen unterversorgte Männer überwiegend minderwertige, schlecht bewegliche und steuerungsunfähige Spermien produzieren.

Die Bedeutung des Selens für die Qualität der Spermien wurde bereits 1972 von D. B. Brown und R. F. Burk erkannt und im *Journal of Nutrition* publiziert. Brown und Burk arbeiteten mit Rattenspermien, aber es besteht kein Grund zu der Annahme, dass die Resultate nicht auf die Samenzellen von Menschen übertragen werden können. Versuche mit Spermien von Mäusen, Ebern und Bullen kamen zu den gleichen Ergebnissen. Brown und Burk injizierten Rattenmännchen das radioaktive Isotop Selen-75, dessen Halbwertszeit 17 Wochen beträgt. Sie fanden das Isotop im Mittelteil der Samenzellen, zwischen Kopf und Schwanz.

Bei einer anderen Studie wurden sieben junge Hähne mit einer selenarmen, dafür aber extrem Vitamin-E-reichen Diät aufgezogen, um zu überprüfen, ob sich Ersteres durch Letzteres kompensieren lässt. Dies gelang bis zu einem gewissen Grade – aber nur zwei Hähne entwickelten reife Hoden, die anderen fünf blieben unfruchtbar. Wieder ein anderes Experiment beinhaltete die Fütterung von Ebern mit Mais- und Sojaprodukten, deren Rohstoffe speziell auf selenarmen chinesischen Äckern angebaut worden waren, weshalb das Futtermittel nur 10 ppb (Milliardstel Teile) des Spurenelements enthielt. Bei der Hälfte der Versuchstiere fand man danach im Wachstum zurückgebliebene Hoden, die nur halb so viele Spermien produzierten wie üblich; drei Viertel der Samenzellen wiesen zudem missgebildete Köpfe und Schwänze auf.

Männer sind natürlich weder Eber noch Ratten, Bullen oder gar Hähnchen (obwohl ihr Benehmen gelegentlich daran erinnert). Möglicherweise lassen sich die angeführten Forschungsergebnisse gar nicht auf den Menschen übertragen. Alle genannten Tiere pflanzen sich mithilfe von Spermien fort, und es ist nicht recht einzusehen, dass die Natur ihre Kopiervorlage ausgerechnet für die Krone der Schöpfung geändert haben soll.

Dass ein Mann zeugungsunfähig ist, kann selbstverständlich eine ganze Reihe von Gründen haben. Selenmangel spielt mit großer Sicherheit nur in einem Teil der Fälle eine Rolle – vielleicht aber immerhin in jedem zehnten Fall. In einem Doppelblindversuch erhielt eine Gruppe unfruchtbarer Männer ein Selenpräparat, eine Kontrollgruppe schluckte ein Placebo. 11 % der mit Selen behandelten Männer konnten hinterher ein Kind zeugen.

Für die verbliebenen 89 % der Fälle kommen andere Ursachen in Frage, darunter der Lebensstil. Das Institut für Fortpflanzungsmedizin der amerikanischen Cornell University veröffentlichte folgende allgemeinen Richtlinien für zeugungswillige, aber -unfähige Männer: »Mann« meide heiße Bäder und Saunen, beschränke seinen Kaffeekonsum auf zwei Tassen am Tag, rauche nicht und greife nicht zu »Freizeitdrogen« wie Marihuana, trinke maximal 60 Gramm reinen Alkohol wöchentlich (drei große Bier oder sechs Gläser Wein), esse regelmäßig rohes Obst und Gemüse und halte seinen Körper fit. Auch einige Vitamine, so wird betont, können die Fruchtbarkeit verbessern, insbesondere die antioxidativ wirkenden Vitamine C und E. Sie bekämpfen freie Radikale, die die Hülle der Spermien angreifen können. Man konnte zeigen, dass unfruchtbare Männer generell höhere Konzentrationen freier Radikale in der Samenflüssigkeit aufweisen als zeugungsfähige. Schließlich wird noch Zink erwähnt, denn es ist bekannt, dass zinkhaltige Enzyme eine Rolle für die Fruchtbarkeit spielen. – Der Bericht empfiehlt die tägliche Aufnahme von 200 Mikrogramm Selen.

> **Verstärker für Selen**
>
> Die physiologische Wirkung des Selens wird durch bestimmte andere Moleküle verstärkt. Eine in dieser Hinsicht offenbar besonders nützliche Substanz ist Sulforaphan, von Natur aus enthalten in Brokkoli, Weißkohl, Blumenkohl und Rosenkohl. Schon jeweils für sich genommen schützen Selen und Sulforaphan vor Krebs; gemeinsam wirken sie jedoch noch wesentlich besser. Sulforaphan enthält eine Isothiocyanat-Gruppe (NCS) und ist deshalb ein Antioxidans.
>
> Die Synergie zwischen Sulforaphan und Selen konnte im Rahmen einer Gemeinschaftsarbeit des britischen Instituts für Lebensmittelforschung, der chinesischen Universität für Wissenschaft und Technik sowie dem Royal Infirmary in Edinburgh belegt werden: Jeder der beiden Stoffe verstärkt die biologische Aktivität des anderen, und zusammen regen sie die Produktion entgiftender Enzyme an.

Sie sind also gesund und körperlich leistungsfähig, essen ausgewogen, haben keinen Anlass, sich für unfruchtbar zu halten – und verlieben sich in eine Frau, mit der sie eine Familie gründen möchten. Wie sagen Sie es Ihrer Angebeteten (und wie geben Sie es Ihren Mitmenschen zu verstehen)? Stecken Sie einen Diamantring an ihren Finger. Falls Sie dabei nur an die romantische Form der »Chemie« denken, lesen Sie weiter.

Diamanten für die Ewigkeit

Diamonds are a girl's best friend ... sang Marilyn Monroe, die vermutlich begehrteste Frau ihrer Zeit, der nicht einmal Präsident John F. Kennedy widerstehen konnte. Nach wie vor symbolisiert der Diamant die unsterbliche Liebe eines Mannes zu einer Frau.

Für die Premier-Diamantmine in Südafrika war der 17. Juli 1986 ein denkwürdiges Datum: Einer der größten jemals auf der Erde gefundenen Diamanten wurde ans Tageslicht befördert. Der im Rohzustand unregelmäßig geformte Kristall wog 599 Karat (fast 120 Gramm) und war fehlerlos, »lupenrein« in der Sprache der Diamanthändler. Drei Jahre lang entwarf und baute eine Gruppe Diamantschleifer die zur Bearbeitung des Riesenedelsteins notwendige Ausrüstung. In neun Monaten geduldiger Feinarbeit wurde der Rohdiamant zum größtmöglichen regelmäßigen Brillanten geschliffen. Als das 273 Karat schwere, dank 247 Facetten mit unvergleichlichem Feuer strahlende Juwel fertig gestellt war, nannte man es *Centenary Diamond* (Jahrhundertdiamant), weil es exakt 100 Jahre nach der Erschließung der Mine durch das Unternehmen De

Beers (1888) der Öffentlichkeit präsentiert wurde. Der Wert des Edelsteins und selbst der gegenwärtige Aufbewahrungsort sind gut gehütete Geheimnisse von De Beers. Jedenfalls ist es nicht wahrscheinlich, dass er jemals ein Hollywoodsternchen zieren wird, wie begehrenswert die Dame auch sei.

Diamanten symbolisieren die Ewigkeit, insbesondere die immer währende Liebe. Tatsächlich ist Diamant ein Material der Extreme und wirkt als solches auf Chemiker und Verliebte gleichermaßen anziehend. Die härteste natürlich vorkommende, sich kühl anfühlende Substanz besteht ganz und gar aus Kohlenstoff. Weniger bekannt ist, dass jeder Diamant aus einem einzigen Molekül besteht, dass der Kristall keineswegs unzerstörbar ist und dass man ihn nicht nur künstlich herstellen, sondern auch Dinge aller Art damit beschichten kann. Keineswegs sind Diamanten immer weiß. Einige der berühmtesten Naturdiamanten sind farbig, etwa der blaue Hope-Diamant, der in der Smithsonian Institution (Washington DC) aufbewahrt wird.

Viele der großen Steine haben ihre eigene Geschichte. Der Koh-i-Noor beispielsweise, wahrscheinlich der berühmteste Edelstein überhaupt, wurde im 13. Jahrhundert in Indien gefunden. Nach dem zweiten Aufstand der Sikhs 1849 brachten ihn die Briten an sich. Durch mehrfaches Schleifen wog er schon damals nur noch 186 Karat, aber trotzdem war er Königen Victoria nicht genehm: Er funkelte nicht schön genug und musste noch einmal neu geschliffen werden. Das jetzt nur noch 109 Karat auf die Waage bringende Juwel wird, gefasst in der Krone der Königinmutter, im Tower aufbewahrt. Andere große, seltene Diamanten tragen Namen wie Tiffany, Cullinan, Dresden Grün, Taylor-Burton, Millennium Star, Shah Jahan, Sancy und Regent. Der Regent liegt im Pariser Louvre. 1717 kaufte ihn der französische König Philippe d'Orleans für 135 000 Pfund Thomas Pitt ab, einem Händler und Befehlshaber von Fort Madras. Pitt hatte ihn in einem zwielichtigen Geschäft für 20 000 Pfund erworben. (Zur Umrechnung in heutige Preise – in Euro – multiplizieren Sie mit 150.) Erstaunlicherweise ist der außerordentlich harte Diamant nicht die stabilste Modifikation des Kohlenstoffs. Noch merkwürdiger erscheint diese Tatsache, wenn man die Bindungsverhältnisse im Diamantkristall betrachtet: Jedes Kohlenstoffatom ist mit vier Nachbarn verknüpft, und es entsteht ein gigantisches dreidimensionales Netzwerk, dessen Flächen durch direkte Kohlenstoff-Kohlenstoff-Bindungen miteinander verbunden sind. Der Kristall besteht aus einem einzigen Molekül. Die Bindungen sind fest, und die Struktur ist starr. Deshalb ist der Diamant sehr widerstandfähig und – im Unterschied zu den anderen Modifikationen des Kohlenstoffs – nicht brennbar. Erst bei sehr starkem Erhitzen reagiert er langsam mit Sauerstoff zu gasförmigem Kohlendioxid.

Trotzdem ist die Diamantstruktur instabil im Hinblick auf die andere häufige Form des Kohlenstoffs, den Graphit. Die Umwandlung erfolgt aber mit vernachlässigbarer Geschwindigkeit und nur in einem Ausmaß, dass man nicht befürchten muss, ein in Diamanten angelegtes Vermögen verschwinde im Laufe der Zeit von selbst. Im Graphit ist jedes Kohlenstoffatom nur mit drei Nachbarn verknüpft; die einzelnen Bindungen sind jedoch stärker als die im Diamant. Die ebenen Wabenstrukturen sind aufeinander gestapelt, wobei zwischen den Atomlagen schwache Anziehungskräfte wirken. Aus diesem Grund lässt sich Graphit leicht spalten; er ist ebenso weich, wie der Diamant hart ist.

Die Eigenschaften von Diamanten – Schönheit, Härte, Kühle, Reinheit, Feuer, Güte und Brillanz – lassen sich am besten bildlich beschreiben. In Krisenzeiten gelten die Juwelen als sichere Wertanlage, weil sie leicht zu verstecken und zu transportieren sind.

Oft werden Diamanten mit Eis verglichen, und das nicht in erster Linie wegen ihrer farblos-kristallenen Majestät. Mit der Zungenspitze berührt, fühlt ein Diamant sich kühl an. Die Ursache dafür ist seine gute Wärmeleitfähigkeit: Er führt die Wärme rasch ins Innere ab, weshalb die Kristalle auch als »Wärmesenke« zur Kühlung von Mikrochips im Gespräch sind.

Diamanten können wasserhell aussehen, ansonsten sind sie dem Wasser aber vollkommen unähnlich. Als organische Makromoleküle werden sie von flüssigem Wasser nicht einmal benetzt. Man kann sie aber mit Öl überziehen, und an Fett kleben sie fest – eine Tatsache, die schon in der Antike bekannt war.

Im 6. Jahrhundert v. Chr. wussten die Griechen, dass der Diamant (sie nannten ihn adamas, den Unbesiegbaren) von Osten kam; woher genau, blieb ein Geheimnis. Gefunden wurden die Edelsteine damals in Indien. Gerüchte liefen um, man müsse nur einen tiefen Schacht graben, ein Stück fettiges Fleisch, an einem Seil befestigt, hineinhängen und hoffen. Zog man das Fett wieder heraus, so klebten vielleicht Diamanten daran. Es wird berichtet, sogar Alexander der Große (356–323 v. Chr.) sei mit einer ähnlichen Methode an mehrere Diamanten gekommen: In ein Loch warf er angeblich Speckstücke, die – besetzt mit Edelsteinen – von hungrigen Vögeln wieder heraufgeholt wurden. Diese Legende hat einen unbestreitbar wahren Kern, denn gegen Ende des 19. Jahrhunderts gingen Diamantschürfer folgendermaßen vor: Sie zerkleinerten diamanthaltiges Erz, schlämmten es auf und gossen den Schlamm über eine mit Fett eingestrichene Platte. Nur die Diamanten blieben an der Schmiere hängen.

Diamanten müssen keinesfalls farblos sein. Nahezu alle denkbaren Farbtöne sind bekannt, von braun (in Abhängigkeit von der Farbtiefe auch euphemistisch als »champagner« oder »cognac« bezeichnet) über violett, orange, blau, rosa (selten), grün (noch seltener) und rot (am seltensten). Die Andeutung eines Farbschimmers findet man bei praktisch allen Diamanten, nur einer von tausend ist jedoch wirklich intensiv gefärbt – und Seltenheit hat ihren Preis. Die Färbung violetter Diamanten kommt durch den Einschluss von Wasserstoffatomen im Gitter zustande. Blau entsteht durch Spuren von Bor, Grün durch die natürliche Radioaktivität der Erdkruste. Solche Steine kann man im Labor herstellen: Setzt man farblose Diamanten der Strahlung eines Kernreaktors aus, so erhält man ein ganzes Farbspektrum.

Die Zusammensetzung des Diamants war den frühen Chemikern des 18. Jahrhunderts ein Rätsel. Sie konnten den Kristall nicht analysieren, wussten aber immerhin bereits, dass er durch extreme Temperaturen zerstört wird. 1694 ließen die Florentiner Giuseppe Averani und Cipriano Targioni einen Diamanten verschwinden, indem sie mit einer großen Linse Sonnenlicht auf ihn fokussierten. Erst 1796 bewies der englische Chemiker Smithson Tennant, dass Diamanten aus reinem Kohlenstoff bestehen und zu nichts anderem als Kohlendioxid verbrennen. Der Schluss, man könne Graphit in Diamant umwandeln, lag nahe. Verlockt vom scheinbar leicht zu erlangenden Reichtum, versuchten sich viele an dieser Aufgabe – und scheiterten.

Heute wissen wir, das zur Umwandlung von Graphit in Diamant extreme Temperaturen und Drücke notwendig sind, die über die technologischen Möglichkeiten des 19. und frühen 20. Jahrhunderts weit hinausgehen. Den ersten synthetischen Diamanten stellte die schwedische Firma ASEA 1953 bei 3000 °C und einem Druck von 90 000 Atmosphären her. Frühere Berichte über die angebliche Erzeugung von Diamanten müssen falsch gewesen sein, obgleich der angesehene französische Chemiker Henri Moissan sogar einen kleinen Stein (mit einem Durchmesser von 0,7 mm) ausstellte, den er selbst hergestellt haben wollte. Mit ziemlicher Sicherheit wird das Juwel aber von einem Assistenten in die Apparatur hineingeschmuggelt worden sein.

Die wichtigsten Diamantminen liegen in Botswana, Russland, Südafrika, Kanada, Namibia, Angola und Australien. Rund 5 % der Fundstücke eignen sich nur zu industriellen Zwecken; die Industrie verbraucht inzwischen über eine Milliarde Karat (250 Tonnen). Synthetische Diamanten stammen vor allem aus Russland und China. Man kann auf diese Weise Schmucksteine erzeugen, aber das ist sehr aufwendig, teuer und entsprechend wenig üblich. Vielleicht steigt die Nachfrage aber in Zukunft. Mehr dazu lesen Sie im folgenden Kasten.

Ewige Liebe in Diamantenform

»Diamanten sind für die Ewigkeit. Auch ein Teil Ihres Liebsten kann ewig bestehen.« So wirbt das Chicagoer Unternehmen LifeGem für sein Geschäft, die Umwandlung von Leichen in Diamanten. Wenn ein geliebter Mensch gestorben ist und eingeäschert wird, kann man die Sauerstoffzufuhr in den Verbrennungsofen kurzzeitig reduzieren. Das organische Material verbrennt dann nur unvollständig; es schlägt sich Ruß (Kohlenstoff) nieder, der sich sammeln und in einen Diamanten umwandeln lässt.

Zunächst wird der Ruß erhitzt, bis sich Graphit bildet. Dieser wird an ein deutsches Labor geschickt, wo man ihn hinreichend hohen Temperaturen und Drücken aussetzt, dass sich die kristalline Modifikation des Kohlenstoffs bildet. Der fertige Diamant geht zurück nach Amerika an die wartenden Hinterbliebenen, die ihn – je nach Geschmack – auch als Schmuckstück fassen lassen können. Die erste Kundin, die ihren Körper nach dem Tod in dieser Weise behandeln ließ, war eine 27 Jahre alte, im September 2002 an einem Hodgkin-Lymphom verstorbene Frau, aus deren sterblicher Hülle sechs halbkarätige Diamanten angefertigt wurden. (Für einen Viertelkaräter berechnet LifeGem ungefähr 4000 Dollar.) Dass ein Juwel tatsächlich aus der Asche des Toten stammt, lässt sich sichern, indem man dem Graphit vor der Diamantsynthese Spuren anderer Elemente zusetzt.

Oberflächliche Diamantschichten kann man verschiedenen Werkstoffen aufdampfen. Bei diesem CVD *(chemical vapour deposition)* genannten Prozess wird Methangas (CH_4) in einem Mikrowellenofen in seine Atome zerlegt, und der Kohlenstoff kristallisiert auf der zu beschichtenden Fläche (etwa einer Rasierklinge) als Diamant aus. Die dünne Kohlenstoffschicht ist mit bloßem Auge nicht zu erkennen, aber sie verleiht der Fläche die Härte und Widerstandsfähigkeit eines Diamantkristalls.

Wie nützlich Diamanten für verschiedene technische Anwendungen auch sein mögen und wie problemlos man sie heute auch immer herstellen kann, seine Symbolkraft hat Diamantschmuck nie verloren. Was aber überzeugt Frauen von der immer währenden Liebe eines Mannes, der Diamanten schenkt? Als Sinnbild für die Ewigkeit ist der Diamant in der Geschichte der Hochkultur ebenso verankert wie in der Popkultur. Schon im 15. Jahrhundert waren Verlobungsringe mit gefassten Diamanten üblich; natürlich schmückten sie nur die Finger der Reichsten. Der moderne Brauch, diamantbesetzte Verlobungsringe zu verschenken, lässt sich bis ins frühe 20. Jahrhundert zurückverfolgen: Einen solitären Diamanten bezeichnete E. F. Cushing in seinem Buch *Culture and Good Manner* als Inbegriff des guten Geschmacks. (Leider konnten sich die allermeisten liebeskranken Männer solche Geschenke damals nicht leisten.) Mit dem Geben und Empfangen eines Verlobungsrings zeigt man der Welt auch heute noch, dass man sehr verliebt ist.

Eingang in die Massenkultur fand der Diamant wohl eher, weil die Diamantindustrie den öffentlichen Geschmack zynisch manipulierte: Produzenten und Regisseure aus den Hollywood-Studios, die Juwelenschmuck in Szene setzen wollten, wurden mit den Edelsteinen geradezu überschüttet. In *Blondinen bevorzugt* mit Marylin Monroe, in der Serie mit dem *Rosaroten Panther* und sogar im Hitchcock-Krimi *Haltet den Dieb* ergossen sich Diamanten über die Szenerie. Die wirksamste Publicity war sicherlich der James-Bond-Film *Diamantenfieber* von 1971.

4
Der Feldzug gegen die Keime

Küche. Früher ein spärlich möblierter Raum, in dem mit Geschick, Hingabe und harter Arbeit Essen zubereitet wurde. Heute ein Raum, in dem selten Essen zubereitet wird – und wenn, dann mit wenig Geschick, Hingabe oder Mühe. Um dies auszugleichen, ist der Raum angefüllt mit teuren und weitestgehend untätigen »Haushaltsgeräten«, Objekten, die als solche angebetet werden.

Diese Definition stammt aus dem amüsanten *Dictionary of Dangerous Words*, zusammengestellt von Digby Anderson. Seiner Beschreibung der traditionellen Küche hätte Anderson noch »mangelnde Hygiene« hinzufügen können, jener der modernen Küche hingegen »zwanghafte Sauberkeit«. Boshafterweise bewahrt uns Letztere offenbar nicht wirklich vor Lebensmittelvergiftungen. Die meisten von uns haben gelegentlich Anfälle von Erbrechen und Durchfall erlebt, die (zugegebenermaßen) nicht unbedingt von *selbst* zubereitetem Essen ausgelöst worden sein müssen.

Unsere Gesundheit wird nicht nur von Bakterien bedroht, die Giftstoffe in Lebensmitteln produzieren. Durchschnittlich zweimal im Jahr werden wir alle von Virusinfektionen heimgesucht, manchmal leiden wir auch unter Pilzbefall. Was können wir dagegen tun? Natürlich, wir können die Mikroben abtöten, und die effektivste und schnellste Methode besteht darin, sie zu vergiften. Dazu steht uns eine ganze Palette von Chemikalien zur Verfügung, die uns in diesem Kapitel beschäftigen werden. Bevor wir spezielle Wirkstoffe besprechen, wollen wir uns aber die Pathogene (die krank machenden Stoffe) anschauen und überlegen, ob es tatsächlich sinnvoll ist, in einer möglichst keimfreien Umwelt leben zu wollen.

Ständig dringen Mikroben in unseren Körper ein: mit dem Wasser, das wir trinken, dem Essen, das wir zu uns nehmen, und der Luft, die wir atmen. Wen oder was auch immer wir anfassen, mikroskopisch kleine Wesen bleiben an den Fingern haften. Die meisten von ihnen schaden uns nicht, weshalb wir sie kaum bemerken.

Manche nützen uns sogar: Sie helfen bei der Verdauung oder produzieren im Magen-Darm-Trakt Vitamine, die der Körper aufnehmen kann. Nur noch selten werden wir von Keimen bedroht, die ernsthafte Erkrankungen hervorrufen können. Aber das war nicht immer so.

Um 1850 hatte London ungefähr 2,5 Millionen Einwohner. Von den 48 557 in jenem Jahr verzeichneten Todesfällen gingen 26 325 auf mikrobielle Infektionen zurück (was damals natürlich noch nicht erkannt wurde). Vergleichen wir diese Zahlen mit den heutigen: Unter den gegenwärtig 45 Millionen Einwohnern von England und Wales treten jährlich rund 35 000 Fälle von Infektionskrankheiten auf, aber nur 3000 davon verlaufen tödlich. Infektionen, vor allem so genannte Kinderkrankheiten, sorgten um 1850 dafür, dass 15 von 100 Babys ihren ersten Geburtstag nicht erlebten. Zu Beginn des 21. Jahrhunderts stirbt an solchen Erkrankungen nur noch ein halbes Prozent der Säuglinge.

Möglich gemacht wurde dieser Fortschritt von Entdeckungen in der Chemie, Medizin und Biologie, von denen alle – nicht nur die Reichen und Mächtigen – profitierten. Allerdings ging die Entwicklung schrecklich langsam voran, obwohl gegen Ende des 18. Jahrhunderts bereits chemische Substanzen bekannt waren, mit denen man mikrobielle Infektionen hätte verhüten können. Sie wurden nur nicht für diese Zwecke verwendet, denn erst Jahrzehnte später entdeckte man die ersten Bakterien. Manchmal jedoch führten Chemikalien, in falscher Absicht verwendet, zufällig zum Erfolg. Im 18. Jahrhundert glaubte man beispielsweise, Seuchen und Krankheiten würden durch das Einatmen unsichtbarer Dämpfe, so genannter Miasmen (vom griechischen Wort für »widerlichen Abfall«), ausgelöst, die von Dunghaufen, Latrinen und vermoderndem Müll aufstiegen. Solche Belästigungen ließen sich mithilfe oxidierender Stoffe beseitigen. In der Regel versuchte man aber nur, den üblen Geruch durch starke, angenehmere Düfte zu überdecken. Häufig verwendet wurden Duftstoffe aus Pflanzen und Blumen; grassierten Seuchen, so hielt man sich mit aromatischen Blättern und Blüten gefüllte Duftsäckchen unter die Nase.

Natürlich war die Theorie falsch; bekämpfte man aber den Gestank, so beseitigte man manchmal die Infektionsquelle »versehentlich« gleich mit. Erst als das aus Exkrementen und verrotteten Abfällen aufsteigende Miasma in die Kanalisation verbannt wurde, besserten sich die Verhältnisse nachhaltig. Abwasserwirtschaft und Trinkwasserversorgung sorgten dafür, dass die Bevölkerung nicht mehr ganz so vielen pathogenen Keime ausgesetzt war; die verbleibenden Mikroben ließen sich durch einfache Hygienemaßnahmen in Schach halten.

Was Keime tötet

Pathogene Keime, die unsere Alltagswelt bevölkern und uns krank machen, wollen wir beseitigen. Müssen wir deswegen aber gleich sämtliche Mikroorganismen töten? Vielleicht kann man das Putzen auch übertreiben, und es mag nicht unbedingt am gesündesten sein, in einer keimfreien Umgebung zu leben.

Keime – Bakterien, Viren oder Pilze –, die unseren Organismus überfallen haben, können sich in zweierlei Hinsicht bemerkbar machen: Entweder besiedeln sie ein Organ und es entwickelt sich eine behandlungsbedürftige Erkrankung, oder sie scheiden Giftstoffe aus, auf die der Körper heftig reagiert. Letzteren Zustand bezeichnet man allgemein als Lebensmittelvergiftung. Einen Angriff auf einzelne Organe versucht der Körper abzuwehren, indem er weiße Blutzellen zu Hilfe ruft. Diese produzieren verschiedene für die Eindringlinge tödliche Substanzen. Ein gesundes Immunsystem wird tagtäglich mit einigen Angreifern dieser Art fertig. Gelegentlich treten die Mikroben jedoch in Massen auf, überwinden die Verteidigungsmechanismen und behalten die Oberhand, bis es dem Körper gelungen ist, genügend Antikörper herzustellen. In der Zwischenzeit ist der Betroffene krank, manchmal ernstlich krank.

Die Therapie besteht in der Einnahme eines geeigneten antimikrobiellen Medikaments: eines Antibiotikums bei bakteriellen Infektionen, eines Fungizids bei Pilzinfektionen oder sogar eines antiviralen Wirkstoffs, obwohl den Viren wesentlich schwerer beizukommen ist, sobald sie sich einmal im Körper ausgebreitet haben. Die Entwicklung solcher Produkte erfordert Jahre sorgfältiger Forschung durch Chemiker in pharmazeutischen Unternehmen. Sie ohne ärztliche Überwachung anzuwenden ist nicht angezeigt, da der medizinische Laie die Risiken nicht einschätzen kann (Penicillin zum Beispiel zur Bekämpfung einer Virusinfektion einzunehmen ist durchaus nicht ungefährlich). Was uns zu tun bleibt, ist dem Angriff der Mikroben möglichst zuvorzukommen.

Indem wir unsere Umgebung reinigen und desinfizieren, dezimieren wir schädliche Mikroorganismen. Beim Saubermachen entfernen wir sichtbaren Schmutz und gleichzeitig jede Menge unerwünschte Lebewesen. Desinfektionsmittel hingegen beseitigen auch *unsichtbare* Verunreinigungen, insbesondere (pathogene) Bakterien. Wo halten sich diese Keime am liebsten auf? Im Wohnbereich fallen uns dazu am ehesten Toiletten und Waschbecken in Bad und Küche ein. Außerhalb der Wohnung gelten besonders Schwimmbäder, Kneipen und Restaurants, öffentliche Toiletten und Krankenhäuser als ideale Brutstätten von Mikroben. Zu den Verdächtigen zählen darüber hinaus Einrichtungen, zu denen die Öffentlichkeit normalerweise keinen Zutritt erhält: Leichenhallen, Schlachthöfe, Melkstände, Nahrungsmittelfabriken, Klimaanlagen und Kühltürme.

Der Feind nimmt viele Gestalten und Größen an. Viren sind winzig, ihr Durchmesser liegt in der Größenordnung von zehntel Mikrometern (zehnmillionstel Metern). Nur durch ein Elektronenmikroskop kann man sie sehen. Auch Bakterien sind nicht mit bloßem Auge sichtbar, erreichen aber immerhin Durchmesser zwischen einem und 20 Mikrometern. Bakterien sind Einzeller. Manche haben dicke Zellwände, die sich nach einem von Hans Gram* eingeführten Verfahren anfärben lassen (»grampositive« Bakterien); andere haben wesentlich dünnere, nicht färbbare Wände (»gramnegative« Stämme). Zu den Pilzen gehören Einzeller (beispielsweise Hefen) mit Durchmessern um 5 Mikrometer, aber auch fadenförmige Schimmelarten bis hin zu den großen Hutpilzen. Hefepilze, in der Regel friedliche Mitglieder unserer Darmflora, können gelegentlich andere Organe befallen und so Krankheiten auslösen.

Besonders leidet der Mensch unter einem Befall durch folgende grampositive Bakterienarten: *Clostridium perfringens*, *Staphylococcus* und *Listeria* (rufen die klassische Lebensmittelvergiftung hervor), *Enterococcus* (kommt in Fäkalien vor), *Propionobacterium acnes* (gehört zu den Verursachern der Akne), *Staphylococcus aureus* (infiziert Wunden und verursacht Furunkel), *Streptococcus pyogenes* (ruft Halsschmerzen hervor) und *Streptococcus mutans*, der allgegenwärtige Bewohner der Mundschleimhaut und Verursacher von Karies.

---

* Hans Gram (1853–1938), dänischer Bakteriologe, beschrieb diese Methode erstmals 1884.

Die für uns bedeutsamsten gramnegativen Bakterien sind *Escherichia coli* (lebt im Verdauungstrakt), *Klebsiella* (verantwortlich für Krankenhausinfektionen), *Campylobacter*, *Salmonella enteridis* und *Salmonella typhimurium* (bewirken Lebensmittelvergiftungen) sowie *Shigella sonnei* (Erreger der Ruhr).

Gefährliche Pilzarten sind *Candida albicans*, der Mund- und Vaginalschleimhäute befällt, *Epidermophyton* sp. und *Trichophyton* sp., die flächige Hautpilzerkrankungen bewirken (»Sportlerfuß«), der vergleichsweise harmlose Schuppenauslöser *Malassezia furfur* sowie der für eine Hautflechte verantwortliche *Microsporum* sp.

Am häufigsten werden wir sicherlich von Viruserkrankungen heimgesucht, insbesondere von solchen der Gattung *Rhinovirus* (Erkältungserreger) oder auch *Influenza* (Grippevirus). Nicht selten treten auch Infektionen mit *Herpes simplex* auf, die sich vor allem durch schmerzhafte Bläschen an den Mund- und Genitalschleimhäuten bemerkbar machen.

Keime kann man mit physikalischen Methoden abtöten. Temperaturen über 70°C zum Beispiel werden von den allermeisten Mikroben nicht vertragen; Nahrungsmittel, die man längere Zeit aufbewahrt hat, sollte man deswegen stets sorgfältig durcherhitzen. Auch ultraviolette und Gamma-Strahlung wirken keimtötend. Letztere gehören wahrscheinlich sogar zu den effektivsten Konservierungsmitteln, werden aber leider viel zu selten eingesetzt, nachdem Strahlungsgegner in den vergangenen Jahrzehnten mehr oder weniger unverhohlen behaupteten, die Bestrahlung lasse das Lebensmittel selbst *radioaktiv* werden – und die unwissende Öffentlichkeit daran glaubte.

Die Bestrahlung gehört natürlich nicht zu den Mitteln, die man zur Desinfektion des eigenen Haushalts anwenden kann. Dazu steht eine Palette von Chemikalien zur Verfügung: Oxidationsmittel (Chlorbleiche, Wasserstoffperoxid, Ozon), Chlorphenole (Triclosan, PCMX) und die weniger bekannten quartären Ammoniumsalze (Cetrimid). Die Wirkprinzipien sind so verschieden wie die Stoffe selbst: Oxidationsmittel reagieren mit den molekularen Strukturen der Mikroben, Chlorphenole diffundieren durch die Zellmembranen und stören den Zellstoffwechsel, quartäre Ammoniumsalze schließlich greifen die Zellmembranen an.

Am wirksamsten sind vermutlich die Oxidationsmittel. Sie schädigen nicht nur die Zellmembranen, sondern zersetzen auch Proteine und alle Moleküle, die N–H- oder S–H-Bindungen aufweisen; in vielen Fällen sorgen derartige Bindungen für die Funktionsfähigkeit von Enzymen. Chlorphenole greifen Membranen und Enzyme an. Sind genügend solche Moleküle in ein Bakterium eingedrungen, so gerinnt die Zellflüssigkeit zu einer nutzlosen Masse. Quartäre Ammoniumsalze durchlöchern die Zellwände, woraufhin die Zellen förmlich »auslaufen« und absterben.

Zu den keimtötenden Chemikalien gehört auch Alkohol (Ethanol), der zum Beispiel Mundwässern zugesetzt wird (allerdings nicht in den unten angegebenen Konzentrationen). Er löst die Zellmembran auf und denaturiert bakterielle Proteine, am effektivsten in 70%iger Lösung. 50%ige Lösungen sind ebenfalls noch recht wirksam. Im Notfall kann man deshalb auch mit reinem Wodka oder Gin desinfizieren.

Die Vorteile keimtötender Substanzen sind offensichtlich; dass sie auch Nachteile haben, zeigt die folgende Tabelle.

Verbindung	Vorteile	Nachteile
Hypochlorit-Bleiche	Tötet alle Mikroben, ist lange haltbar.	Intensiver »Chlor«geruch Mischung mit säurehaltigen Reinigern ist gefährlich. Umweltschutzverbände protestieren gegen die Herstellung.
Wasserstoffperoxid	Tötet die meisten Mikroben, ist umweltfreundlich.	Nicht lange haltbar*, wird von vielen Enzymen zerstört.
Ozon	Tötet alle Mikroben.	Wirkung hält nicht lange an. Für den Hausgebrauch ungeeignet.
Chlorphenole	Tötet Bakterien. Wirkung hält lange an.	Umweltschutzverbände protestieren gegen die Herstellung.
Quartäre Ammoniumverbindungen	Tötet Bakterien. Wirkung hält lange an.	Geringe Wirkung gegen Viren und Pilze.
Alkohol (70 %)	Tötet die meisten Mikroben. Absolut stabil.	Feuergefährlich, giftig.

* Durch Abfüllung in undurchsichtige Plastikflaschen (als UV-Filter) und den Zusatz von Zitronensäure und Thymol kann man Wasserstoffperoxid stabilisieren. An der Oberfläche von Glasflaschen zersetzt sich die Substanz, an Plastikflaschen hingegen nicht; Zitronensäure und Thymol binden Metallatome, die die Zersetzung des Peroxids katalysieren.

Wer Nahrungsmittel zu sich nimmt, die von einer hinreichend hohen Zahl pathogener Keime bewohnt sind, dem stehen ein paar unangenehme Tage bevor. In Großbritannien treten jährlich 85 000 Fälle behandlungsbedürftiger Lebensmittelvergiftung auf; 15 von 1000 Einwohnern sind davon betroffen. Die meisten solchen Erkrankungen verlaufen zum Glück recht mild mit Durchfall und Erbrechen als den einzigen Symptomen. Sehr viele Patienten, die an solchen Attacken leiden, suchen sicherlich nicht einmal ihren Arzt auf. Eine Anfang der 1990er-Jahre in Holland vorgenommene Untersuchung ergab, dass in dem für seine Sauberkeit bekannten Land jährlich nur wenige hundert Fälle von Gastroenteritis gemeldet werden, die tatsächlich Fallzahl aber bei ungefähr zwei Millionen liegt. Das bedeutet, nur einer von tausend an Erbrechen und Durchfall leidenden Patienten nimmt ärztliche Hilfe in Anspruch.

Schwere Lebensmittelvergiftungen können eine stationäre Behandlung erfordern und sogar tödlich verlaufen, insbesondere bei sehr jungen und alten Patienten. Ein in dieser Hinsicht gefährlicher Keim ist *E. coli* O157 (»enterohämorrhagische *Escherichia coli*«). Der von diesem Bakterium produzierte Giftstoff, das Vero-Zytotoxin, löst innere Blutungen aus und schädigt die Nieren. Die Inkubationszeit kann bis zu zwei Wochen betragen, und bereits ein Befall durch 100 Mikroorganismen kann zur Erkrankung führen. Mit dem Bakterium, das im Verdauungstrakt von Weidetieren lebt, kommen wir in der Regel nicht in Kontakt. Wenn aber kontaminierte Rohprodukte vor dem Verzehr unzureichend erhitzt werden, können *E. coli* O157 enthaltende Gerichte (Hackfleischsaucen, Hamburger, Rohmilch) auch auf unseren Tellern landen. Kinder können sich sogar schon beim Füttern von Tieren oder Anfassen von Dung infizieren. Glücklicherweise tritt die Infektion nicht häufig auf (in Großbritannien etwa 1000 Fälle jährlich). Für allgemeine Lebensmittelvergiftungen sind meist *Salmonella* und *Campylobacter* verantwortlich, die Geflügel, rohe Eier und Milchprodukte befallen. Oft infiziert man sich damit im eigenen Haushalt oder in einem Restaurant.

Hervorragende Nährböden für Mikroben sind feuchte Wischlappen aus der Küche, die leicht bis zu einer Milliarde Kleinstlebewesen beherbergen können. Indem man große Flächen mit diesen Tüchern abwischt, sorgt man zudem sehr effizient für die Verbreitung der Keime. Die meisten dieser Mikroorganismen sind harmlos;

nachdem man aber beispielsweise Hühnerblut aufgewischt hat, sollte man den Lappen wegwerfen oder mit Chlorbleiche behandeln.

Logarithmus des Todes

In feuchtwarmer Umgebung und bei ausreichendem Nahrungsangebot vermehren sich Bakterien unglaublich schnell. Auf sauberen, trockenen Flächen hingegen sterben sie ab. Einfache Hygiene reicht deshalb meist aus, um die Ausbreitung von Keimen wirksam zu verhindern. Viren können sich nur innerhalb einer lebenden Zelle vermehren. Voraussetzung dafür ist natürlich, dass sie zuvor in einen Organismus eingedrungen sind. Wenn Sie einem Infizierten die Hand gegeben oder eine Türklinke angefasst haben, die dieser zuvor ebenfalls berührt hat, und anschließend die Finger ablecken oder sich die Augen reiben, ist das Ansteckungsrisiko groß.

Einige Tage können Viren sogar außerhalb des Körpers auf einer (möglichst schmutzigen) Fläche (etwa dem Riegel einer Toilettentür) überleben. In sauberer Umgebung zerfallen sie relativ bald. Die alles in allem weniger bedrohlichen Pilze (Einzeller wie auch komplexere Vertreter) lieben Feuchtigkeit.

Bakterien zählt man nach Millionen und Milliarden. Keimtötende Mittel können sehr wirksam sein. Der Anteil zerstörter Zellen ist so gewaltig, dass man ihn auf logarithmischer Skala erfasst: Ein Desinfektionsmittel etwa reduziert die Population der Mikroben um 4 logarithmische Stufen (»Logstufen«; gemeint ist der Logarithmus zur Basis 10), tötet also 99,99 % der Lebewesen ab; eine Reduktion um 6 Logstufen bedeutet die Abtötung von sogar 99,9999 %. Die wenigen Überlebenden beginnen sich natürlich unverzüglich wieder zu vermehren, falls sie einen Nährboden finden, und innerhalb eines Tages ist die Population erneut auf Millionen Individuen angewachsen.

Das Rechnen mit Logarithmen ist nicht sehr anschaulich – deshalb wollen wir uns verdeutlichen, um welche Zahlen es hier eigentlich geht. Angenommen, wir töten von einer Million (10^6) Bakterien 90 %. Es verbleiben 100 000 Mikroben (10^5), wir haben die Zahl also um eine Logstufe (6 auf 5) oder – äquivalent – auf ein Zehntel reduziert. Dies erreicht man ungefähr, wenn man sich die Hände mit Wasser und Seife wäscht. Nun töten wir von den 100 000

Keimen wiederum 90 %. Übrig bleiben 10 000 (10^4) Individuen, wir haben jetzt 99 % der ursprünglichen Population beseitigt oder die Anzahl um 2 Logstufen (6 auf 4) reduziert. Sie müssten sich die Hände dazu sehr gründlich waschen. Töten wir noch zweimal je 90 % der Individuen, so kommen wir zu 1000 (100) Überlebenden, 99,9 % (99,99 %) Toten und einer Verminderung um 3 (4) Logstufen. Von den 100 Hartnäckigsten bringen wir 90 um (5 Logstufen), von den verbleibenden 10 schließlich noch 9 (6 Logstufen, 99,9999 % Tote), und zurück bleibt von ursprünglich einer Million Zellen eine einzige. Wenn wir mit unserer Rechnung bei Milliarden von Keimen anfangen, gelangen wir – wie Sie nun sicher nachvollziehen können – zu 7, 8 oder mehr Logstufen. Zur Desinfektion hält man in den allermeisten Fällen eine Reduktion der Population um 6 Logstufen für ausreichend.

Damit eine gesunde Person erkrankt, muss sie von einigen tausend Viren oder mehr als 100 000 Bakterien infiziert werden. Für bestimmte Risikogruppen – Kinder, Kranke, Alte – sind allerdings schon etwa 1000 Keime gefährlich. Günstige Bedingungen vorausgesetzt, vermehren sich Mikroorganismen rasend schnell. Es dauert nicht einmal einen Tag, bis aus einer Zelle eine Million geworden ist.

Sauberer als gut ist?

Zweifellos haben die modernen Hygienemaßnahmen bereits unzählige Leben gerettet; nichts reflektiert dies besser als die während der letzten beiden Jahrhunderte dramatisch gesunkene Kindersterblichkeit. Aber können wir es nicht auch übertreiben? Im Laufe der Evolution musste sich *Homo sapiens* auf sein Immunsystem verlassen. Babys mit schwachen Abwehrkräften wurden von der Natur aussortiert, sobald sie abgestillt waren, also keinerlei schützende Stoffe und Antikörper mehr aus der Muttermilch beziehen konnten.

Nicht wenige Wissenschaftler glauben, dass ein Übermaß an Infektionsschutz heute die Entwicklung des Immunsystems von Babys und Kleinkindern behindert. Die Folge, so heißt es, sind Überreaktionen des Organismus auf an sich harmlose Stoffe wie die Enzyme von Haustieren, Pflanzen und Hausstaubmilben. Gehäuft treten dann Allergien und Asthma auf. Der Kontakt mit Stoffen aller Art aus der Umwelt ist notwendig, um ein Netz spezialisierter Immunzellen aufzubauen und aufrechtzuerhalten. Einige interessante Beobachtungen stützen offenbar diese Theorie: Jüngere Geschwister scheinen seltener Asthma zu entwickeln als ihre älteren Brüder und Schwestern – möglicherweise, weil sie all dem »Dreck« ausgesetzt sind, den die Familienmitglieder in die Wohnung schleppen. Seit neuestem stehen allerdings verstärkt andere Faktoren des Lebensstils im Verdacht, das Allergierisiko zu erhöhen, etwa bestimmte Ernährungsgewohnheiten.

Ist das Immunsystem gesund, so senden spezielle Zellen Zytokine aus, um die infizierten Zellen zur Bekämpfung der eingedrungenen Viren oder Bakterien anzuregen. Eine andere Art von Zellen sorgt dafür, dass Angreifer nicht durch die Darmwände in den Körper gelangen können: Sie setzen Antikörper frei und aktivieren Mastzellen, welche ihrerseits große Mengen Histamin ausschütten, das schlagartig die Schleimproduktion steigert. Der Schleim schwemmt die Eindringlinge förmlich hinweg. Wird ein eigentlich harmloses Protein als »schädlich« identifiziert und die Immunantwort irrtümlich in Gang gesetzt, so kann sich eine Allergie entwickeln – auf Tierhaare, Pollen, Erdnüsse oder anderes.

Normalerweise genügt es, die Wohnung regelmäßig zu reinigen. Eine Desinfektion ist nur notwendig, wenn das Infektionsrisiko besonders hoch zu sein scheint. Wir haben dann die Auswahl unter verschiedenen für den Hausgebrauch zugelassenen Desinfektionsmitteln, deren Wirkung auf die vier Arten der Plagegeister in der unter stehenden Tabelle zusammengefasst ist.

Desinfektionsmittel	tödlich für Bakterien	Viren	Pilze	Sporen	Wirkungsweise
Hypochlorit	ja	ja	ja	ja	oxidiert lebenswichtige Moleküle
Chlorphenole	ja	überwiegend	ja	nein	denaturiert wichtige Proteine
Quats*	manche Arten	wenig	ja	nein	perforiert Membranen
Wasserstoffperoxid	ja	teilweise	wenig	möglich**	greift Schlüsselmoleküle an, z. B. DNA

* quartäre Ammoniumsalze
** in hohen Konzentrationen

Hypochlorit

Die so genannte »Chlorbleiche« enthält kein Chlor, sondern Hypochlorit, welches sämtliche Keime restlos abtöten kann.

Ungeachtet seines Nutzens wurde verschiedentlich versucht, Hypochlorit zu verbieten.

Chlor, ein giftiges, grüngelbes Gas, wirkt innerhalb weniger Minuten tödlich. Bereits in Konzentrationen von 3 ppm in der Luft greift es Augen und Lugen an; Konzentrationen von 50 ppm nur kurze Zeit einzuatmen ist lebensgefährlich; an Konzentrationen von 500 ppm kann man bereits nach weniger als zehn Minuten sterben. In Wasser gelöst, verliert Chlor viel von seiner Gefährlichkeit. Mit Wasser reagiert das Gas zu einer Mischung aus Chlorwasserstoff (Salzsäure, HCl) und Hypochlorsäure (HOCl). Wesentlich leichter noch löst sich Chlor in Natriumhydroxid (Ätznatron, NaOH), wobei Natriumhypochlorit (NaHOCl) entsteht, ein kräftiges Desinfektionsmittel, das auch als Haushalts- oder Chlorbleiche bezeichnet wird. (Letzteres ist irreführend, denn das Mittel enthält kein Chlor.)

Das Element Chlor wartet mit einer interessanten Geschichte auf. 1774 wurde es in Uppsala von dem 32 Jahre alten Chemiker Carl Scheele, einem gebürtigen Deutschen, erstmals dargestellt. Scheele erhitzte Salzsäure gemeinsam mit dem Mineral Braunstein (Mangan(IV)-oxid, MnO_2) und beobachtete das Aufsteigen eines dichten, grünlich gelben Gases, das stechend roch. Eine wässrige Lösung des Gases entfärbte Lackmuspapier, Blätter und Blüten. Scheele nannte das Gas »dephlogistierte muriatische Säure«.* Diesen eigenartigen Namen behielt es, bis es der damals 29-jährige englische Chemiker Humphry Davy bei näherer Untersuchung als Element erkannte.

Inzwischen hatte man für das Gas schon verschiedene Verwendungen ausfindig gemacht. James Watt aus Birmingham führte 1786 vor, wie sich Baumwolle durch Einweichen in Chlorwasser bleichen ließ. Praktisch konnte man das Verfahren zunächst nicht umsetzen, aber es bot eine Alternative zum üblichen Bleichen von Textilbahnen an der Sonne, ausgelegt auf Feldern – ein Prozess, der mehrere Wochen in Anspruch nehmen konnte. 1787 leitete der Franzose Claude Louis Berthollet (1748–1822) Chlor in eine Lösung

---

* Die Bezeichnung »Muriat« für Chloride, Salze der Salzsäure (muria: lat. »Salzlake«), hat sich beispielsweise in der Homöopathie bis heute gehalten:

Hinter *Natrium muriaticum* verbirgt sich gewöhnliches Kochsalz, NaCl. (Anm. d. Übers.)

von Ätzkali (Kaliumhydroxid, KOH) und erhielt eine Lösung von Kaliumhypochlorit (KOCl), die er nach einer Kleinstadt bei Paris »Eau de Javelle« nannte (Javelle war ein Zentrum der Textilbleiche). Das neue Bleichmittel wurde bald in einer eigens errichteten Fabrik hergestellt. Es dauerte nicht lange, bis auch Papierproduzenten auf die Substanz aufmerksam wurden.

1799 war man auf die Idee gekommen, Chlor in eine Aufschlämmung von Löschkalk (Calciumhydroxid, CaOH) einzuleiten. Es bildete sich festes Calciumhypochlorit, das als Chlorkalk (Bleichpulver) bekannt wurde und dessen Vorteil in der Transportfähigkeit lag. Erst am Verwendungsort musste man es zur Herstellung einer bleichenden oder reinigenden Lösung mit Wasser anrühren.

1820 begann der französische Chemiker Antoine-Germain Labarraque (1777–1850) mit der Produktion von »Eau de Labarraque«, einer durch Einleiten von Chlor in NaOH-Lösung gewonnenen Lösung von Natriumhypochlorit. Eau de Labarraque war wesentlich billiger als Eau de Javelle. Natriumhypochlorit ist bis heute als Haushaltsreiniger so populär, dass entsprechende Produktnamen feste Bestandteile der Umgangssprache wurden: Eine Flasche »Domestos«* (Großbritannien) »Chlorox« (USA) oder »Dan Klorix« (Deutschland) findet sich in vielen Küchen, Bädern und Toiletten.

Hypochlorite betrachtete man ursprünglich als transportable Formen des Chlors selbst: Das Gas entwickelt sich sofort, wenn ein Hypochlorit etwa mit Salzsäure in Berührung kommt, wobei sich rund ein Drittel der Masse beider Stoffe in Form von Chlorgas verflüchtigt. Heutzutage ist es wirtschaftlich sinnvoller, das Gas zu verflüssigen und in Spezialbehältern unter Druck zu transportieren.

Jährlich werden Millionen Tonnen Hypochlorit hergestellt. Die genaue Menge anzugeben ist schwierig, weil sich die Produktion oft nach dem Bedarf richtet, etwa bei der Behandlung von Abwässern. Ein Viertel der gesamten Chlorproduktion wird zu Haushaltsreinigern verarbeitet; dieser Industriezweig hat auch durch Protestaktionen von Umweltschutzgruppen nicht an Bedeutung verloren. Etwas ungewöhnlich ist vielleicht die Anwendung von Hypochlorit in der Ölindustrie: Man sterilisiert damit Meerwasser, das in Lagerstätten gepumpt wird, um die Ölausbeute zu erhöhen. Ist das Wasser nicht

---

* Nicht zu verwechseln mit dem in Deutschland angebotenen *hypochloritfreien* »Domestos«, einem Reiniger auf Wasserstoffperoxidbasis. (Anm. d. Übers.)

steril, so beginnen in der Tiefe schleimige Schimmelkulturen zu wachsen, welche die ölführenden Schichten verstopfen und die Förderung erschweren. (Im vorigen Kapitel haben wir gesehen, dass die richtigen Bakterien die Ausbeute sogar steigern können.) In einigen Ländern ist die Anwendung von Chlorbleiche besonders beliebt. Spanier beispielsweise kaufen im Durchschnitt jährlich (pro Person!) mehr als 12 Literflaschen hypochlorithaltiger Reinigungsmittel, Briten immerhin noch zwei. Andere Völker hingegen üben wesentlich mehr Zurückhaltung: Die besagten 12 Flaschen verbraucht ein durchschnittlicher Deutscher während seines ganzen Lebens. Hypochloritlösungen sind nicht lange haltbar. Der aktive Stoff zerfällt allmählich in unwirksames Natriumchlorat ($NaClO_3$) und Sauerstoff. Sonnenlicht fördert diese Reaktion, weshalb man Bleichelösung stets in undurchsichtigen Flaschen aufbewahren sollte.

Manche Leute finden den Geruch von Hypochlorit unangenehm, andere schätzen die beruhigende Sauberkeit verheißende Frische; in jedem Fall betrachtete man das Mittel im 19. Jahrhundert als wirksam zur Bekämpfung von »Miasma«. 1827 empfahl Thomas Alcock in seinem *Essay on the Uses of Chlorites of Oxide of Sodium and Lime* Bleichlösung und -pulver ausdrücklich zur Behandlung besonders übel riechender Örtlichkeiten wie Krankenhäuser, Ställe und Toiletten. Zwei Jahre zuvor, 1825, hatte Labarraque mit der Lösung bereits Wunden ausgewaschen, und er riet zur Anwendung von Bleiche überall dort, wo Krankheiten umgingen oder sich Kranke aufhielten. Leider verhallten seine Ratschläge ungehört.

1847 arbeitete an einer Wiener Entbindungsklinik der ungarische Chirurg Ignaz Semmelweis (1818–65). Semmelweis hatte festgestellt, dass in der Station, wo auch Medizinstudenten ausgebildet wurden, über 30 % der Mütter an Kindbettfieber starben, einer von der Vagina aufsteigenden, zur Blutvergiftung führenden und schließlich tödlichen Infektion. In der benachbarten Station waren Hebammenschülerinnen beschäftigt. Fälle von Kindbettfieber wurden dort wesentlich seltener verzeichnet. Häufig kamen die Medizinstudenten unmittelbar aus dem Anatomiesaal, nach der Sektion von Leichen, auf die Station; Semmelweis schloss, dass sie dabei einen Infektionsherd einschleppen mussten. Fortan bestand er darauf, dass jeder Student sich die Hände in Hypochloritlösung waschen musste, bevor er an das Bett einer Wöchnerin trat. Die Häufigkeit von Kindbettfieber sank daraufhin rasch auf ein Prozent ab. (Heute infiziert sich weniger als eine von einer Million Wöchnerinnen mit dem Erreger.)

Doch der Siegeszug des Hypochlorits hatte eben erst begonnen; noch im gleichen Jahrhundert sollte die Verbindung sich als wichtigste Waffe im Kampf gegen Infektionskrankheiten erweisen, die vom Trinkwasser übertragen wurden. Nachdem Robert Koch (1843–1910) 1881 die keimtötende Wirkung von Bleichelösung nachgewiesen hatte, verwendete man das Mittel 1892 in Hamburg zur Desinfektion von Trinkwasser, um eine Choleraepidemie einzudämmen. Fünf Jahre später gab man Hypochlorit in die Hauptwasserleitungen von Maidstone in England und brachte damit einen Ausbruch von Bauchtyphus unter Kontrolle. 1905 bekämpfte man in Lincoln eine großflächige Typhusepidemie ebenfalls mit diesem Mittel.

Dass man gegen durch Wasser übertragene Infektionen mit Chlorbleiche wirksam angehen konnte, war offensichtlich. In Städten und auf dem Land entstanden die mittlerweile weltweit zum Standard gehörenden Anlagen zur Chlorung von Trinkwasser. Der Nutzen für die Menschheit war so gewaltig, dass die Einführung der Trinkwasserchlorung vom Magazin *Life* 1998 zu den 100 größten Errungenschaften des Jahrhunderts gezählt wurde. Hypochlorit hat einen Vorteil, den man nicht übersehen sollte: Es ist so billig, dass es sich auch die ärmsten Haushalte und Gemeinden leisten können.

Im frühen 20. Jahrhundert setzten sich auch andere Anwendungsformen des Hypochlorits durch. Dakin-Lösung (eine 0,5%ige Hypochloritlösung) wurde im Ersten Weltkrieg verbreitet zur Wunddesinfektion und Vorbeugung gegen Wundbrand eingesetzt; Milton-Lösung (1 % Hypochlorit) bewährte sich als Haushaltsdesinfektionsmittel zum Beispiel zur Sterilisierung von Nuckelflaschen. Nach der Anwendung der Lösung sollte nicht mit Wasser nachgespült werden. (Nur winzigste Mengen Hypochlorit gelangen dadurch in die Babynahrung.)

Anstelle von Chlorkalk bevorzugt man heute das feste Natrium-Dichlorisocyanurat (NaDCC), das sich in Wasser ebenfalls zu Hypochlorit löst. Die Verbindung leitet sich von der aus ringförmigen Molekülen bestehenden Cyanursäure ab. In den Ringen wechseln Kohlenstoff- und Stickstoffatome einander ab; die Kohlenstoffatome sind außerdem mit Sauerstoffatomen verknüpft, die Stickstoffatome mit Wasserstoffatomen. Werden alle drei Wasserstoffatome durch Chloratome ersetzt, so erhält man Trichlorisocyanursäure, ein weißes, kristallines Pulver, das kommerziell als Desinfektions- und Bleichmittel Verwendung findet.

NaDCC entsteht, wenn nur zwei der Wasserstoffatome gegen Chlor ausgetauscht werden, das dritte Wasserstoffatom hingegen mit Alkali neutralisiert wird. Dieser Feststoff ist viel besser löslich und wird, in Tabletten gepresst, zur Wasserdesinfektion verkauft (»Halazon«). Solche Tabletten lassen sich bis zu drei Jahre lang aufbewahren, ohne dass ihre Wirksamkeit nachlässt; außerdem sind sie weniger feuchtigkeitsempfindlich als Chlorkalk. Im Unterschied zu anderen Bleichmitteln auf Chlorbasis beschädigen sie auch bei nachlässiger Anwendung die Kleidung nicht.

Eingesetzt wird NaDCC in Schwimmbädern, Krankenhäusern (zur Aufnahme und Desinfektion von verschüttetem Blut und Körperflüssigkeiten), in der Tierhaltung, in Reinigern für Spülmaschinen, Desinfektionsmitteln für Toiletten (»Pinkelsteine«) und zur Sauberhaltung von Fußböden. Touristen, die Gegenden mit möglicherweise infektiösem Trinkwasser bereisen, können sich mit Desinfektionstabletten ausrüsten. Das Wasser schmeckt dann vielleicht etwas unangenehm, birgt aber zumindest kein Gesundheitsrisiko. Mit einer typischen 8,5 mg NaDCC enthaltenden Tablette kann man einen Liter Wasser entkeimen. Die entstehende Lösung (2 ppm Hypochlorit) ist gerade noch trinkbar, aber konzentriert genug, um die meisten Pathogene zu töten.*

Schwimmbäder und Trinkwasser sind durch die Chlorung frei von krank machenden Keimen – nicht nur den potenziell tödlichen wie den Erregern von Cholera, Typhus und Hirnhautentzündung, sondern auch den häufigeren wie dem Erbrechen und Durchfall verursachenden Bakterium *E. coli*. Vor bakteriellen Angriffen sind wir damit geschützt – dafür sind wir unerwünschten Nebenprodukten der Chlorung ausgesetzt, etwa Chloramin (NH_2Cl) und Organochlorverbindungen (etwa Chlormethan, CH_3Cl), die sich im Wasser und sogar in der Luft von Schwimmhallen nachweisen lassen. Chloramin entsteht durch Reaktion von Hypochlorit mit Ammoniak (aus Urin) und verflüchtigt sich in die Luft. Langfristig soll das Ein-

* *Cryptosporidium* wird bei diesen Konzentrationen nicht zuverlässig abgetötet.

atmen von Chloramin asthmaähnliche Symptome hervorrufen (zum Beispiel bei Bademeistern). Organochlorverbindungen bilden sich im Wasser aus Spuren gelöster organischer Verbindungen. In gechlortem Wasser – auch dem, das aus Ihrem Wasserhahn strömt – sind sie grundsätzlich enthalten, allerdings ist ihre Konzentration in Schwimmbädern bis zu 20-mal so hoch; vor allem entstehen sie dort durch Reaktion des Hypochlorits mit gelöstem menschlichem Schweiß. Das mag erschreckend klingen; vergessen Sie aber nicht, dass wir hier über äußerst geringe Konzentrationen sprechen, die sich nicht einmal auf sehr kleine Kinder ungünstig auswirken sollten. Weniger als 1 Prozent des Hypochlorits endet als Organochlorverbindung, und wenn diese Substanzen denn entstehen, enthalten sie meist nur ein bis zwei Chloratome und sind im Wesentlichen harmlos.

Eine 1 ppm (0,0001 %) Natriumhypochlorit enthaltende Lösung reduziert Populationen der meisten Mikrobenarten um eine Logstufe (auf 10 %), mit 5 ppm erreicht man schon zwei Logstufen (auf 1 %). Bereits in Konzentrationen von nur 25 ppm (0,0025 %) tötet die Verbindung bei hinreichend langer Einwirkungszeit Sporen; sehr schnell dagegen wirkt eine Konzentration von 500 ppm (0,05 %). In den meisten Ländern sind 5%ige, hier und da auch bis zu 10%ige Hypochloritlösungen erhältlich.* Eine Konzentration von 5 % entspricht 50 000 ppm; nicht mehr als ein Teelöffel (10 ml) Reiniger, in einen Eimer (10 Liter) Wasser gegeben, reicht aus, um sämtliche Mikroben ins Jenseits zu befördern. Die WHO nennt Hypochlorit unter den effizientesten Mitteln zur Bekämpfung von HIV und Hepatitis-B-Viren.

Modernen Reinigungsmitteln auf Chlorbasis setzt man in der Regel Verdickungsmittel (Polyacrylate) zu, damit sie besser an Flächen (etwa der Toilettenschüssel) haften, sowie Duftstoffe, um den charakteristischen Geruch des Hypochlorits zu überdecken. In Frage kommen nur spezielle Duftstoffe: Sie müssen der Oxidationskraft des aktiven Inhaltsstoffs widerstehen. Früher hielt man für unmöglich, dass es solche Düfte überhaupt gibt, da Hypochlorit *sämtliche* Gerüche, wie intensiv oder übel auch immer, zu beseitigen schien, ganz zu schweigen vom zarten Duft eines Parfüms.

Für welche Einsatzgebiete ist Hypochlorit also das Desinfektionsmittel der Wahl? Zu nennen ist hier die allgemeine Wasserbehand-

* Dan Klorix enthält unter 5 % chlorhaltige Bleichmittel. (Anm. d. Übers.)

lung in Lebensmittelfabriken, die Sterilisation von Melkzeugen und Melkanlagen in der Landwirtschaft, Hygienemaßnahmen in Großküchen, Restaurants, Krankenhäusern und Pflegeeinrichtungen, die Reinigung des Wassers in Rückkühlwerken (»Kühltürmen«) sowie die Sauberhaltung kritischer Bereiche im Haushalt. Nach wie vor gibt es jedoch Leute, die den Nutzen des Hypochlorits in Frage stellen. Sie befürchten, das Mittel sei an sich gefährlich, halten es für eine »unnatürliche« Chemikalie oder fragen sich, ob es nicht die Mikroflora in Klärwerken stört, das heißt, Bakterien abtötet, deren Tätigkeit das Wasser eigentlich von Abfällen befreien soll.

Ist Hypochlorit also sicher? Die Antwort lautet wohl ja; selbst ein Kind, das aus einer Flasche mit hypochlorithaltigem Reinigungsmittel trinkt, sollte – umgehende Behandlung vorausgesetzt – keinen ernstlichen Schaden davontragen. Trotzdem wurden Fälle von Selbstmord mit solchen Mitteln bekannt. Berechnungen auf der Grundlage von Versuchen mit Ratten ergaben jedoch, dass ein Erwachsener ungefähr einen Liter davon trinken muss, um sich tatsächlich umzubringen. (Im Magen entsteht Chlorgas, wenn die Säure nicht mehr ausreicht, um das Alkali des Bleichmittels zu neutralisieren – und das ist wirklich giftig.) Zugegebenermaßen ist es gefährlich, Hypochloritlösungen mit sauren Reinigern, etwa Kalkentfernern auf Zitronensäure- oder Essigbasis, zu mischen. Dann entweicht ebenfalls gasförmiges Chlor. Um größere Unfälle auszuschließen, ist die Anwendung von Hypochlorit beispielsweise in Schulen verboten.

Ist Hypochlorit »unnatürlich«? Die Antwort lautet nein. 1996 konnte man im *Journal of Clinical Investigation* lesen, dass weiße Blutzellen Hypochlorit zur Bekämpfung von Mikroben produzieren. *Haloperoxidase*-Enzyme verwandeln Chlorid-Ionen in Hypochlorit durch Reaktion mit dem in jeder lebenden Zelle vorhandenen Peroxid; spezielle weiße Blutzellen stellen Hypochlorit mithilfe des Enzyms *Myeloperoxidase* her, nachdem sie durch eine Infektion aktiviert wurden. Wie bei vielen anderen Entdeckungen ist die Natur uns hier zuvorgekommen.

Tötet Hypochlorit Bakterien, die wir zur Abwasserbehandlung brauchen? Wieder lautet die Antwort nein.* Einmal in der Kläran-

---

* Ausgenommen sind Kleinkläranlagen, in die das Abwasser
aus privaten Haushalten direkt eingeleitet wird. Hier sollte man
Hypochlorit vermeiden.

lage, einem stark reduzierenden Milieu, angekommen, zerfällt die Verbindung in kürzester Zeit und verliert damit ihr Oxidationsvermögen. Abgesehen davon wandeln sich schon während der Anwendung 95 % des Hypochlorits in Chlorid-Ionen um. Selbst aus Ländern, wo täglich in fast jedem Haushalt große Mengen Chlorbleiche in die Toilettenschüsseln gegossen und von dort aus in die Kanalisation gespült werden, wurde bislang kein Fall bekannt, in dem Hypochlorit die Mikroflora einer Kläranlage zerstört hätte.

Manche Baumwolltextilien sind mit einer antibakteriellen Schutzschicht ausgerüstet, deren Wirkung sich durch Spülen mit starken Oxidationsmitteln – etwa hypochlorithaltigen Reinigungsmitteln – regenerieren lässt. Die Beschichtung besteht aus einem Polymer, das an die Baumwollfasern gebunden ist und Chlor-Stickstoff-Bindungen enthält; die betreffenden Chloratome wirken oxidierend. Aus solchen Fasern hergestellte Gewebe sind so lange gegen Keime aller Art aktiv, bis alle Chloratome abreagiert haben. Weicht man das Kleidungsstück dann in Bleichlösung ein, lagern sich wieder Chloratome an. Die Textilien wirken nachweislich bakterizid. Sie schützen beispielsweise vor dem berüchtigten antibiotikaresistenten Stamm MRSA (Methicillinresistenter *Staphylococcus aureus*), vor Pilzen, Hefen und Viren. Gang Sun von der University of California in Davis, der Entwickler dieser Gewebe, behauptet, die Ausrüstung überstehe sogar 50 Wäschen.

Phenole und Chlorphenole

Als erstes Antiseptikum in der Chirurgie wurde das keimtötende Phenol eingeführt, dessen Wirksamkeit (und gleichzeitig Sicherheit) sich durch Anlagerung eines einzelnen Chloratoms noch deutlich steigern ließ.

Eine weitere charakteristisch riechende chemischen Verbindung ist das Phenol, das ebenfalls seine Rolle bei der Verhütung von Krankheiten spielen sollte. Am 12. August 1865 lag auf dem Operationstisch von Joseph Lister, Professor für Chirurgie an der Universität Glasgow, ein Junge, der durch einen Autounfall einen komplizierten offenen Beinbruch davongetragen hatte: Der gebrochene Knochen drang durch die Haut nach außen. Das Risiko für Wundbrand war groß, wie Lister wusste: Das Muskelfleisch würde, einen absolut widerlichen Geruch ausströmend, verfaulen, und vielleicht würde der Junge sterben.

Wie allen Medizinern seiner Zeit war Lister unbekannt, dass solche Infektionskrankheiten von Bakterien ausgelöst werden. Im Fall des Wundbrands handelt es sich um *Clostridium*, welches ein Gewebe zersetzendes Toxin ausscheidet. Der Chirurg entschloss sich aber, versuchsweise eine neue Behandlung anzuwenden: Er richtete den Knochen und verband die offene Wunde mit Mull, das er zuvor mit einer Lösung von Phenol getränkt hatte. Diese damals als Karbolsäure bekannte Verbindung war als Nebenprodukt der Herstellung von Gas aus Kohle leicht erhältlich. Der Wundbrand blieb aus, die Wunde heilte sauber ab, und sechs Wochen später verließ der Patient geheilt die Klinik. Antiseptika hatten Einzug in die Chirurgie gehalten, und sie sollten in der Zukunft Millionen Menschenleben retten. (Als »antiseptisch« bezeichnet man Mittel, die pathogene Keime in lebendem Gewebe zerstören, ohne das Gewebe selbst zu schädigen.)

Zweifellos ein leistungsfähiges Wund- und Flächendesinfektionsmittel, konnte Phenol, wie sich bald herausstellte, aber auch Schaden am behandelten Gewebe anrichten – wenn man es nicht hinreichend verdünnte. Um 1880 wurde es von einem anderen Nebenprodukt der Kohle-Gas-Industrie verdrängt, dem Kresol. Bei der Kohlevergasung fielen große Mengen Kreosot an, eines braunen Öls, das anfänglich einfach als Brennstoff verwendet wurde. Später benutzte man es als Holzschutzmittel insbesondere für Eisenbahnschwellen. *Kreosot* war ursprünglich die Bezeichnung eines von Carl Reichenbach 1832 in Deutschland erstmals gewonnenen Buchenholzdestillats, das zum Beispiel Fleisch ein rauchiges Aroma verlieh. Bis 1865 hatten andere deutsche Chemiker das Kreosotöl aus der Industrie untersucht und daraus das Kresol isoliert, eine Verbindung, die Phenol in seiner antiseptischen Wirkung noch übertraf.

Das Phenolmolekül ist ein Benzolring, verknüpft mit einer Hydroxylgruppe (OH). Vom Phenol- zum Kresolmolekül gelangt man durch Anlagerung einer Methylgruppe, die neben der Hydroxylgruppe, ihr gegenüber oder zwischen diesen beiden Positionen liegen kann. 1869 erkannte man, dass es tatsächlich drei Formen von Kresol gibt, weshalb für das kommerzielle Produkt der Name Trikresol in Gebrauch kam. Alle Kresolformen töteten Keime gleich gut, und obgleich auch Kresole sehr giftig sind (schon ein Esslöffel voll ist lebensbedrohlich), sind sie längst nicht so gefährlich wie Phenol, dessen tödliche Dosis bei einem Gramm liegt. Als wirksame Biozide wurden Phenol und Kresol »Karbolseifen«, »Teerseifen« und »medizinischen Seifen« zugesetzt. Allmählich entwickelte sich auch die Nachfrage nach einem neuen Haushaltsprodukt – flüssigem Desinfektionsmittel.

Sowohl Phenol als auch Kresol lösen sich in Wasser nicht besonders gut. John Jeyes (1817–1892), ein Erfinder aus Northhampton, kam auf die Idee, Kresol mit Natriumhydroxid (Ätznatron) zu erhitzen und Terpentinharzöl zuzugeben, wodurch sich die Wasserlöslichkeit deutlich verbesserte. 1877 ließ er sein »Jeyes-Fluid« patentieren, das weit über die Grenzen des British Empire hinaus zum Verkaufsschlager wurde. Leider fehlte Jeyes das Talent zum Geschäftsmann: Er verdiente nicht viel an seiner Erfindung, und bei seinem Tod hinterließ er bescheidene 585 Pfund.

Jeyes-Fluid eignete sich ideal für die Anwendung in Krankenhäusern, Landwirtschaftsbetrieben, Schlachthöfen, Nahrungsmittelfabriken, öffentlichen Toiletten und Campingplätzen. Das Mittel reinigte und desinfizierte nicht nur hervorragend, sondern hinterließ zudem einen dauerhaften angenehmen Duft. In Thetford (Norfolk) wird Jeyes-Fluid bis heute hergestellt. Erst 2001 war eine gesteigerte Nachfrage durch den Ausbruch der Maul- und Klauenseuche zu verzeichnen, und auch Gärtner kaufen die Lösung nach wie vor gern.

Desinfektionsmittel mit Phenol und/oder Kresolen werden heute als 8%ige Lösung (»black fluid«, für den Hausgebrauch) und als 35%ige Lösung (»white fluid«, für den kommerziellen Einsatz) angeboten.* Mit Wasser mischen sich diese Mittel zu einer weißlich trüben Emulsion. Eine Mischung aus Phenolen und Seife hingegen bleibt bei der Verdünnung mit Wasser klar, wie Rudolf Schülke und Julius Mayr 1889 in Hamburg feststellten. Unter dem Namen Lysol verkauften sie ihr Produkt als erstes Markendesinfektionsmittel. Schon 1892 während der Cholera-Epidemie bewährte sich das Präparat, und noch im gleichen Jahr begann die Firma Schülke & Mayr, Lysol in alle Welt zu exportieren. In den 1930er-Jahren wurde Lysol langsam von hypochlorithaltigen Reinigungsmitteln verdrängt.

Als Desinfektionsmittel mag Phenol zwischenzeitlich an Bedeutung verloren haben, aber die Weltjahresproduktion ist unverändert hoch. Der Hauptteil der jährlich fünf Millionen Tonnen wird zu Polymeren wie Nylon und Polycarbonat verarbeitet (siehe das Kapitel »Getarnte Polymere«). Kleine Mengen finden noch als Biozid

---

* In Deutschland ist die Anwendung von Phenol zur Desinfektion zwar nicht verboten, phenolhaltige Mittel für den Hausgebrauch sind aber so gut wie nicht mehr auf dem Markt. (Anm. d. Übers.)

Verwendung, allerdings erst nach der Anlagerung von Chloratomen an den Phenolring. Chlorphenole sind selektiver, leistungsfähiger und ungefährlicher in der Anwendung.

Phenol ist ein äußerst reaktives Molekül. Bei der Umsetzung mit Chlorwasser werden rasch drei Chloratome an den Ring addiert, je eines rechts und links von der Hydroxylgruppe und das dritte an der gegenüberliegenden Ringposition. So entsteht Trichlorphenol, eine kräftig bakterizide und fungizide Verbindung. Die keimtötende Wirkung einiger Phenolderivate wird bereits durch Addition eines Chloratoms deutlich gesteigert; ein Beispiel ist Benzylchlorphenol. Dichlorphenol enthält zwei Chloratome und wurde zur Desinfektion von Wunden, häufiger aber zur Behandlung von Saatgut eingesetzt. Tetrachlorphenol (vier Chloratome) dient als Holz- und Lederschutzmittel, Gleiches gilt für Pentachlorphenol (fünf Chloratome), ein starkes Fungizid. Viele chlorierte Phenole sind nach massiven Protesten von Umweltschützern nicht mehr zugelassen.

Hexachlorophen wird noch Seifen, Handwaschlösungen und Lotionen als Antiseptikum zugesetzt. Das Molekül besteht aus zwei miteinander verknüpften Phenolringen, die jeweils drei Chloratome enthalten. Beliebt war die Verbindung als Wirkstoff von Aknesalben (zum Beispiel Aknefug simplex), früher auch als Inhaltsstoff von Shampoos, Deos und Mundwässern. Nachdem in den frühen 1970er-Jahren nachgewiesen wurde, dass Hexachlorophen das Nervensystem von Versuchstieren schädigt, geriet die Substanz in Verruf, und ihr Einsatz wurde stark beschränkt.*

Theoretisch lassen sich Tausende von Chlorphenolen darstellen, indem man die Position der Chloratome und die Art weiterer angelagerter Gruppen variiert. Viele solche Moleküle wurden im Laufe des vergangenen Jahrhunderts auf antimikrobielle Eigenschaften hin untersucht. Nur wenige der wirksamen Verbindungen erwiesen sich jedoch gleichzeitig als sicher genug für den menschlichen Gebrauch, wassermischbar, hinreichend einfach herzustellen und mit anderen Zutaten kombinierbar. Zwei Vertreter konnten sich nachhaltig durchsetzen: Chlorxylenol und Triclosan.

Chlorxylenol (PCMX). Besonders bekannt ist die Verbindung mit dem systematischen Namen Parachlormetaxylenol unter der Mar-

---

* Kosmetika dürfen das Mittel in Deutschland nicht enthalten. (Anm. d. Übers.)

kenbezeichnung »Dettol« (Reckitt Benckiser).* Der aktive Inhaltsstoff wurde erstmals 1923 in Deutschland hergestellt und »Chlorxylenol« genannt, heute verwendet man meist die Abkürzung PCMX. Als Antiseptikum ist PCMX sechsmal so wirksam wie Phenol. Verkauft wird es als 5%ige Lösung, gemischt mit Kiefernnadelöl (5 %), Castorölseife (14 %) oder Isopropanol (12 %) – Hilfsstoffen, die das PCMX in Lösung halten.

Gegen Ende der 1920er-Jahre wurde Dettol im Londoner Queen Charlotte's Maternity Hospital als allgemeines Desinfektionsmittel klinisch getestet. Im Verlauf des Versuchs halbierte sich die Häufigkeit von Kindbettfieber auf den Stationen. In verdünnter Form kann man mit Dettol problemlos Wunden und Abschürfungen desinfizieren, PCMX wirkt sehr effektiv gegen Bakterien und Pilze. Ein halbes Jahrhundert lang war Dettol fester Bestandteil von Erste-Hilfe-Ausrüstungen. Daneben gab man es Badewasser zu, behandelte damit infizierte Kleidung oder verwendete es, gemischt mit Ethanol (Alkohol), zur Schnellsterilisation medizinischer Gerätschaften.

Noch in einer Verdünnung von 1:400 tötet Dettol die meisten Bakterien innerhalb von fünf Minuten ab. Mit der empfohlenen Verdünnung von 1:40 erreicht man nach einer Minute Einwirkungszeit eine Reduktion der Mikrobenpopulation um 5 Logstufen (99,999 %) selbst in Umgebungen, die das Keimwachstum fördern (Blut, Schmutz). Pilze sind etwas hartnäckiger; nach zwei Minuten sind aber auch sie zum größten Teil beseitigt. Mit Verdünnungen von 1:10 kann man sogar Viren zu Leibe rücken: *Herpes simplex* ist nach einer Minute im Wesentlichen abgetötet, bei HIV lassen sich in dieser Zeit immerhin noch drei Logstufen erzielen (99,9 % der Viren sind tot).

Triclosan. Als ungefährliches Bakterizid findet sich Triclosan in vielen Haushaltsprodukten wie Seifen, Salben und Zahncremes. Mit der Verbindung imprägniert man auch Kunststoffe, auf denen Essen zubereitet wird (vor allem Schneidbretter). Wichtigster Produzent von Triclosan ist das Schweizer Unternehmen Novartis (früher Ciba Spezialchemie). Im Triclosanmolekül sind ein Phenol- und ein Benzolring miteinander verknüpft, beide Ringe enthalten ein Chloratom.

Wahrscheinlich greift Triclosan Bakterien in mehrerlei Hinsicht an. Eine Arbeitsgruppe von der Tufts University School of Medicine

* In Deutschland nicht auf dem Markt. (Anm. d. Übers.)

in Boston (USA) fand jedoch 1998 den wichtigsten Mechanismus: Triclosan blockiert des Enzym *Enoyl-acyl-proteinreduktase* (auch FabI genannt), das die Bakterien zur Fettsäuresynthese benötigen. Theoretisch könnten sich triclosanresistente Stämme entwickeln, wenn eine Mutation dafür sorgt, dass ein anderes Enzym die Aufgabe von FabI übernimmt. Das Bakterium *Streptococcus pneumoniae* besitzt tatsächlich ein solches Enzym (FabK), das gegen Triclosan etwas widerstandsfähiger ist als FabI. Potenziell wäre dies ein Weg zur Entwicklung resistenter Mikroorganismen. Beruhigend mag sein, dass es bis heute – nach fünfzig Jahren der Anwendung von Triclosan – keine Hinweise auf Resistenzen gibt. Dies lässt vermuten, dass den Bakterien kein alternatives Enzym zur Verfügung steht.

Quartäre Ammoniumsalze (Quats)

Diese Moleküle enthalten ein positiv geladenes Stickstoffatom, das mit einer langen Kohlenwasserstoffkette verknüpft ist; diese Kette kann die Membran eines Bakteriums durchstoßen und der Zelle das Lebenslicht auspusten.

Eine chemische Verbindung, mit der man Bakterien bekämpfen will, muss sich erstens an der Zellwand festsetzen, zweitens die Wand durchdringen und drittens im Inneren der Zelle so viel Schaden anrichten, dass die Mikrobe abstirbt oder sich wenigstens nicht mehr vermehren kann. Nach diesen Kriterien muss man Bausteine mit verschiedenen Strukturmerkmalen auswählen und zum gewünschten Molekül zusammenfügen. Eine alternative Methode, Bakterien zu töten, ist folgende: Das Molekül durchlöchert die Zellwand, und der Inhalt der Zelle läuft aus. Noch wartet das perfekte Desinfektionsmittel auf seine Entdeckung, aber *quartäre Ammoniumsalze* (→ Glossar), so genannte Quats, kommen der Erfüllung der Wünsche schon sehr nahe.

Quats entsprechen der ersten oben genannten Forderung: Durch ihre positive Nettoladung werden sie von der (negativ geladenen) Außenseite bakterieller Membranen angezogen. Dabei verdrängen sie andere dort angelagerte positive Ionen, etwa Calcium und Natrium, was den Zellstoffwechsel vielleicht geringfügig behindert, das Bakterium jedoch bei weitem nicht tötet. Haben sich die Quats aber einmal festgesetzt, so durchlöchern sie die Membran. Zellflüssigkeit und Organellen dringen nach außen – das ist das Ende der Mikrobe.

Der wirksame Baustein der Quats ist die Kohlenstoffkette, die wie ein Schwert in die Membran sticht und irreparable Schäden anrichtet. Um ihren Zweck zu erfüllen, muss die Kette mindestens 30 Nanometer lang sein.

Den Ausgangspunkt für die Erforschung antibakterieller Quats setzte der deutsche Biochemiker Gerhard Domagk (1895–1964) durch seine Arbeiten über Sulfonamide, die zu den ersten erfolgreichen Antibiotika gehörten. Die Stickstoffatome dieser aminartigen Verbindungen können leicht positiv geladen werden. Domagk interessierte sich auch für andere Verbindungen und beobachtete, dass eine antibakterielle Wirkung nur gegeben war, wenn mit dem Stickstoffatom Kohlenwasserstoffketten (zwischen 8 und 18 C-Atome lang) verknüpft waren. Viele derartige Verbindungen wurden untersucht. Nur wenigen war kommerzieller Erfolg vergönnt.

Die besten Quats – jene, die sich auch langfristig behaupten konnten – sind Benzalkoniumchlorid und Cetrimid, die beide in den 1960er-Jahren auf den Markt kamen. Benzalkoniumchlorid verbirgt sich hinter zahlreichen Markennamen (Sephiran, Germinol, Sagrotan). Im Zentrum des Moleküls befindet sich ein Stickstoffatom, verknüpft mit zwei Methyl- (CH_3^-) und einer Benzylgruppe (einer Methylgruppe, an die ein Benzolring gebunden ist). Der vierte Substituent des Stickstoffatoms ist besagte Kohlenwasserstoffkette mit einer Länge von 8 bis 18 Kohlenstoffatomen. Wie der Name der Verbindung besagt, ist das Gegenion ein Chlorid-Ion Cl^-. Benzalkoniumchlorid ist hervorragend wasserlöslich, was für die Anwendung als Desinfektionsmittel unerlässlich ist.

Als Cetrimid bezeichnet man eine Mischung verschiedener quartärer Ammoniumsalze. Mit den Stickstoffatomen sind je drei Methylgruppen und eine Kohlenwasserstoffkette (12, 14 oder 16 C) verknüpft. Der 1946 erstmals hergestellte Wirkstoff wird noch heute in verschiedenen Hautsalben verwendet, er fördert bemerkenswert die Wundheilung.

Sind Epidemien ausgebrochen, so wünscht man sich, alle häufig angefassten Flächen im öffentlichen Bereich – Türklinken, Schalter, Ladentische, Stuhllehnen, Speisekarten und so weiter – können antiseptisch ausgerüstet werden. Dazu müsste man spezielle Quats so an Oberflächen anlagern, dass diese dauerhaft bakterizid wirken. Mit solchen Materialien wird bereits experimentiert, und die genannten Verwendungen liegen vielleicht nicht mehr allzu weit in der Zukunft.

Immungeschwächte oder unter starken Verbrennungen leidende Patienten werden von Bakterien angegriffen, die einem gesunden Menschen kaum Schaden zufügen können. Man isoliert die Betroffenen auf Intensivstationen, um das Risiko von Sekundärinfektionen zu minimieren. Ungeachtet aller Bemühungen von Ärzten und Pflegepersonal fallen einzelne Patienten aber immer wieder antibiotikaresistenten Bakterienstämmen, so genannten Superkeimen, zum Opfer. 1996 konnte man in der Zeitschrift *Annals of Internal Medicine* nachlesen, dass solche Keime auf der Arbeitskleidung des Personals lange Zeit überleben können und wahrscheinlich auch auf diesem Weg übertragen werden. Dass Textilien mit verschiedenen, direkt an die Fasern gebundenen Chemikalien (Farbstoffe, UV-Filter, Flammschutzmittel) für spezielle Zwecke ausgerüstet werden können, ist bekannt. Warum sollte man mit bioziden Verbindungen nicht ebenso verfahren können? In der Vergangenheit hat man Gewebe bereits mit antibakteriellen Substanzen behandelt. Die Wirkung hielt allerdings nicht lange an, da der Wirkstoff nur wenige Waschgänge überstand. Erst vor kurzer Zeit wurde ein Verfahren entwickelt, biozide Stoffe permanent in das Gewebe einzubauen, sodass der gewünschte Effekt auch nach vielen Wäschen erhalten bleibt.

In den frühen 1970er-Jahren brachte das US-amerikanische Chemieunternehmen Dow die erste Faser mit dauerhaft gebundenen Quat-Molekülen auf den Markt. Um unangenehme Gerüche zu unterbinden, verwendete man diese Gewebe verbreitet in Japan, China und anderen asiatischen Ländern. Eine Gruppe von Chemikern am Massachusetts Institut of Technology (USA) fand kürzlich einen Weg, Quats mit Oberflächen aller Art – Glas, Polyethylen, Polypropylen, Nylon und Polyester – zu verknüpfen. Die Produkte erwiesen sich als keimtötend.

Inzwischen ist es anderen amerikanischen Chemikern gelungen, Quats an Materialen auf Kohlenhydratbasis (Baumwollgewebe, Holz, Papier) zu binden. Die Kohlenwasserstoffkette der Quats ist 16 Kohlenstoffatome lang. Man kann sich gut vorstellen, dass aus solchen Rohmaterialien zukünftig Arbeitskleidung für Mediziner (etwa OP-Kittel) angefertigt werden könnte. Beim Waschen werden die Quats nicht abgespalten, und die Stoffe verhinderten im Laborversuch Vermehrung und Verbreitung vieler Bakterienstämme.

Das deutsche Unternehmen Degussa entwickelte ein Polymer auf der Grundlage von Polyaminen, das aktiv gegen eine ganze Reihe von Bakterien (darunter *E. coli* und *Staphylococcus aureus*), Hefen, Pilzen und Algen wirkt. Ungewöhnlich ist, dass nur das Polymer antimikrobielle Eigenschaften aufweist, die monomeren Bausteine hingegen nicht. Im Makromolekül sind die partiell negativ geladenen Aminogruppen an einer Kette aufgereiht und stechen aus der Polymerhelix hervor. Diese geladenen Polymerketten greifen jeden Mikroorganismus an, mit dem sie in Kontakt kommen. Grampositive und gramnegative Bakterien werden gleichermaßen effektiv vernichtet wie Schimmel, Hefen und Algen. Denkbare Anwendungsgebiete für solche Polymere sind Holzschutzmittel, fäulnishemmende Unterwasseranstriche für Schiffe, Anlagen zur Nahrungsmittelherstellung und zur Wasserbehandlung sowie Mittel zur Konservierung historischer Gegenstände.

Wasserstoffperoxid

Wasserstoffperoxid wird zu den umweltfreundlichsten Chemikalien gezählt; trotzdem tötet es Bakterien ab und wirkt mild bleichend. Seine heutige Verbreitung verdanken wir der wilden Entschlossenheit der Nazis, London mit Langstreckenraketen zu zerstören.

Wasserstoffperoxid (H_2O_2), ein hervorragendes Oxidationsmittel, tötet die meisten Mikroben ab. Als Nebenprodukt entsteht nichts weiter als das umweltfreundliche Wasserstoffmonoxid (H_2O, auch als Wasser bekannt). Der wesentliche Nachteil der Verbindung ist ihre geringe Stabilität; trifft man keine Vorkehrungen, so zerfällt sie gern in Wasser und Sauerstoff. Katalysiert wird die Zersetzung durch Spuren von Metallen, Staub und Enzymen. Insbesondere das Enzym *Katalase* greift Wasserstoffperoxid an: Ein einziges Enzymmolekül zerstört pro *Sekunde* bis zu 50 000 Wasserstoffperoxidmoleküle! Wenn Sie diesen Prozess mit eigenen Augen verfolgen wollen, geben Sie ein Stückchen rohes Fleisch in eine H_2O_2-Lösung. (Mit geraspelter roher Kartoffel geht es auch, aber nicht so schnell.)

Pflanzen und Tiere benötigen die Katalase, weil Wasserstoffperoxid Teil des Stoffwechsels ist (unser eigener Körper erzeugt täglich rund 30 Gramm der Verbindung). Als potenzielle Quelle freier Radikale birgt die Substanz jedoch auch Gefahren. Andere Arten erzeugen H_2O_2 in relativ höheren Raten und verwenden es zur Erzeugung von Licht (durch einen Chemilumineszenz genannten Prozess), unter anderem, um in den stockdunklen Tiefen des Ozeans ihre Beute anzulocken.

Im Haushalt verwenden wir Wasserstoffperoxid zum Desinfizieren und zum Entfärben. Bereits seit einem Jahrhundert findet die Substanz als Antiseptikum und zum Bleichen von Haaren Verwendung. Man kann damit oxidierbare Flecken aus Kleidungsstücken, von Tischdecken, Polstern und Teppichen entfernen. Es wirkt ziemlich gut und ist jedenfalls weniger gefährlich als Hypochlorit (zum Beispiel bleicht es Flecken, ohne das Gewebe gleich völlig zu entfärben). Derartige Produkte enthalten ungefähr 8 % H_2O_2.

In Form von Natriumpercarbonat kann man Wasserstoffperoxid auch als Pulver kaufen. Verwendung findet der Feststoff als Fleckenentferner in der Wäscherei oder, mit Wasser zu einer Suspension gemischt, zur Reinigung fleckiger Oberflächen. Besonders empfindlich auf Peroxid sind Kaffee-, Tee-, Rotwein- und Fruchtsaftflecken. Auch bei der Desinfektion größerer Flächen wie Terrassen oder Gartenmöbeln aus Holz leistet Wasserstoffperoxid gute Dienste. In Konzentrationen von 100 ppm verhindert die Substanz das Wachstum von Mikroben in Schwimmbecken und Heißwasserleitungen (Hypochlorit wirkt ähnlich bereits in viel niedrigeren Konzentrationen!). Als Antiseptikum lässt sich Wasserstoffperoxid zur Reinigung von Schnitt- und Schürfwunden, in Mundwässern, zur Behandlung von Pilzinfektionen (»Sportlerfuß«) und infektiösen Ohrenkrankheiten verwenden.

Strahlend lächeln mit Peroxid

Mit wasserstoffperoxidhaltigen Gelen – angewendet als Zahncreme oder aufgeklebt als Pflaster – kann man auch Zähne bleichen. Schon nach 15-minütiger Anwendung ist das H_2O_2 durch den Zahnschmelz in die Zahnsubstanz, das Dentin, diffundiert. Dort befinden sich die Moleküle, die entfärbt werden müssen. Peroxid bleicht sie, und die Zähne erhalten ihr natürliches Weiß zurück. Das ersehnte Julia-Roberts-Lächeln fällt aber möglicherweise erst nach mehreren Behandlungen zufrieden stellend aus.

In Zahnweiß-Mitteln ist Harnstoffperoxid enthalten: Harnstoff und H_2O_2 sind hier durch *Wasserstoffbrücken* (→ Glossar) miteinander verknüpft. Außerdem finden sich natürlich verschiedene Hilfsstoffe – manche bilden das Gel, andere sorgen für ein angenehmes Aroma, und wieder andere verhindern die Zersetzung des Wasserstoffperoxids.

Zur Sterilisation von Räumen wendet man seit neuestem auch Wasserstoffperoxiddampf an. Das VHP (von *vapourized hydrogen peroxide*) genannte Verfahren ist dem Einsatz anderer gasförmiger

Desinfektionsmittel wie Formaldehyd und Ethylenoxid – giftigen, in der Handhabung gefährlichen Stoffen – überlegen. (Allerdings kann es riskant sein, frisch mit VHP behandelte Räume zu betreten, wenn die Restkonzentration von H_2O_2 noch zu hoch ist.) Analysenreine 30%ige Wasserstoffperoxidlösung wird von Spezialgeräten mit einer Konzentration von 1–2 mg pro Liter Raumluft bei 25 °C verdampft und in Kammern und Maschinen eingeleitet, die unter sterilen Bedingungen betrieben werden müssen, zum Beispiel Verpackungsanlagen für Arzneimittel. 1991 am Markt eingeführt, wurden VHP-Geräte mittlerweile rund 500-mal verkauft.

Wasserstoffperoxid hat eine lange Geschichte. 1818 wurde die Verbindung von dem französischen Chemiker Louis Thénard* bei der Umsetzung von Bariumperoxid (BaO_2) mit Schwefelsäure entdeckt. Das Bariumperoxid hatte der Forscher durch einfaches Erhitzen von Bariumoxid, BaO, an der Luft dargestellt. Jahrelang untersuchte Thénard die neue Substanz. Schließlich konnte er sogar eine fast reine Probe erhalten, was eine enorme Leistung war, bedenkt man die Instabilität der Verbindung, die – wie man damals noch nicht wusste – im Wesentlichen durch winzigste Spuren von Metallionen wie Eisen oder Mangan verursacht wurde; die Ionen katalysieren den Zerfall des Peroxids. Erst 1873 begann man in Berlin, Wasserstoffperoxid nach Thénards Methode kommerziell herzustellen, und das Produkt musste umgehend verbraucht werden.

Auch nachdem im frühen 20. Jahrhundert ein elektrochemisches Herstellungsverfahren für H_2O_2 auf der Basis der Elektrolyse von Schwefelsäure oder Kaliumsulfat eingeführt worden war, verbesserte sich die Haltbarkeit des Produkts von Tagen lediglich auf wenige Wochen. Industrielles Wasserstoffperoxid mit einer Konzentration von 30 % wurde trotzdem bereits als Bleichmittel verwendet. Für den Hausgebrauch wurden 3%ige und 6%ige Lösungen verkauft. Richtig in Schwung kam die H_2O_2-Produktion erst durch

* Thénard stammte aus einer armen Bauernfamilie. Um seinen Lebensunterhalt während des Chemiestudiums an der Ècole Polytechnique in Paris zu sichern, musste er Flaschen abwaschen. Bald erwies er sich als brillanter Chemiker; schon mit 27 Jahren wurde er zum Professor berufen. Thénard entdeckte ein leuchtend blaues Pigment, das als »Thénards Blau« in der Porzellanindustrie des 19. Jahrhunderts verbreitet Verwendung fand. In späteren Jahren wechselte Thénard in die Politik und wurde Mitglied der französischen Deputiertenkammer.

das Rüstungsprogramm des Dritten Reichs in den 1930er- und 1940er-Jahren. Wissenschaftler und Ingenieure Nazideutschlands konstruierten 1936 auf H_2O_2-Basis das erste mit Flüssigbrennstoff arbeitende Flugzeugtriebwerk. Ein raketengetriebenes Jagdflugzeug namens »Komet« wurde gegen Ende des Zweiten Weltkriegs in Betrieb genommen. H_2O_2 reagierte in den Triebwerken mit einer Mischung aus Hydrazin und Methanol, und das Flugzeug konnte Geschwindigkeiten von bis zu 965 km/h erreichen. Wasserstoffperoxid war auch ein wesentlicher Bestandteil der weltweit ersten ballistischen Rakete V2, mit der von September 1944 vor allem London und – nach der Rückeroberung durch die Alliierten – der Hafen von Antwerpen beschossen wurden.

Mit Wasserstoffperoxid wurden auch die Abschussrampen der zerstörerischsten deutschen Waffe betrieben, der »Vergeltungswaffe« V1, auch »Wunderwaffe«, fliegende Bombe oder (auf gegnerischer Seite) *doodle-bug* genannt. Diese Prototypen der heutigen Cruise Missiles sollten London verwüsten; tatsächlich richteten sie enorme Materialschäden an. Das Lenksystem der V1 war zwar noch primitiv und die Flugzeit wurde durch eine vorher festgelegte Anzahl von Umdrehungen eines kleinen Zählers gesteuert – trotzdem tat die Waffe ihre verheerende Wirkung. Von den rund 5000 auf London gerichteten V1-Geschossen erreichten 2419 zwischen Juni 1944 und März 1945 die unglückliche Stadt, manche mit schrecklichem Effekt.* Abgeschossen wurde die V1 von einer Rampe mithilfe einer Art Katapult. Im Rampenrohr wurden 100 Kilogramm Wasserstoffperoxid mit Kaliumpermanganat zur Reaktion gebracht. Die Produkte, Wasserdampf und Sauerstoff, trieben einen Kolben an, der die Waffe mitsamt einem Strom von Gasen in die Luft beförderte.

Zu diesem Zweck eignete sich nur konzentriertes (80 %) Wasserstoffperoxid. Um dieses herzustellen, entwickelten die deutschen Chemiker eine spezielle Methode: Anthrachinon wurde erst mit Wasserstoffgas (H_2), dann mit Sauerstoffgas (O_2) umgesetzt. Die

* Das schlimmste Unglück war der Einschlag einer V1 am Sonntag, dem 18. Juni 1944, in die voll besetzte Guards Chapel in der Nähe des Buckingham-Palastes während des Gottesdienstes. 120 Gläubige, zumeist Angehörige des Militärs, wurden getötet und 150 weitere schwer verletzt.

Nettoreaktion lautet $H_2+O_2 \rightarrow H_2O_2$.* Das Anthrachinon wurde regeneriert und der Prozess mehrmals wiederholt. Das Verfahren erwies sich als so effektiv, dass es bis heute angewendet wird.

Wasserstoffperoxid militärisch zu verwenden ist keine Erfindung des Menschen. Schon vor etlichen Millionen Jahren entwickelte der Bombardierkäfer eine Verteidigungsvorrichtung, die ganz ähnlich wie die beschriebene Raketenstarthilfe funktioniert. Der tropische Käfer *(Stenaptinus insignis)* lebt zum Beispiel in Malaysia und Kenia. Er ist ungefähr 2 cm lang. Fühlt er sich bedroht, so schießt er aus einer am Hinterleib befindlichen Düse einen kochend heißen Nebel des Reizstoffes Hydrochinon auf seinen Gegner ab. Der zum Ausstoß notwendige Druck und die hohe Temperatur entstehen durch die katalytische Zersetzung von Wasserstoffperoxid durch das Enzym *Katalase*. Der Käfer speichert das Gemisch aus Hydrochinon und Wasserstoffperoxid in einer Blase, die Enzymlösung in einer zweiten. Zwischen den Blasen befindet sich ein Ventil, das der Käfer im Bedarfsfall öffnen kann, und die Reaktion springt an. Bis zu dreißig Schuss kann das Insekt auf seinen Gegner abfeuern, bevor ihm die Munition ausgeht. Falls er der bedrohlichen Situation entkommt, kann er seine Vorräte innerhalb eines Tages wieder auffüllen.

Nach Beendigung des Zweiten Weltkriegs nahm das Produktionsvolumen von Wasserstoffperoxid beständig zu. Jetzt standen allerdings nicht mehr dramatische Anwendungen wie der Abschuss und Antrieb von Raketen und Geschossen im Vordergrund, sondern die traditionellen Einsatzgebiete – Bleichen von Leinen, Baumwolle und Holzschliff –, ergänzt durch neuartige Funktionen. Zu Letzteren gehört die Herstellung von Natriumperborat, einem Bleichmittel, das früher vielen Waschmitteln zugesetzt wurde. Inzwischen wurde es weitgehend von Natriumpercarbonat verdrängt, einer Mischung von Natriumcarbonat und Wasserstoffperoxid im Verhältnis 1:1,5.

Zur Produktion von Wasserstoffperoxid dient nach wie vor das beschriebene Anthrachinonverfahren. Die dabei erhaltene 20- bis

---

* In den 1990er-Jahren führte man diese Reaktion mit Ozon (O_3) anstelle von Wasserstoff aus. Unerwarteterweise entstand dabei das Molekül Diwasserstofftrioxid (H_2O_3), in dem beide Enden einer Sauerstoffkette mit Wasserstoffatomen besetzt sind (H–O–O–O–H). Es ist deutlich weniger stabil als Wasserstoffperoxid (H–O–O–H).

40%ige Lösung wird durch Vakuumdestillation auf 50 bis 70 % konzentriert. Vakuumdestillationen werden unter stark abgesenktem Druck ausgeführt; das bedeutet, Wasser verdampft schon bei niedrigeren Temperaturen als dem normalen Siedepunkt von 100 °C, und Wasserstoffperoxid, dessen Siedepunkt unter Normalbedingungen bei 155 °C liegt, bleibt zurück. Das Endprodukt wird in Edelstahl- oder Aluminiumtanks gelagert und transportiert. Ein Zusatz von Stabilisatoren kann die Haltbarkeit so weit verbessern, dass monatlich nur rund 0,1 % der Verbindung durch Zersetzung verloren gehen. Stabilisierend wirken komplexbildende Stoffe wie Natriumstannat und verschiedene Phosphate, die die anwesenden Metalle binden und so verhindern, dass diese Zersetzungsprozesse katalysieren.

Die Weltjahresproduktion von Wasserstoffperoxid beträgt über eine Million Tonnen. 30 % davon enden als Holzschliff- und Papierbleiche, 20 % als Textilbleiche, weitere rund 20 % werden zu stabileren festen Peroxiden verarbeitet. Auf die verbleibenden 30 % wartet ein breites Anwendungsspektrum, etwa als Rohstoff für andere Reaktionen, als Desinfektionsmittel und Geruchsbinder bei der Abwasserbehandlung, als Hilfsmittel bei der Abtrennung von Metallen aus ihren Erzen (zum Beispiel beim Herauslösen und Reinigen von Uran) oder als Bestandteil von Waschmitteln und Reinigern für Geschirrspüler. (Nur ein recht kleiner Teil kommt als Haushaltsprodukt in Lösungsform auf den Ladentisch.) Wasserstoffperoxid ist auch ein Ausgangsstoff für die Synthese des oben erwähnten Chlorxylenols.

Wasserstoffperoxid kann mehr, als Wäsche zu bleichen und Mikroben zu töten. Es könnte unter anderem helfen, im Notfall neue Nahrungsquellen zu erschließen, indem es normalerweise nicht essbare Abfälle wie Stroh und Sägemehl verdaulich macht: Es spaltet das unverdauliche Lignin von der enthaltenen Zellulose ab. So behandelt, lassen sich die Abfälle an Wiederkäuer, zum Beispiel Kühe, verfüttern, die Zellulose verwerten können. Der Trick besteht in der Anwendung einer einprozentigen alkalischen Peroxidlösung, deren pH-Wert bei 11 bis 12 liegt. Übrigens hat auch die Natur dieses Verfahren entdeckt: Pilze (sogar makroskopische Hutpilze), die auf Holz gedeihen, scheiden eine alkalische Wasserstoffperoxidlösung aus.

Theoretisch ist Wasserstoffperoxid ein starkes Oxidationsmittel. Es wirkt aber erst, nachdem es aktiviert wurde. In der Industrie bewerkstelligt man dies mit einer Säure, beispielsweise Schwefelsäure (H_2SO_4) oder Essigsäure (CH_3COOH). Oxidierend wirken dann die jeweiligen Reaktionsprodukte, nämlich die Peroxomonoschwefelsäure (Caro'sche Säure, H_2SO_5) beziehungsweise die Peressigsäure (CH_3COOOH). Andere geeignete Aktivatoren sind Laugen, bestimmte Katalysatoren und UV-Strahlung. Ihr Wirkprinzip besteht in der Aufspaltung der H_2O_2-Moleküle in aktivere Fragmente wie HO^+, HO_2^- oder $HO\cdot$ (ein freies Radikal, der Punkt symbolisiert das ungepaarte Elektron).

In der Industrie verwendet man Wasserstoffperoxid gern, denn als Endprodukte hinterlässt es ausschließlich Wasser und Sauerstoff. Diese Aura der Umweltfreundlichkeit hat sich im Laufe der Zeit zu einem wahren Heiligenschein entwickelt. H_2O_2 erscheint all denen als Geschenk der Himmels, die »Chemikalien« *per se* ablehnen, die Segnungen der chemischen Industrie aber trotzdem genießen wollen.* Eine treue Anhängerschar hat Wasserstoffperoxid zu einer Reihe von Anwendungsgebieten verholfen, die über die tatsächlichen Fähigkeiten der Substanz weit hinausgehen und durch keinerlei wissenschaftliche Beweise untermauert sind.

Einige Verwendungen sind zumindest weitgehend unschädlich. Eine Tasse Wasserstoffperoxid, ins Badewasser gegeben, soll verjüngen und entgiften; das Gesicht mit einer 3%igen Lösung zu betupfen soll Akne heilen; den Körper nach dem Duschen mit einer H_2O_2-Lösung einzusprühen soll die Haut beleben. Ein Wasserstoffperoxid-Einlauf dagegen belebt angeblich die Eingeweide. Pflanzen freuen sich, so wird behauptet, über Gießwasser, dem im Verhältnis 1:40 eine 3%ige Peroxidlösung beigemischt wurde, und Samen, die man in einer solchen Lösung quellen lässt, bringen kräftigere Keime hervor. Gibt man einige Tropfen H_2O_2 in die Hühnertränke, so legen die Vögel schmackhaftere Eier – und schmecken selbst besser, wenn sie einst keine Eier mehr legen können. Kühe, mit solchem Wasser getränkt, geben mehr Milch. Keiner dieser Empfehlungen sollte man ohne Vorbehalt Glauben schenken; jedenfalls kann man

---

* Ein »Geschenk des Himmels« ist H_2O_2 auch im wörtlichen Sinn. Die Verbindung findet sich in Regenwasser. Vielleicht entsteht sie aus Ozon.

damit wohl ebenso wenig Schaden anrichten wie Nutzen bewirken.
Am lächerlichsten scheint aber folgende Anweisung zu sein:
Man verdünne eine Wasserstoffperoxid-Lösung stark mit (natürlichem!) Quellwasser und trinke sie; dies wendet Krankheiten aller Art ab, von multipler Sklerose bis zu Aids, Asthma und Arthritis, ganz zu schweigen von Krebs. Die Church of Zion*, zu der sich einige tausend Menschen in Kanada und Hongkong bekennen, mahnt ihre Anhänger zum täglichen Gebrauch dieses Allheilmittels.

(Der Leser sei gewarnt: Wasserstoffperoxid mag im ersten Moment süßlich schmecken, hinterlässt aber nach wenigen Minuten einen bitteren Nachgeschmack). Wer diesem Rat folgt, muss sich auf unangenehme Nebenwirkungen einstellen. Die »Reinigung« des Körpers mit H_2O_2 kann zu Schwindelgefühl, Kopfschmerzen, Müdigkeit, Furunkeln und Durchfall führen – Symptomen, die als Zeichen der Ausscheidung von Giften missdeutet werden.

Ozon

Dieses Gas mag zwar die Erde vor dem Auftreffen tödlicher kosmischer Strahlung zu schützen, aber die Verbindung selbst ist tödlich – nicht nur für Keime, sondern auch für Menschen. Nichtsdestoweniger profitieren wir von der Anwendung des Ozons zu ganz verschiedenen Zwecken vom abgefüllten Trinkwasser über Schwimmbäder bis zur Kläranlage.

Ozon wurde 2001 von der US-Zulassungsbehörde FDA für die Verwendung als Biozid freigegeben – beschränkt allerdings auf bestimmte Einsatzgebiete, bei denen ein Kontakt der Öffentlichkeit mit dem giftigen Gas ausgeschlossen ist. Vor hundert Jahren kannte man solche Vorbehalte noch nicht, im Gegenteil: Von der tödlichen Wirkung des Ozons auf *alle* Keime war man so überzeugt, dass in Kirchen, öffentlichen Einrichtungen und sogar der Londoner U-Bahn Ozongeneratoren installiert wurden. Damals glaubte man, die meisten Keime würden über die Atemluft übertragen. Ein kräftig oxidierendes Gas in die Luft zu blasen erschien als der beste Weg, mit dieser Bedrohung fertig zu werden.

Berichterstatter konnten diese Theorie stützen durch Verweis auf die offenbar stabilere Gesundheit von Menschen, die in irrtümlich für ozonreich gehaltenen Landstrichen (Berge, Meeresküsten) lebten. Wie wir inzwischen wissen, hatten sie Unrecht: Ozongas ein-

* Eine Splittergruppe der Mormonen. (Anm. d. Übers.)

zuatmen kann der Lunge höchstens Schaden zufügen. Trotzdem wird heutzutage mehr Ozon hergestellt als jemals zuvor. Fast die gesamte Produktion findet jedoch zur Desinfektion von Wasser Verwendung – vom hochgereinigten Wasser, wie es in der Arzneimittelherstellung benötigt wird, bis zum Abwasser vor der Einleitung in Flüsse und Seen.

Atmosphärisches Ozon kommt in niedriger und in großer Höhe vor. Hoch oben bildet die Verbindung eine Schutzschicht, die gefährliche UV-Anteile aus der Sonnenstrahlung ausfiltert, bevor diese die Erde erreicht. In Bodennähe hingegen ist Ozon ein Luftschadstoff, der Tiere und Pflanzen gleichermaßen angreift. Bevor die übergroße Mehrheit der Fahrzeuge mit Katalysatoren ausgerüstet wurde, entstand ozonhaltiger Smog hauptsächlich durch Autoabgase. Ältere Verbrennungsmotoren stoßen Ozon zwar nicht direkt aus, aber die Abgase enthalten Stickoxide, vor allem Stichstoffdioxid (NO_2). Bei intensiver Sonneneinstrahlung zerfällt NO_2 in Stickstoffmonoxid und Sauerstoffatome (NO + O), Letztere reagieren mit dem molekularen Sauerstoff der Luft (O_2) zu Ozon (O_3). An heißen Sommertagen kann die Ozonkonzentrationen in Innenstädten und stadtnahen Gebieten bis auf 0,1 ppm ansteigen, dem gesetzlichen Grenzwert am Arbeitsplatz. Stellenweise wurden Konzentrationen bis zu 0,25 ppm gemessen. Die natürliche Ozonkonzentration in der Luft liegt bei ungefährlichen 0,02 ppm. Bestandteile der Atmosphäre, zum Beispiel winzige Staubteilchen, katalysieren den Zerfall von Ozon zurück in Sauerstoff.

In Wasser löst sich Ozon in Konzentrationen von bis zu 570 ppm. Solche Lösungen sind zwar nicht sonderlich stabil, wirken aber ausgesprochen keimtötend. Oft wird Wasser in öffentlichen Schwimmbädern mit Ozon desinfiziert. Auf geringe Mengen Hypochlorit kann man trotzdem nicht verzichten, denn das gereinigte Wasser wird von überschüssigem Ozon befreit, bevor es in das Schwimmbecken geleitet wird.* Außerdem ist das gelöste Ozon nicht beständig genug, um die Badenden anhaltend vor Keimen zu schützen. Aus diesem Grund verzichtet man auch weitgehend auf die Ozonisierung von Trinkwasser. Bevor dieses Wasser den Verbraucher erreicht hätte, wäre das Ozon zerfallen und seine Wirkung dahin. Aus-

---

* Zur Entfernung des Ozons leitet man das Wasser durch einen Aktivkohlefilter, welcher den Zerfall von Ozon in Sauerstoff katalysiert.

nahmen bilden Länder wie beispielsweise Frankreich, wo die öffentliche Trinkwasserversorgung seit über einem Jahrhundert mit Ozonisierungsanlagen ausgerüstet ist. (Die erste derartige Anlage wurde 1893 in den Niederlanden in Betrieb genommen.) In seiner Oxidationskraft übertrifft Ozon selbst Hypochlorit – es wird sogar mit *Cryptosporidium* fertig, einem Stamm, der stark verdünnte Hypochloritlösung in gewissem Ausmaß übersteht. Besonders in Gegenden, wo starke Bedenken gegen Chlor herrschen, erfreut sich die Ozonisierung steigender Beliebtheit. Aus einer 1987 in Kalifornien installierten Trinkwasserbehandlungsanlage sind mittlerweile über 250 geworden.

In Flaschen abgefülltes Sprudelwasser ist durch seinen Säuregehalt vor dem Angriff von Bakterien geschützt. Kohlensäurefreies Wasser hingegen ist anfälliger und verdankt seine »Reinheit« unter anderem Ozon. Nach der Ozonisierung wird die Flasche verschlossen, und der Inhalt bleibt keimfrei. Die keimtötende Wirkung der Verbindung macht man sich darüber hinaus bei der Behandlung von Wasser in Kühltürmen und bei der Reinigung von Industrieabwässern zunutze. Letztere können zahlreiche verschiedene Schadstoffe enthalten; Ozon beseitigt nicht nur Mikroben, sondern oxidiert daneben viele andere Inhaltsstoffe, die nicht in Gewässer eingeleitet werden dürfen. Zu diesem Zweck gedachtes Ozon wird vor Ort hergestellt und umgehend verwendet. Abwässer aus der Kanalisation ozonisiert man ebenfalls, besonders wenn sie in der Nähe von Badestränden ins Meer fließen sollen. Auch hier macht man sich nicht nur die biozide Wirkung, sondern außerdem die Oxidation übel riechender Sulfide (wie Schwefelwasserstoff) zu geruchlosem Sulfat zunutze.

Um Wasser von Aquarien, Fisch- oder Garnelenaufzuchtbecken zu desinfizieren, ist Ozon besser geeignet als Chlor. Ozonerzeuger lassen sich schnell installieren, und das behandelte Wasser kann mithilfe eines Aktivkohlefilters von überschüssigem Oxidationsmittel befreit werden, bevor es zurück in die Becken fließt.

Entdeckt wurde das Ozon 1840 von dem deutschen Chemiker Christian Friedrich Schönbein, der damals an der Universität Basel arbeitete. Schönbein leitete den Namen von dem griechischen Wort *ozon* für »riechen« ab. Die Geschichte der Verbindung geht in gewisser Hinsicht bis ins antike Griechenland zurück, wo man den seltsamen Geruch, der manchmal bei Gewittern auftrat, bereits zur

Kenntnis nahm. Tatsächlich entsteht Ozon bei elektrischen Entladungen, und während eines Gewitters ist die Ozonkonzentration in der Luft merklich erhöht. Schönbein meinte zunächst, ein neues, dem Chlor ähnliches chemisches Element entdeckt zu haben. Später wies er aber nach, dass es sich lediglich um eine besondere Form des Sauerstoffs mit drei (statt den üblichen zwei) Atomen pro Molekül handelte.

Zur Herstellung von Ozon bieten sich zwei Verfahren an. Am einfachsten ist es, Luft durch konzentrische, innen mit einem Metall beschichtete Glasröhren zu leiten, zwischen denen eine Entladungsspannung von 15 Kilovolt anliegt und eine Koronaentladung stattfindet. Die aus einer solchen Röhre (»Ozonisator«) ausströmende Luft enthält 2 % Ozon; manche Generatoren erzeugen auf diese Weise bis zu 500 Gramm Ozon pro Stunde, viele Anlagen in kleinerem Maßstab kommen stündlich auf 1 bis 2 Gramm. Wird Ozon nur in geringen Konzentrationen benötigt, genügt es, Luft ultravioletter Strahlung auszusetzen. – Zur Kondensation von Ozon aus der Luft muss diese unter −112 °C (den Siedepunkt von O_3) abgekühlt werden. Man erhält eine blaue Flüssigkeit, die bei weiterer Kühlung auf unter −193 °C zu schwarzvioletten Kristallen erstarrt. Sowohl die Flüssigkeit als auch die Kristalle sind hochexplosiv.

Superkeime? Manche Menschen befürchten, der übermäßige Einsatz biozider Chemikalien könne zur Entwicklung multiresistenter Stämme führen, die weit tödlicher wirken als jene, mit denen wir es gegenwärtig zu tun haben. Die Berechtigung dieser Ängste ist umstritten. Stark keimtötende Chemikalien greifen Mikroben nicht an irgendeinem wunden Punkt – etwa einem Enzym – an, in welchem Fall man tatsächlich fürchten könnte, dass der Organismus einen Ausweg findet: ein modifiziertes Enzym etwa, das dem Angriff standhält. Bei Antibiotika beobachtet man dies tatsächlich. Man sollte aber bedenken, dass diese Substanzen von Natur aus höchst selektiv wirken müssen, damit sie nur den pathogenen Keim, nicht aber lebende Zellen des Körpers selbst angreifen. Desinfektionsmittel hingegen wirken eher wie Splitterbomben: Sie zerstören alle Bestandteile der Mikrobe, seien es Enzyme, RNA, Membranmoleküle oder Botenstoffe. Dazu töten sie so schnell und so gründlich, dass keinem Mikroorganismus eine Chance bleibt, einen wirksamen Abwehrmechanismus zu entwickeln.

Duschreiniger

Das Geheimnis der Duschreiniger besteht darin, Wasser nasser und besser zu machen und verschiedene Stoffe zu lösen.

Begonnen habe ich dieses Kapitel mit einer ironischen Beschreibung moderner Küchen: wie sauber sie sind und wie wenig sie heute ihrer eigentlichen Bestimmung gemäß zur Zubereitung von Speisen aus rohem Gemüse und Grundzutaten genutzt werden. Wahrscheinlich verbringen viele Leute tatsächlich weniger Zeit in der Küche als im Badezimmer. Zweifellos aus diesem Grund war das Produkt, das wir jetzt besprechen werden, sofort ein Verkaufsschlager. Interessanterweise war es ursprünglich nicht dafür gedacht, Duschen zu keimfreien Zonen umzufunktionieren; aber es dient diesem Zweck, indem es die Reinigung der Duschkabine erheblich erleichtert.

Ist eine Duschkabine einmal sauber, so lässt sie sich für alle Ewigkeit sauber halten. Sie müssen die Wände nur mit einem der neuartigen Duschreiniger einsprühen, nachdem Sie Ihre eigene Wäsche beendet haben. Kein Rubbeln, kein Spülen, kein Wischen, keine Mühe. Den ersten Duschreiniger, »Clean Shower«, erfand Robert Black aus Jacksonville in Florida, nachdem ihn seine Frau eines Tages mit der Säuberung der Dusche beauftragt hatte. Black fand diese Arbeit außerordentlich mühsam und meinte, es müsse einen besseren Weg geben als konventionelle Reinigungsmittel. Heraus kam das US-Patent Nummer 5 910 474. Die wesentlichen Inhaltsstoffe der Mischung sind ein Tensid, ein Chelatbildner und ein Lösungsmittel. Ein typisches Rezept, wie in der Patentschrift angegeben, besteht aus einem nichtionischen Ethylenglycol-Tensid (1,5 %), Diammonium-Ethylendiamintetraacetat (1,5 %), Isopropylalkohol (4 %) und einigen Tropfen Parfüm. Clean Shower enthält das nichtionische Tensid Antarox BL-225, ein Produkt des Chemieunternehmens Rhodia, das aufgrund seiner hervorragenden Reinigungs- und Lösungsfähigkeit ausgewählt wurde.

Es dauerte nicht lange, bis Nachahmerprodukte auf den Markt kamen. Manche wirkten nicht besonders gut, aber alle enthielten die angegebenen grundlegenden Zutaten. Jede von ihnen hat eine bestimmte Funktion. Einem guten Duschreiniger wird auch ein antibakterielles Mittel, etwa ein Quat, zugesetzt, um zu verhindern, dass die Flüssigkeit selbst von Keimen besiedelt wird, die Sie dann beim »Saubermachen« jedes Mal gleichmäßig auf die Duschwände verteilen. 1999 musste ein Hersteller eine Viertelmillion Flaschen eines Duschreinigers zurückrufen, nachdem eine Kontamination mit Mikroben festgestellt worden war.

Tenside teilt man in drei Gruppen ein: kationische, anionische und nichtionische.* Kationische Tenside enthalten am Kopf eine positiv geladene Gruppe, anionische eine negativ geladene, nichtionische keine von beiden. Ein Tensid bewirkt, dass Wasser Oberflächen besser benetzt. Wissenschaftlich ausgedrückt, setzt es die Oberflächenspannung der Wassertröpfchen so weit herab, dass diese zu einem Wasserfilm zusammenfallen, der von den meisten Flächen einfach abläuft. Normalerweise bleiben die Tropfen an der Fläche haften, das Wasser verdunstet und zurück bleiben gelöste Inhaltsstoffe (Salze, Körperfett, Reste von Duschgels und Hautlotionen).

Der Chelatbildner sorgt für die Lösung von Metallionen wie Calcium und Magnesium, die in unterschiedlichen Mengen im Trinkwasser enthalten sind. Sie sind verantwortlich für die Wasserhärte und für die Bildung seifenhaltiger Beläge auf Duschwänden und Armaturen. Um Metalle in Lösung zu halten, eignet sich am besten EDTA (→ Glossar). Das Molekül ist so gebaut, dass es Calcium- und Magnesiumionen förmlich »einwickeln« kann. Verbindungen dieser Metalle, beispielsweise mit Seifenresten, können dann nicht mehr aus dem Wasser ausfallen.

Das Lösungsmittel hat die Aufgabe, Spuren verschiedener Fette – Körperfette, Inhaltsstoffe von Bodylotions oder Cremes – in Lösung zu bringen. Robert Black entschied sich für Isopropylalkohol (exakter 2-Propanol), das seit vielen Jahren Körperpflegeprodukten und Rasierwässern zugesetzt wird, ohne in irgendeiner Weise Schaden anzurichten.

Öle und Fette entfernt man gewöhnlich mithilfe alkalischer Reinigungsmittel mit pH-Werten um 12. Im alkalischen Milieu werden die Fette in leicht wasserlösliche Bestandteile – Glycerin und Fettsäure-Ionen – gespalten, welche dann abgewaschen werden können. Nach dem Duschen steht man jedoch gewöhnlich unbekleidet in der Kabine. Mittel, die man in dieser Situation anwenden soll, dürfen natürlich nicht alkalisch sein, sondern sollten ungefähr den pH-

---

* Kationen sind positiv geladene, Anionen negativ geladene Ionen.

Wert von Regenwasser (5) haben. Dieses leicht saure Milieu wird in der Reinigungsflüssigkeit durch Zugabe eines *Puffersystems* (→ Glossar), meist Natriumcitrat und Zitronensäure, stabilisiert.

Nachdem Sie die Duschwände von innen mit dem Reiniger eingesprüht haben, sind sie augenscheinlich sauber. Ein kleiner Rest des Mittels bleibt an den Flächen haften und schützt sie vor der Ablagerung von Verunreinigungen beim nächsten Duschbad. Falls Ihre Dusche allerdings nicht mehr ganz neu ist (und die Fugen zwischen den Fliesen vielleicht schon schwarze Schimmelbeläge aufweisen), sollten Sie die Kabine gründlich putzen, bevor Sie regelmäßig zu einem Duschreiniger greifen.*

* Schimmel setzt sich bevorzugt in den Fugen fest, weil diese länger feucht bleiben als die Fliesen selbst und deshalb günstigere Wachstumsbedingungen bieten. Zur Entfernung des Schimmelbelags bietet sich eine Hypochlorit-Lösung an, am besten versetzt mit einem Verdickungsmittel, das für eine längere Haftung des aktiven Stoffs an den Flächen sorgt. Es werden auch bereits spezielle, das Wachstum von Schimmel hemmende Fliesenmörtel und Materialien für Dichtungsfugen angeboten.

5
Alles im Kopf

> **Das menschliche Gehirn**
>
> Ein menschliches Gehirn wiegt durchschnittlich 1,4 Kilogramm. Es ist in den Schädel eingebettet, umgeben von Gehirn-Rückenmarksflüssigkeit (Liquor cerebrospinalis). Grob unterteilen kann man es in eine äußere Schicht, die graue Nervenzellen und Nervenfasern umfassende Großhirnrinde, und eine innere Schicht, die weiße Substanz mit eingelagerten Kammern, den Ventrikeln. Große Arterien pumpen minütlich 1,7 Liter Blut in das Gehirn und versorgen es so mit Sauerstoff und Glucose. 20% der gesamten Sauerstoffaufnahme unseres Körpers werden vom Gehirn verbraucht.
>
> Bei der Geburt enthält das Gehirn eines Menschen 100 Milliarden Nervenzellen (Neuronen). Jede von ihnen ist mit 100 bis 10000 anderen Nervenzellen verbunden. Mit diesen insgesamt 100 Billionen Verknüpfungen kann auch der größte Supercomputer der Welt nicht im Entferntesten konkurrieren. Von dem Moment an, in dem wir das Licht der Welt erblicken, verliert das Gehirn täglich ungefähr eine halbe Million Neuronen. Das klingt erschreckend viel, prozentual ausgedrückt ist es jedoch verschwindend wenig (0,0005%). Immerhin summieren sich diese Verluste im Laufe des Lebens auf 10% der Gesamtkapazität des Gehirns.

In diesem Kapitel lernen wir Chemikalien kennen, die auf das Gehirn wirken. Zunächst wenden wir uns Wirkstoffen zu, mit denen man häufige Formen der Depression behandeln kann; anschließend besprechen wir Lithium, das zur Therapie noch ernsterer psychiatrischer Erkrankungen angewendet wird, und schließlich befassen wir uns mit Aluminium, das mit der Auslösung der hirnzerstörenden Alzheimer-Krankheit in Zusammenhang gebracht wurde. Bevor wir uns aber ausführlicher mit der Chemie von Molekülen beschäftigen, die dem gequälten Geist Erleichterung verschaffen können, richten wir unsere Aufmerksamkeit auf ein Leiden, das wahrscheinlich die meisten Menschen gelegentlich plagt: die Depression.

Depressionen und Antidepressiva

5 % der Bevölkerung leiden zu jedem gegebenen Zeitpunkt unter Depressionen. Viele von ihnen suchen heutzutage ärztliche Hilfe. Den Medizinern steht eine Palette von Wirkstoffen zur Verfügung, die – je nach Art der Depression – Erleichterung bringen können.

Stimmungsschwankungen können jeden betreffen; auch um Reiche, Mächtige und Berühmte machen sie keinen Bogen. Dass unter anderem Winston Churchill, Charles Dickens und Florence Nightingale zu den Betroffenen gehörten, ist gut dokumentiert. Die Schwermut zählt auch nicht zu den »Zivilisationskrankheiten« entwickelter Gesellschaften. Allerdings will es uns manchmal scheinen, als ob das Leben in früheren Zeiten einfacher gewesen sei – weniger ausgefüllt von Verpflichtungen, weniger bedroht durch Verlust des Arbeitsplatzes oder des Besitzes, weniger dominiert von Wettbewerb und erleichtert durch stabilere zwischenmenschliche Beziehungen. Von Zeit zu Zeit hat man den Eindruck, alles gehe schief. Solche Situationen aber gehören zum Leben, und wir machen die Erfahrung, dass die Niedergeschlagenheit verschwindet, wenn sich die Lebensumstände ändern. Unterdessen versuchen wir, die Melancholie so gut wie möglich zu bekämpfen. Den einen muntert ein Drink auf, den anderen eine Zigarette, eine Tafel Schokolade oder ein Abend mit Freunden.

Die klinische Depression ist von solchen vorübergehenden Stimmungstiefs klar zu unterscheiden. Traumatische Ereignisse in unserem Leben können die Entwicklung einer Depression fördern; oft ist es jedoch unmöglich, die Ursache zu ermitteln, und die Wirkungen lassen sich nicht steuern, da sie mit dem Haushalt von Botenstoffen im Gehirn zusammenhängen. Diese so genannten Neurotransmitter spielen eine wesentliche Rolle für die Hirnfunktionen; an ihnen kann Überschuss oder Mangel herrschen. Eine von fünf Frauen und einer von zehn Männern leidet irgendwann im Leben unter einer klinischen Depression. Wer einmal eine solche (bis zu zwei Jahren andauernde) Episode durchlitten hat, bleibt mit einiger Wahrscheinlichkeit auch künftig nicht davon verschont.

Ärzte im antiken Rom und Griechenland beschrieben bereits Zustände, die wir heute als klinische Depression erkennen. Hippokrates berichtete im 4. Jahrhundert v. Chr. davon, und der große römische Arzt Galenus schrieb die Erkrankung im 2. Jahrhundert n.

Chr. einem Überschuss an »schwarzer Galle« zu, einem der vier »Humore« (Säfte), die der galenischen Humoralpathologie (Säftelehre) zufolge für unsere Gesundheit verantwortlich sind. Im Mittelalter bezeichnete man unerklärbare Traurigkeit als Melancholie; folgende Zeilen aus Shakespeares Drama *Was ihr wollt (Zwölfte Nacht)*, 2. Akt, 4. Szene, beschreiben eine klinische Depression recht anschaulich:

... *Sich härmend, und in bleicher, welker Schwermut,*
Saß sie wie die Geduld auf einer Gruft,
Dem Grame lächelnd. ...*

Heute kennt man verschiedene Formen der klinischen Depression, die einen Betroffenen dazu bewegen, einen Arzt aufzusuchen statt still zu leiden. Die *reaktive* Depression wird von einem bestimmten Ereignis oder einer Verkettung von Umständen hervorgerufen und unterscheidet sich deutlich von der *endogenen* Depression, für die kein äußerlicher Auslöser zu erkennen ist. Erstere bezeichnet man neuerdings als unipolare Depression; der Begriff weist darauf hin, dass der Patient von einem tief greifenden Ereignis erschüttert wurde, etwa dem Tod eines Partners, dem Ende einer Beziehung, dem Versagen in einer Prüfung oder dem Verlust des Arbeitsplatzes. (Eine chronische Form der Depression, die Dysthymie, dauert zwei Jahre oder länger an und macht sich an den meisten Tagen bemerkbar.) Einen Zustand, der durch Stimmungsschwankungen zwischen tiefer Niedergeschlagenheit und übertriebener Begeisterung gekennzeichnet ist, nennt man manisch-depressiv oder (moderner) bipolare Depression. Daneben gibt es andere Depressionsformen wie die Wochenbettdepression und die saisonabhängige Depression (vorwiegend im Spätherbst und Winter); schließlich treten Depressionen auch als Begleiterscheinung anderer Erkrankungen wie Diabetes, koronare Herzkrankheit, Arthritis, Aids, Krebs und nach Schlaganfällen auf.

Effektive Therapieansätze für klinische Depressionen reichen zurück bis zum Beginn des 20. Jahrhunderts. Damals erschienen die »Sedativa« auf dem Markt, Abkömmlinge der Barbitursäure, einer einfachen Verbindung, die der deutsche Chemiker Adolf von Baeyer

* Übersetzung von A. W. von Schlegel.

im späten 19. Jahrhundert erstmals herstellte. Bis zum Jahr 1900 waren bereits über 2000 verschiedene Barbiturate bekannt und auf ihre Wirkung untersucht worden. Einige von ihnen wurden Standardmedikamente zur Behandlung von Depressionen, darunter Phenobarbital. Mit Seconal (Natrium-Secobarbital) therapierte man Schlaflosigkeit, die »Wahrheitsdroge« Pentothal (Natrium-Thiopental) sollte bewirken, dass Inhaftierte bei Verhören bereitwilliger aussagten. Heute werden Barbiturate nur noch selten verschrieben, weil eine Überdosis tödlich sein kann; die Gefahr wurde als so hoch eingeschätzt, dass der Rundfunk Warnungen verbreitete, wenn irgendwo Phenobarbital-Tabletten gestohlen worden oder verloren gegangen waren.

Ein nicht medikamentöser Ansatz zur Behandlung schwerer Depressionen ist die (heute nur noch sehr selten angewendete) Elektrokrampftherapie: Ein Krampfanfall wird ausgelöst, indem man durch den Schädel des (narkotisierten) Patienten einen Strom leitet. Die Wirkung der Neurotransmitter wird durch diesen Schock stark abgeschwächt, was dem Patienten Erleichterung bringt.

Bessere Antidepressiva wurden durch Zufall entdeckt. Amphetamin beispielsweise wurde in den 1930er-Jahren ursprünglich zur Abschwellung der Nasenschleimhaut bei verstopfter Nase verschrieben. Als Nebenwirkung trat Schlaflosigkeit auf. Unter dem Namen Benzedrin wurde der Wirkstoff im Zweiten Weltkrieg Bomberpiloten verabreicht, die auf langen Flügen wach bleiben mussten. Inzwischen wissen wir, dass Amphetamin ein plötzliches Anfluten der Botenstoffe Dopamin und Noradrenalin bewirkt, während ein dritter Neurotransmitter, das Serotonin, unterdrückt wird. Durch die Beeinflussung des Serotoninspiegels wirkt Amphetamin als Appetitzügler, weshalb es als Diäthilfsmittel beliebt ist; Studenten vor Prüfungen (und Soldaten vor Kampfhandlungen) hingegen nehmen Amphetamin, weil es den Noradrenalinspiegel anhebt und deshalb wach hält.

Um die 1950er-Jahre standen den Medizinern allmählich weniger aggressive, ungefährlichere antidepressive Wirkstoffe zur Verfügung. Die erste dieser modernen Substanzen war Iproniazid, ursprünglich zur Behandlung der Tuberkulose konzipiert. Ärzten fiel auf, dass sich die Stimmung ihrer Patienten durch die Einnahme des Wirkstoffs aufhellte. Bei Resperin hingegen wurde der gegenteilige Effekt beobachtet: Das Mittel zur Behandlung von Bluthochdruck löste akute Depressionen aus. Durch diese Resultate angeregt, begannen Forscher, die Funktionsmechanismen des Gehirns zu untersuchen. Sie fanden unter anderem heraus, dass Resperin die Vorräte des Gehirns an Botenstoffmolekülen erschöpft.

Pharmazieunternehmen, die mittlerweile ebenfalls in die Erforschung dieses Gebiets eingestiegen waren, entdeckten in den Folgejahren Wirkstoffe, die die Biochemie des Gehirns positiv beeinflussen konnten. Unter den ersten auf den Markt gebrachten Medikamenten tat sich Imipramin *(Tofranil®)* hervor, dessen Molekül drei Atomringe enthält. Es wirkte so effektiv, dass man auch viele ähnliche Verbindungen – so genannte tricyclische Antidepressiva – untersuchte. Andere Beruhigungsmittel oder Tranquilizer, wie man sie inzwischen nannte, leiteten sich von Zweiring-Strukturen ab. Dazu gehören die vielfach verschriebenen Wirkstoffe Diazepam *(Valium®)* und Chlordiazepoxid *(Librium®)*. Beide werden im Körper in die eigentlich wirksame Verbindung Nordazepam umgewandelt. Auch das Schlafmittel Nitrazepam *(Mogadan®, Radedorm®)* gehört in diese Gruppe. Im Großen und Ganzen sind die genannten Medikamente obsolet, Valium allerdings wird bei chirurgischen Eingriffen noch zur Muskelentspannung eingesetzt.

Die Diagnose einer klinischen Depression wird gestellt, nachdem mehrere der folgenden Leitsymptome wenigstens zwei Wochen lang beobachtet wurden: Niedergeschlagenheit und Schwermut; mangelndes Interesse an Tätigkeiten, die normalerweise Freude bereiten; Antriebslosigkeit, Schlafstörungen, Appetitlosigkeit, Angstzustände und sogar physische Erscheinungen wie beschleunigter Puls, Kopf- und Magenschmerzen sowie Gewichtsverlust. Dieses Symptomspektrum veranlasst einen Arzt in der Regel, ein modernes Antidepressivum zu verordnen. Zu den bekanntesten gehören die Wirkstoffe Sertralin *(Zoloft®)*, Paroxetin *(Paxil®*, in Deutschland *Seroxat®)* und besonders Fluoxetin *(Prozac®*, in Deutschland *Fluctin®)*. Das Wirkprinzip aller dieser Verbindungen besteht in einer Normalisierung der Neurotransmitterspiegel.

Die Milliarden von Neuronen im Gehirn sind durch Dendriten (fadenförmige Strukturen) und Axons miteinander verknüpft; über Letztere verläuft die Signalweitergabe. Seltsamerweise verbinden die Axons die Zellen nicht direkt – auf halbem Wege ist die Übertragungsroute durch eine Lücke, eine Synapse, unterbrochen. Hier kommen die Botenstoffe ins Spiel: Am Ende des Neurons freigesetzt, gelangen sie durch den synaptischen Spalt und treffen auf einen Rezeptor, der die Nachricht weiterbefördert. Es gibt sehr viele verschiedene Botenstoffe; Stickstoffmonoxid als einen von ihnen haben wir im dritten Kapitel »Wollen und Können – Potenz und Fruchtbarkeit« besprochen. Drei Neurotransmitter spielen, wie sich herausstellte, eine zentrale Rolle für unsere Stimmung: Dopamin (3-Hydroxytyramin), Noradrenalin (Norepinephrin) und Serotonin (5-Hydroxytryptamin).*

Dopamin stellt der Körper aus der Aminosäure Tyrosin her, Noradrenalin aus Dopamin; Serotonin synthetisieren wir aus Tryptophan, einer anderen Aminosäure. Chemisch gesehen sind alle drei Botenstoffe Amine: Sie besitzen aktive Stickstoffzentren. Weil sie vom Organismus produziert werden, nennt man sie biogene Amine.

Keine der Verbindungen lässt sich direkt mit einem mentalen Zustand in Zusammenhang bringen, aber es gibt Hinweise darauf, welche Substanz welche Emotion beeinflusst:

Neurotransmitter	positive Wirkung	bei einem Mangel fühlen wir uns ...
Dopamin	allgemeines Wohlbefinden	gehemmt und introvertiert
Noradrenalin	Energie, Wachheit, Motivation	ohne Selbstwertgefühl und Selbstvertrauen
Serotonin	Gefühl der Sicherheit, Freude	schutzlos und hungrig

Serotonin übernimmt im Organismus verschiedene Funktionen: Es beeinflusst den Schlaf-Wach-Rhythmus, steuert den Appetit und vermittelt ein Gefühl des Wohlbehagens, der Sicherheit und des Vertrauens. In Studien zeigten sich generell niedrige Serotoninspiegel bei Gefängnisinsassen und bei Kindern, die durch mangelndes Sozialverhalten aufgefallen waren. Serotonin bremst impulsives Verhalten: Menschen mit von Natur aus hohem Serotoninspiegel denken nach, ehe sie in Aktion treten – Menschen mit niedrigem Serotoninspiegel hingegen bringen sich häufig in Schwierigkeiten, weil sie handeln, bevor sie zum Nachdenken gekommen sind. Die Gewaltbereitschaft von Affen mit niedrigen Serotoninspiegeln kommt oft in einer Vielzahl von Narben am Körper zum Ausdruck.

* Andere Neutrotransmitter sind Acetylcholin,
  Glutamat und GABA (Gamma-Aminobuttersäure).

Neurotransmitter werden vom signalleitenden Axon in den synaptischen Spalt freigesetzt – und an dieser Stelle entstehen die Probleme. Nachdem ein Botenstoff seine Nachricht überbracht hat, wird er entweder durch das Enzym *Monoaminoxidase* (MAO) desaktiviert oder vom beteiligten Axon wieder aufgenommen, um später erneut verwendet zu werden (dieser Prozess heißt »Wiederaufnahme« oder Re-uptake). In jedem Fall sinkt der Spiegel des Neurotransmitters im synaptischen Spalt, eventuell so stark, dass das Molekül seine eigentliche Aufgabe nicht mehr erfüllen kann. Die Folge sind Stimmungsschwankungen und Depressionen.

Dem Mangel an Botenstoffmolekülen kann man offensichtlich in zweierlei Hinsicht begegnen: Entweder blockiert man die Monoaminoxidase, oder man stört die Wiederaufnahme. Ersteres wirkt sich mit ziemlicher Sicherheit auf sämtliche Neurotransmitter aus, letzterer Prozess hingegen lässt sich (zumindest theoretisch) selektiver auf das vermeintlich problematische Molekül ausrichten, da die Wiederaufnahme jedes Botenstoffes einem eigenem Mechanismus folgt. Zum erstgenannten Typ gehören die frühen Tranquilizer, auch als Monoaminoxidase-Hemmer (MAO-Hemmer) bezeichnet. Sie wirken eher wahllos und beeinflussen zudem auch andere Körperregionen, in denen die Monoaminoxidase eine Rolle spielt. Unerwünschte Nebenwirkungen wie Schweißausbrüche, Verstopfungen, Gewichtszunahme und Mundtrockenheit sind die Folge.

Mit dem alternativen Ansatz versuchte man hauptsächlich den Serotonin- und den Noradrenalinspiegel zu steuern. Heute gibt es selektive Serotonin-Wiederaufnahmehemmer (SSRI von *selective serotonin re-uptake inhibitor*), Noradrenalin-Wiederaufnahmehemmer (NARI) und sogar kombinierte Wirkstoffe, die Serotonin-Noradrenalin-Wiederaufnahmehemmer (SNRI). Manche Substanzen greifen an spezifischen Serotoninrezeptoren an, von denen man mittlerweile 14 Typen kennt. (Fünf Rezeptoren in verschiedenen Teilen des Gehirns werden von Dopamin aktiviert, mindestens acht von Noradrenalin.)

Der bekannteste Serotonin-Wiederaufnahmehemmer ist Prozac (Fluctin), ein Wirkstoff, der das Leben vieler von Depressionen Betroffener so nachhaltig veränderte, dass man ihn auch als »flüssigen Sonnenschein« bezeichnet. Manche Patienten berichteten, Prozac habe sie nicht nur geheilt, sondern ihnen ein besseres Leben geschenkt; andere behaupten sogar, erst mit Hilfe von Prozac ihre wahre Persönlichkeit entdeckt zu haben. Was also ist das für ein bemerkenswertes Molekül?

Prozac

Obwohl in vielen Büchern und Zeitschriften angegriffen, ist dieses Präparat doch eine beachtliche Errungenschaft: Es mildert Depressionen, stärkt das Selbstvertrauen und trägt zur Heilung der Bulimia nervosa bei, einer zwanghaften Störung des Essverhaltens.

Alles begann 1970 in den amerikanischen Labors des Unternehmens Eli Lilly. Im Rahmen eines Forschungsprojekts suchten Bryan Molloy und Robert Rathbun ein neues Antidepressivum, das die Nebenwirkungen der frühen tricyclischen Wirkstoffe nicht aufweisen sollte. 1972 synthetisierten die Forscher Fluoxetin. Ray Fuller, der Leiter der Forschungsgruppe, erhielt dafür 1993 den begehrten *Discoverer Award* der Pharmaceutical Manufacturers Association. Leider starb Fuller 1996 an Leukämie. Sein Leben war der Industrieforschung gewidmet, und er veröffentlichte über 500 Artikel auf den Gebieten der Neuropharmakologie und Neurochemie.

Unterdessen erforschte der in Hongkong gebürtige und ebenfalls bei Eli Lilly angestellte Pharmakologe David Wong die Mechanismen der Wiederaufnahme am synaptischen Spalt. Er arbeitete an Hirngewebe von Ratten mit dem Ziel, eine Methode zu finden, die die Wiederaufnahme verhindert. Dabei probierte es auch einige der von Molloy synthetisierten Verbindungen aus. Am 24. Juli 1972 testete er die Substanz mit dem Code L110.140, die sich als leistungsfähiger Hemmer der Serotonin-Wiederaufnahme (SSRI) erwies und in geringerem Umfang auch die Wiederaufnahme von Norepinephrin hemmte. L110.140 war Fluoxetin, heute besser bekannt als Prozac.* (Eli Lilly verfolgte Wongs Entdeckung nicht sofort, weil man zu dieser Zeit mehr an Desipramin interessiert war, einem Wirkstoff, der ausschließlich die Wiederaufnahme von Norepinephrin hemmt.)

* In Deutschland wird der Wirkstoff unter dem Handelsnamen Fluctin vertrieben, ist aber durch Medienberichte auch als Prozac bekannt.

Tierversuche mit Fluoxetin versprachen Erfolg. 1976 folgte eine Studie an freiwilligen Probanden, deren Ergebnisse überwältigend positiv waren. 1982 wurde das US-Patent erteilt (Patent-Nr. 4 314 081), und 1988 erschien der Wirkstoff als Prozac auf dem amerikanischen Markt. Bis 1994 war das Präparat zum weltweit erfolgreichsten Antidepressivum geworden.

Es dauerte nicht lange, bis andere Pharmaunternehmen ähnliche Wirkstoffe auf den Markt brachten: Pfizer das Sertralin *(Zoloft®/Lustral®)*, SmithKline Beecham das Paroxetin *(Paxil®/Seroxat®)*, Solvay das Fluoxamin *(Luvox®/Floxyfral®)* und Forest Laboratories das Citalopram *(Celaxa®/Cipramil®)*. Gegen diese Konkurrenten konnte Prozac einen Marktanteil von 35 % behaupten (Zoloft 15 % und Paxil 11 %).*

Mit Paxil, so behauptete der Hersteller, könne man insbesondere Patienten effektiv behandeln, die unter Soziophobie leiden, das heißt, wegen ausgeprägter Menschenscheu die Gesellschaft anderer meiden. Im Mai 1999 ließ die FDA Paroxetin für diesen Zweck zu, woraufhin SmithKline Beecham die Öffentlichkeit in einem massiven Werbefeldzug auf das Leiden und seine Behandlung aufmerksam machte. Bald wurde Paxil in einem Umfang verschrieben, der dem von Prozac gleichkam. Manche Ärzte und Psychiater sehen die Soziophobie nicht als Krankheitsbild und lehnen das Medikament ab: Scheue Menschen, so sagen sie, benötigten keine Behandlung, denn die Scheu sei eine ganz natürliche Reaktion auf bestimmte Situationen. Trotzdem ist Paxil ein Geschenk des Himmels für alle diejenigen, die ständige Weltangst an der Verrichtung alltäglicher Aufgaben hindert. Mittlerweile bringt Paxil jährlich über drei Milliarden Dollar Umsatz.

Inzwischen wurde auch der Prozac-Wirkstoff weiter optimiert. Aktiv ist nur einer der beiden *Enantiomere* des Fluoxetin-Moleküls (→ Glossar, unter *Chiralität*). Das Präparat muss deshalb auch nur diese Form, das R-Fluoxetin, enthalten. Es in reiner Form zu gewinnen ist teuer; dem steht die Chance gegenüber, nicht nur die Dosis deutlich zu senken, sondern auch die Stärke von Nebenwirkungen herabzusetzen. Eli Lilly schloss einen Vertrag mit der Firma Sepra-

---

* In Deutschland spielt Fluoxetin keine so überragende Rolle.
Häufiger wird Citalopram verordnet, das als relativ sanftes und dennoch sicheres Mittel gilt. (Anm. d. Übers.)

cor, dem Inhaber des Patents für die enantiomerenreine Synthese von R-Fluoxetin (US-Patent 5 708 035). Gegen Depressionen werden 20 mg Prozac täglich empfohlen, bei Bulimie 60 mg. Zu den berühmten Prozac-Anwenderinnen gehört Diana, die durch einen Unfall zu Tode gekommene Prinzessin von Wales, der das Medikament 1994 zur Behandlung ihrer Essstörungen verordnet wurde. Nicht angezeigt ist Prozac bei Kindern, Patienten mit Leberversagen und stillenden Müttern. Nebenwirkungen sind generell selten; gelegentlich treten Schwindelgefühl, Durchfall, Kopfschmerzen und Ähnliches auf.

Ein allgemeines Problem von SSRI-Wirkstoffen (wie Prozac) ist, dass sich die Nebenwirkungen bereits einstellen, bevor sich ein therapeutischer Nutzen gezeigt hat. Die unerwünschten Effekte können so stark sein, dass die Patienten das Medikament wieder absetzen, bevor es ihnen richtig helfen konnte. Warum es so lange dauert, bis die Wirkung dieser Antidepressiva einsetzt, weiß man nicht genau. Der Spiegel des jeweiligen Neurotransmitters jedenfalls steigt innerhalb weniger Minuten nach der Einnahme sprunghaft an. Sicherlich ist dies jedoch nur der erste Schritt in einer Kette von Ereignissen, die dem Patienten die ersehnte Erleichterung bringen. Zwar nimmt die Anzahl der Botenstoffmoleküle im synaptischen Spalt sofort zu; die Rezeptoren, denen lange die Stimulation fehlte, müssen aber erst wieder aktiviert werden, was offenbar Zeit kostet.

Bei der Behandlung mit Prozac bildet sich im Körper allmählich ein konstanter Wirkstoffspiegel, der sich auch bei einer Dosiserhöhung nicht mehr ändert. Nach Beendigung der Einnahme bleibt dieser Spiegel sieben weitere Tage lang erhalten. In der Leber wird Fluoxetin in Norfluoxetin umgewandelt; dies ist ebenfalls ein SSRI und wirkt ähnlich wie Prozac. Daraus lässt sich die lange Nachwirkung des Medikaments zum Teil erklären. Die Halbwertszeit von Fluoxetin im Körper beträgt vier Tage, die von Norfluoxetin neun. Das bedeutet: Nachdem man aufgehört hat, Prozac-Tabletten zu nehmen, dauert es neun Tage, bis die Aktivität der Wirkstoffe im Körper auf die Hälfte abgesunken ist; nach wiederum neun Tagen beträgt die Aktivität nur noch ein Viertel, und es kann durchaus einen Monat dauern, bis man überhaupt keinen Effekt mehr verspürt.

Da es eine Weile dauert, bis die Therapie anzuschlagen beginnt, muss man Patienten mit starken Depressionen und Suizidabsichten zu Beginn der Behandlung aufmerksam überwachen. Hat sich die

Wirkung aber einmal eingestellt, so sind die Erfolge wirklich beachtlich. Prozac lässt den Ängstlichen selbstbewusst, den Empfindlichen forsch, den Introvertierten aufgeschlossen und den Pessimisten zuversichtlich werden. Daher überrascht es nicht, dass Prozac zu den meistverschriebenen Präparaten gegen krankhaft gesteigerte Angst, Soziophobie (soziale Ängste), Agoraphobie (Angst vor Menschenansammlungen und öffentlichen Plätzen), Anankasmus (zwanghafte Nichtunterdrückbarkeit bestimmter Handlungen oder Vorstellungen), Bulimie (Ess-Brech-Sucht), chronische Schmerzzustände und Spannungskopfschmerz gehört. Dass Prozac Gehemmten zu mehr Selbstsicherheit verhilft, wurde auch im Versuch an Ratten nachvollzogen: In einer Rattenkolonie dominiert ein Männchen, dessen Serotoninspiegel doppelt so hoch ist wie jener der anderen anwesenden männlichen Tiere. Steigert man den Serotoninspiegel Letzterer mithilfe von Medikamenten, so gelingt es dem dominanten Tier nicht mehr, die anderen zu unterdrücken und das beste Futter für sich zu beanspruchen.

Nach zwei Jahren der Verfügbarkeit wurde Prozac in den USA monatlich bereits 60 000-mal verschrieben; innerhalb von fünf Jahren hatten fast fünf Millionen Amerikaner das Mittel ausprobiert. Erwartungsgemäß wurden die Segnungen des Präparats oft auch weit übertrieben dargestellt, andererseits landete der Wirkstoff auch irrtümlich in den Negativschlagzeilen, wie der folgende Kasten zeigt. Langsam jedoch legten sich die Kontroversen; nach wie vor bringt das Mittel den allermeisten Anwendern unbestreitbaren Nutzen – und es macht nicht abhängig wie manche älteren Antidepressiva.

Amok

In den 1990er-Jahren machte Prozac Schlagzeilen in einem Zusammenhang, den seine Hersteller nicht hatten vorhersehen können. Man gab dem Präparat die Schuld an einem Massenmord, der sich in einer Druckerei in Louisville (Kentucky) ereignet hatte. Der Todesschütze, Joe Wesbecker (47), war 17 Jahre lang in der Fabrik als Bediener einer von sieben riesigen Druckmaschinen beschäftigt. Die Arbeit an einer solchen Maschine soll so schrecklich gewesen sein, dass der Vorarbeiter sich erlauben konnte, von Untergebenen, die nicht für diese Anlage eingeteilt werden wollten, Oralsex zu verlangen. Wesbecker musste an dieser Maschine manchmal sogar Doppelschichten ableisten. 1988 war er so deprimiert, dass sein Arzt ihm ein Antidepressivum verschrieb, dessen Wirkung ausblieb. Im September 1989 begann er dann mit der Einnahme von Prozac. Am 17. September 1989 hatte sich Wesbecker krank gemeldet. Er erschien auf Arbeit mit einer AK74 und drei Ma-

> gazinen Munition, schoss auf zwanzig Mitarbeiter, die er am wenigsten mochte, und tötete acht von ihnen. Abschließend brachte er sich mit einem Revolver selbst um.
> Die Überlebenden und die Witwen der Opfer strengten 1994 ein Verfahren gegen Eli Lilly, den Hersteller von Prozac, an. Das Gericht entschied zugunsten des Unternehmens, das sich allerdings bereits außergerichtlich mit den Klägern auf Entschädigungszahlungen in nicht genannter Höhe geeinigt hatte. Obwohl es nicht sehr wahrscheinlich ist, dass der Wirkstoff tatsächlich Wesbeckers Gewalttat auslöste, litt der Ruf des Präparats eine Zeit lang empfindlich.

Ein weiterer Vorteil von Prozac besteht darin, dass auch massive Überdosen nicht tödlich wirken. Einige wenige Suizidfälle gehen wohl auf die Einnahme von 50 oder 100 Prozac-Tabletten gleichzeitig zurück; wer einen solchen Selbstmordversuch überlebt, leidet aber in der Regel nicht an Nachwirkungen (gelegentlich traten Krämpfe auf). Manche Leute stellen die Anwendung von Prozac mit dem Argument in Frage, frühere Antidepressiva seien ärmer an Nebenwirkungen gewesen. Dem lässt sich entgegenhalten, dass weniger Betroffene als früher die Einnahme des Mittels aufgrund unerwünschter Effekte vorzeitig beenden; moderne Patienten sind außerdem aufgeklärter und eher bereit, auf Nebenwirkungen zu achten und sie ihrem Arzt anzuzeigen.

Prozac wirkt hauptsächlich auf die 5-HT1-Rezeptoren, in geringerem Umfang aber auch auf die Rezeptoren 5-HT2 und 5-HT3, wodurch es zu Schlaf- und Sexualstörungen bzw. zu Schwindel und Kopfschmerz kommen kann. Allgemein ist die Affinität von Prozac für andere Rezeptoren als 5-HT1 gering. Manche Patienten beobachten Hautreaktionen (Ausschlag).

In welchem Maß die Nebenwirkungen tatsächlich auf Fluoxetin und nicht auf andere, unerkannte Ursachen zurückgehen, wurde in einem Doppelblindversuch untersucht. 1800 Patienten erhielten Prozac, 800 ein Placebo. (Bei einem Doppelblindversuch weiß weder der Proband noch der Arzt, ob in einem gegebenen Fall der Wirkstoff oder das Placebo verabreicht wurde.) 20 % der Personen, die Prozac eingenommen hatten, klagten über Kopfschmerzen (die am häufigsten genannte Nebenwirkung), 16 % der Personen aus der Kontrollgruppe aber ebenfalls. Schwindelgefühl stellte sich bei 18 % (Prozac) bzw. 10 % (Placebo) ein, Schlaflosigkeit bei 14 % (7 %), Durchfall bei 12 % (7 %). Erkältungsähnliche Symptome (Naselaufen u.a.) waren in beiden Gruppen mit 5 % gleich häufig. Die Selbstmordrate war in der Prozac-Gruppe (1 %) etwas niedriger als in der

Kontrollgruppe (3 %); bei Versuchen mit Antidepressiva älterer Typen lag sie bei 4 %.

Der Erfolg von Prozac rief, wie Sie vielleicht nicht überraschen wird, Menschen auf den Plan, die das Mittel als Beitrag zu einer »drogenabhängigen« Gesellschaft sehen, einer Gesellschaft, die auf Medikamente statt auf andere Lösungen individueller Probleme setzt.

Mehrere Bücher setzen sich kritisch mit diesem Thema auseinander, unter anderem *Talking Back to Prozac: What Doctors Won't Tell You About Today's Most Controversial Drug* von Peter Breggin. Unterstützung für Prozac hingegen findet sich beispielsweise in *Prozac Nation: Young and Depressed in America*, in dem die 28 Jahre alte Elizabeth Wurtzel ihre Wandlung von einer depressiven, drogenabhängigen Studentin mit Selbstmordgedanken zu einer glücklichen, erfolgreichen Journalistin und Schriftstellerin darlegt. Zu den Befürwortern von Prozac gehört auch Peter Kramer mit *Listening to Prozac: Antidepressants and the Remaking of the Self*. Joseph Glenmullen, Psychiater aus Cambridge, beschäftigt sich in *Prozac Backslash* ausführlich mit den Nebenwirkungen des Präparats. Prozac, so behauptet Glenmullen, könne Tics am Körper und im Gesicht auslösen; die Hälfte der Anwender litten angeblich unter sexuellen Dysfunktionen. Außerdem könnten sich beim Absetzen des Medikaments Entzugssymptome wie Verwirrtheit und Angst einstellen.

Anhängern alternativer Therapieansätze, die den Griff zu Psychopharmaka wie Prozac verweigern, aber trotzdem Erleichterung bei Depressionen suchen, bleibt die Wahl zwischen verschiedenen natürlichen Wirkstoffen, die wir nun kennen lernen wollen.

Einem Mangel an Botenstoffen im Gehirn könnte man versuchen entgegenzuwirken, indem man als Nahrungsergänzungsmittel die Aminosäuren Tyrosin und Tryptophan einnimmt; aus Ersterer entstehen im Stoffwechsel Dopamin und Noradrenalin, Letztere ist ein Vorläufer von Serotonin. Tyrosin ist reichlich enthalten in den Proteinen von Milchprodukten, Eiern, Lachs, Nüssen und Fleischprodukten und kommt sogar als freies Amin in Orangen, Pflaumen und Tomaten vor. Größere Mengen Tryptophan finden sich in den Proteinen von Getreide, Nüssen, Fleisch, Bohnen, Fisch und Milchprodukten; Quellen für das freie Amin sind Käse und Würstchen. Bei normaler, ausgewogener Ernährung stehen dem Körper hinreichend Tyrosin und Tryptophan zur Synthese der Botenstoffe zur Verfügung. Es klingt aber nicht unwahrscheinlich, dass einseitig ernährte depressive Patienten auf eine erhöhte Zufuhr der beiden Aminosäuren ansprechen.

Führt eine Nahrungsumstellung nicht zum Ziel, dann bieten sich pflanzliche Wirkstoffe an, die Sie rezeptfrei in Apotheken kaufen können. Dass manche Pflanzen tatsächlich aktive Stoffe enthalten, die ähnlich wie Psychopharmaka wirken können, ist bekannt. Zwei der beliebtesten naturheilkundlichen Präparate für diesen Zweck sind Johanniskraut und Kava kava.

Johanniskraut *(Hypericum perforatum)* wächst in gemäßigten Klimazonen und sogar an Gebirgshängen in den Tropen. Das Kraut hat ovale bis längliche Blätter und leuchtend gelbe Blüten. In Europa übergoss man im Mittelalter die Blütenblätter mit kochendem Wasser und trank den Aufguss, um seine Stimmung aufzuhellen. Als milde Antidepressiva sind Johanniskrautpräparate in Deutschland weit verbreitet, und das nicht ohne medizinische Begründung: Das Kraut enthält die Verbindung Hypericin, einen nachgewiesenen MAO-Hemmer. Man muss solche Medikamente allerdings (wie die oben beschriebenen Antidepressiva) eine Zeit lang einnehmen, um eine Wirkung zu verspüren.

Wenn Sie andere Behandlungsmethoden ablehnen, bringt Ihnen die Einnahme von Johanniskrautpräparaten (in Form von Tee, Tinkturen oder Kapseln) vielleicht Erleichterung. Seien Sie allerdings vorsichtig, wenn Sie bereits verschreibungspflichtige Medikamente einnehmen. Forschungsarbeiten unter anderem des amerikanischen National Institute of Health zeigten unerwünschte Wechselwirkungen von Johanniskraut mit Verhütungsmitteln (»Pille«), Medikamenten zur Senkung des Cholesterinspiegels und Wirkstoffen zur Verhinderung der Abstoßung eines transplantierten Organs (Immunsuppressiva). Auch der Naturstoff selbst hat Nebenwirkungen wie Verdauungsstörungen, Allergien, Müdigkeit und eine erhöhte Empfindlichkeit auf Sonnenstrahlung.

Kava kava (auch einfach Kava; *Piper methysticum*) ist eine grüne Laubpflanze, die von den südpazifischen Inseln stammt und von den Eingeborenen als Aufguss der gemahlenen Wurzeln angewendet wurde. Heute ist das beliebte Antidepressivum in Kapselform erhältlich.* In Doppelblindversuchen mit 400 mg Wirkstoff habe

---

* In Deutschland ist die medizinische Anwendung von Kava kava, abgesehen von homöopathischen Dosierungen, aufgrund nachgewiesener Leberschädigungen seit Sommer 2002 verboten. (Anm. d. Übers.)

sich, so wird mancherorts behauptet, Kava kava als ebenso effektiv erwiesen wie Valium. Zu den aktiven Inhaltsstoffen zählen verschiedene Ringverbindungen, Lactone und Pyrone, deren Konzentration im Wurzelpulver stark schwankt. Unbestreitbar bewirken sie pharmakologisch etwas: Sie beruhigen Körper und Geist, entspannen die Muskulatur und stillen Schmerz. Noch heute trinken Eingeborene der Pazifischen Inseln Kava kava zu gesellschaftlichen Anlässen; in manchen Regionen ist der Verkauf und die Verwendung des Mittels (wie von Alkohol und Nikotin) gesetzlich geregelt. Schwangere, Stillende und Arbeiter an Maschinen sollten Kava kava meiden. Darüber hinaus warnt die FDA vor (allerdings sehr seltenen) schweren Leberschäden im Zusammenhang mit dem Konsum des Mittels. Weniger bedrohliche Nebenwirkungen, unter denen offenbar auch nicht alle Anwender zu leiden haben, sind Schwindelgefühl, Übelkeit, Appetitlosigkeit und Bauchschmerzen.

Trifft weder Johanniskraut noch Kava kava Ihren Geschmack, so versuchen Sie es vielleicht mit anderen milden Behandlungsmethoden, bevor Sie Ihren Arzt zu Rate ziehen. Homöopathie, chinesische Medizin, Reflexzonenmassage und Aromatherapie können Ihnen helfen, schwierige Phasen Ihres Lebens zu überstehen. Einigen Patienten jedoch nützen weder solche Allheilmittel noch eine Therapie mit Antidepressiva von der Art des Prozac. Hoffnung auf Erfolg besteht dann nur mit einer drastischeren Therapie, und das Mittel der Wahl ist einer der kuriosesten Wirkstoffe überhaupt: Lithium.

Leichteren Sinnes mit Lithium

Dieses leichteste aller Metalle kann durchgreifend auf das Gehirn wirken und jenen, die unter den schwersten Formen der Depression leiden, zur Rückkehr in ein normales Leben verhelfen.

In den Vereinigten Staaten und Europa werden schätzungsweise eine halbe Million Patienten, die unter Stimmungsschwankungen in Form einer bipolaren (manisch-depressiven) Störung leiden, mit Lithium behandelt. Das Metall kann eine biologische Rolle bei der Regulation der Neurotransmitter im Gehirn spielen. Auch schwerste solcher Erkrankungen, die mit gewöhnlichen Antidepressiva nicht behandelbar sind, sprechen unter Umständen auf Lithium an.

Lithium wird nicht verabreicht, um den Mangel an einem Spurenelement auszugleichen. Welche Rolle das Leichtmetall für unseren Organismus spielt, ist nicht bekannt; wir wissen nur, dass der Körper messbare Mengen Lithium enthält. Das in der Natur weit verbreitete Element nehmen wir täglich mit der Nahrung zu uns. Mais und Kohl zum Beispiel enthalten 0,5 ppm (bezogen auf die Trockenmasse), Salat 0,3 ppm, Orangen 0,2 ppm. In Kartoffeln, die auf lithiumreichen Böden angebaut wurden, finden sich bis zu 30 ppm. Einen kleinen Teil des zugeführten Lithiums nimmt der Körper auf; er scheidet das Element jedoch auch problemlos wieder aus, weshalb es sich nicht in Geweben oder Organen anreichert. Ein durchschnittlicher Erwachsener enthält ungefähr 7 mg Lithium, der Spiegel im Blut liegt bei 4 ppm. Alles in allem ist Lithium offenbar ziemlich unwichtig, und der niedrige Lithiumgehalt der Gewebe verwundert nicht, wenn man bedenkt, wie wenig davon die Lebensmittel enthalten.

Allerdings können wir das Lithium nicht als biologisch völlig bedeutungslos abtun; zumindest eine Studie lässt den Schluss zu, dass dem Element doch irgendeine verborgene Aufgabe zukommt. Ziegen, die lithiumfrei gefüttert wurden, nahmen weniger zu als ihre Artgenossen, die das normale Futter erhielten.

Schon in der Antike schätzte man Lithium, wenngleich unbewusst, als Heilmittel. Jedenfalls genoss das Wasser aus den Brunnen der griechischen Stadt Ephesus (heute in der Türkei) den Ruf, »gut für den Geist« zu sein. Nachzulesen ist dies bei Soranus von Ephesus, der dort im 2. Jahrhundert n. Chr. geboren wurde und später als Arzt in Rom praktizierte. Soranus spezialisierte sich auf Frauenheilkunde. Sein Buch *Über akute und chronische Krankheiten* enthält ein Kapitel zur Behandlung nervöser Leiden. Die Konzentration von Lithium im Grundwasser in der Gegend um Ephesus ist in der Tat höher als normal, zugegebenermaßen aber wohl nicht hoch genug, um wirksam zu sein.

Eigentlich beginnt die Geschichte des Lithiums erst gegen Ende des 18. Jahrhunderts. In den 1790er-Jahren entdeckte der brasilianische Forscher Jozé Bonifácio de Andralda e Silva bei einem Aufenthalt auf der schwedischen Insel Utö das erste lithiumhaltige Mineral, Petalit. Bei der Analyse des Fundes summierten sich die nachgewiesenen Bestandteile nicht zu 100 %, was die Wissenschaftler natürlich stark beschäftigte. 1817 erklärte sich Johan

August Arfvedson (1792–1841) in Stockholm bereit, das Mineral genauer zu untersuchen. Nach vielen Tagen Arbeit konnte er immer noch lediglich 96 Masseprozent des Fundstücks erklären, aber er zog den offensichtlichen Schluss: Im Januar 1818 schrieb er die fehlenden 4 % einem bis dahin unbekannten Metall zu und erklärte, Lithium entdeckt zu haben, ein neues Alkalimetall. Später erwies sich diese Folgerung als korrekt. Arfvedson wählte den Namen Lithium, weil er das Metall in einem »Stein« gefunden hatte (altgriech. *lithos*: Stein).

Noch im gleichen Jahr beobachtete man ein wunderschönes rotes Leuchten, wenn ein wenig Lithium in eine Flamme gebracht wurde. Aus diesem Effekt wurde ein nützliches, schnelles Verfahren zum Nachweis des Metalls entwickelt. Es dauerte nicht lange, bis man Lithium in anderen Mineralen und sogar im Wasser der Heilquellen in Karlsbad, Marienbad und Vichy fand. Winzige Mengen Lithium zu analysieren, erforderte eine empfindlichere Methode als den herkömmlichen Flammentest. Die Lösung dieses Problems brachte wenig später das Spektroskop, mit dessen Hilfe man die charakteristische rote Linie im Spektrum auch in Anwesenheit anderer die Flamme färbender Elemente erkennen konnte. Auf diese Weise konnte man das Metall 1859 in Meerwasser aufspüren (die Konzentration beträgt nur etwa 0,17 ppm), in den Folgejahren auch in Trauben, Tang, Tabak, verschiedenen Gemüsesorten, Milch, Blut und menschlichem Urin.

Lithium ist zwar ein Alkalimetall, aber Arfvedson gelang es nicht, das Element elektrolytisch darzustellen, wie Humphrey Davy es mit den anderen Alkalimetallen (Natrium, Kalium) geschafft hatte. William Brand erhielt 1821 winzige Mengen Lithium auf diesem Wege, die nicht ausreichten, um die Eigenschaften zu erforschen. Erst 1855 brachten es der große deutsche Chemiker Robert Bunsen (1811–1899) und der weniger berühmte Brite Augustus Matthiessen[*] unabhängig voneinander fertig, durch die Elektrolyse von geschmolzenem Lithiumchlorid größere Mengen Lithium zu gewinnen.

---

[*] Der in London gebürtige Matthiessen (1831–1870) wurde nach einem Studium in Deutschland 1862 – im jungen Alter von 31 Jahren – Professor für Chemie am St. Mary's Hospital in London. Später wechselte er zum Londoner St. Bartholomew's Hospital, starb aber bereits ein Jahr darauf mit erst 39 Jahren.

In reiner Form wird Lithium nicht verwendet, denn das Metall wird rasch von der Luftfeuchtigkeit angegriffen. Überraschenderweise reagiert es (im Gegensatz zu Natrium) nicht spontan, sondern erst nach Erhitzen auf 100 °C mit atmosphärischem Sauerstoff. Mit dem Stickstoff der Luft hingegen bildet es Lithiumnitrid, was man für Natrium ebenfalls nicht beobachtet.

Als leichtestes aller Metalle verbindet sich Lithium mit anderen Metallen zu äußerst leichten Legierungen. Die wichtigste davon ist die mit Aluminium; sie dient als Baumaterial von Flugzeugen und Raumfahrzeugen, reduziert das Gewicht der Konstruktionen und hilft damit, Treibstoff zu sparen. Lithium ist außerdem in langlebigen Batterien für elektronische Geräte enthalten, wo es besonders auf Leichtigkeit und Kompaktheit ankommt. Lithium bildet die Anode, der Elektrolyt ist festes Iod. Solche Batterien können gut und gern 10 Jahre lang funktionieren.

Die wichtigste Verbindung des Lithiums ist das Carbonat, Li_2CO_3. Es löst sich schlecht in Wasser und ist deshalb einfach darzustellen und abzutrennen. Man verwendet es zur Raffination von Aluminium, in der Glas-, Keramik- und Emailleherstellung sowie als Ausgangsstoff für andere Lithiumverbindungen. Hochreines Lithiumcarbonat ist außerdem der Wirkstoff, der zur Behandlung schwerster Depressionen verschrieben wird. Natürlich fließt nur ein mengenmäßig eher unbedeutender Anteil der gesamten Lithiumproduktion in solche Medikamente, aber deren Nutzen ist zweifellos groß. Einer der interessantesten Aspekte dieser Präparate ist, dass wir ihr Wirkprinzip noch immer nicht völlig verstanden haben.

Im 19. Jahrhundert kam Lithium zur Behandlung von Gicht in Mode, einer schmerzhaften Erkrankung, bei der sich scharfkantige Harnsäurekristalle in den Gelenken vornehmlich der Füße ablagern. Harnsäure ist wenig wasserlöslich; haben sich solche Kristalle einmal abgesetzt, so dauert es lange, bis sie sich wieder auflösen. Das Lithiumsalz der Harnsäure (Lithiumurat) hingegen löst sich bereitwillig, woraus ein Dr. Ure 1843 schloss, dass man Harnsäure durch reichliches Trinken lithiumhaltigen Wassers aus dem Körper ausschwemmen könnte. Öffentlich bekannt gemacht wurde diese Folgerung durch den bedeutenden viktorianischen Arzt Sir Alfred Garrod (1819–1907), der im Reagenzglas verfolgt hatte, wie schnell sich Harnsäure in einer Lösung von Lithiumcarbonat auflöste. Garrod empfahl Gichtkranken große Dosen Lithium. Seine Theorie hielt sich hartnäckig ein halbes Jahrhundert lang, bis sie als abwegig erkannt wurde – und mehr noch: Ein Dr. Pfeiffer berichtete 1912, die Einnahme von Lithiumverbindungen verlangsame in Wirklichkeit die Elimination von Harnsäure aus dem Körper von Gichtpatienten. In der Zwischenzeit versuchten Ärzte, ganz andere Krankheiten mit Lithium zu heilen. 1864 tauchten Lithiumsalze in der *British Pharmacopoeia* (einem Arzneimittelverzeichnis) auf. Lithiumcarbonat wurde dort gegen Verdauungsstörungen, Lithiumcitrat als Diuretikum empfohlen. 1871 befürwortete ein William Hammond die Verabreichung großer Dosen Lithiumbromid bei »akutem Wahnsinn« und »akuter Melancholie«. Carl Lange, ein dänischer Neurologe, verschrieb eine Mischung von Alkalisalzen mit größeren Anteilen Lithium bei »periodischer Depression«, seinem Bericht zufolge mit gutem Erfolg. Mit diesen Vorschlägen waren die beiden letztgenannten Mediziner ihrer Zeit weit voraus; leider hörte niemand auf sie. Erst 1949 folgte aus Beobachtungen des australischen Arztes John Cade eher zufällig der endgültige Durchbruch.

Cade experimentierte mit Meerschweinchen. Er injizierte ihnen Urin von manisch-depressiven Patienten aus dem Krankenhaus, an dem er arbeitete, womit er nachzuweisen hoffte, dass die psychiatrische Erkrankung durch Überschüsse von Harnsäure hervorgerufen wurde. Außerdem erhielten die Meerschweinchen Injektionen von Lithiumurat. Zu Cades Überraschung beruhigten sie die normalerweise äußerst lebhaften Tiere so sehr, dass sie, auf den Rücken gelegt, stundenlang friedlich in dieser Stellung verharrten.

Cade behandelte mit Lithiumcarbonat anschließend seinen schwierigsten Patienten, der fünf Jahre zuvor auf die geschlossene Station verlegt worden war. Der Mann sprach außerordentlich gut auf die Therapie an: Nach wenigen Tagen konnte er auf eine normale Krankenstation verlegt, zwei Monate darauf sogar nach Hause entlassen werden, wo er seine frühere Arbeit wieder aufnahm. Nachdem Cade seine Beobachtungen veröffentlicht hatte, begannen auch andere Mediziner, manisch-depressiven Patienten Lithiumcarbonat zu verordnen – mit guten Erfolg. 1960 war die Therapie bereits in ganz Europa anerkannt, zehn Jahre später auch in den Vereinigten Staaten – trotz der negativen Schlagzeilen, die dort einst Lithiumchlorid (LiCl) gemacht hatte: Unter Patienten, die LiCl als Ersatz für Kochsalz verwendet hatten, waren tödliche Vergiftungsfälle aufgetreten.

Nach dem Zweiten Weltkrieg wurde LiCl (unter der Marke Westsal) Herzkranken verordnet, die sich an eine kochsalzfreie (natriumfreie) Diät halten mussten. Daraufhin starben 1949 mehrere Menschen an Lithiumvergiftung; in der Presse und im Rundfunk wurde dringend vor dem Gebrauch von Westsal gewarnt. Die FDA verbot die Verwendung von Lithiumsalzen schließlich ganz und stellte eigene Nachforschungen an, bei denen sich zeigte, dass große Dosen Lithium die Nieren schädigen können. Das Verbot wurde rund zwanzig Jahre lang aufrechterhalten und musste erst gelockert werden, als die Vorteile der Lithiumtherapie amerikanischen Psychiatern und deren Patienten nicht mehr vorenthalten werden konnten.

Lithium wird in Form von Lithiumcarbonat-Tabletten (250 mg) verschrieben. Besonders effektiv wirkt die Substanz, wenn der Lithiumspiegel im Blut bei 0,6 bis 1,2 *Millimol* pro Liter* liegt (für die Einheiten → Glossar) Dosen über 2,5 Gramm auf einmal eingenommen, sind gefährlich; bei einem Blutspiegel von 15 mg/L kann man von einer leichten Lithiumvergiftung sprechen. Über lange Zeit eingenommen, kann Lithium Nierenschäden verursachen. Aus diesem Grund wird das Medikament nur maximal 5 Jahre lang verordnet; zwischendurch muss der Patient regelmäßig untersucht werden.

Dass Mediziner Präparate verschreiben, deren Wirkprinzip im Körper sie nicht kennen, ist heutzutage eine Seltenheit. Auf Lithium trifft es zu; bislang gibt es bestenfalls Theorien zum Schicksal des Leichtmetalls im Stoffwechsel. Die erste, noch heute als am plausibelsten geltende Hypothese stellte Mitte der 1980er-Jahre eine Arbeitsgruppe an der Abteilung für Neurophysiologie und Pharmakologie der Insekten unter der Leitung von Michael Berridge auf. Lithium, so mutmaßten die Forscher, senkt den Spiegel von Inositol, einem zuckerähnlichen Molekül, das sich im ganzen Körper (einschließlich das Hirns) in Zellmembranen findet. Normalerweise stellt es der Organismus aus Inositolphosphat her, das in unserer Nahrung enthalten ist (besonders in Getreide, Gemüse und Zitrusfrüchten). Das Gehirn kann auf diese äußeren Quellen nicht zurückgreifen und muss deshalb selbst Inositol synthetisieren. Li-

---

* Dies entspricht 4,2 bis 8,4 Milligramm pro Liter oder 4 bis 8 ppm.

thium greift, so wird vermutet, in den Kreislauf der Inositolproduktion und -wiederverwertung im Gehirn ein, denn das Element kann bis zu den Hirnzellen vordringen.

Inositolphosphat ist mithilfe von Calciumionen für die Weiterleitung von Signalen ins Innere von Zellen zuständig. Nachdem die Verbindung ihre Aufgabe erfüllt hat, wird sie von dem Enzym *Inositolmonophosphatase* zu Inositol abgebaut. Dieses Enzym steuert im Grunde die Empfindlichkeit der Zellen (und damit des gesamten Hirns) auf äußere Reize. Eine übermäßige Empfindlichkeit drückt sich in Form extremer Stimmungsschwankungen und manischen Verhaltens aus. Lithium hemmt die Aktivität der Inositolmonophosphatase – allerdings nur in den Zellen, wo ein Überschuss an Inositolphosphat herrscht. Dies erklärt, warum Lithium nur Depressiven hilft, Ihre Stimmung hingegen nicht aufhellt, wenn Sie einfach nur traurig oder niedergeschlagen sind.

Eine Forschergruppe aus dem Unternehmen Merck Sharp & Dohme in Harlow, England, ergänzte diese Theorie. Howard Broughton, Scott Pollack und John Atack untersuchten, in welcher Weise Lithium das genannte Enzym desaktiviert. Ihre Erklärung lautet folgendermaßen: Lithium besetzt eine Position im Enzymmolekül, die normalerweise von Magnesium eingenommen wird. Die Anlagerung von Lithium an dieser Stelle führt dazu, dass das Enzym seine Aufgabe nicht mehr erfüllen kann.

Diese Austauschbarkeit scheint auf den ersten Blick der Chemie der beiden Elemente zu widersprechen: Lithium und Magnesium stehen in benachbarten Gruppen des Periodensystems (Lithium in Gruppe I, Magnesium in Gruppe II); das bedeutet, sie bilden unterschiedlich geladene Ionen (Li^+ und Mg^{2+}). Trotzdem sind die Elemente einander chemisch ähnlich. Man nennt dies eine *Schrägbeziehung* (→ Glossar). Deshalb könnte es durchaus sein, dass eine Stelle in einem Enzymmolekül, die eigentlich ein Magnesiumion anzieht und festhält, gleichermaßen auf ein Lithiumion wirkt. Das Enzym wäre damit desaktiviert, bis das Lithiumion wieder abgespalten ist. Inwieweit Magnesium an dieser Position gegen Lithium ausgetauscht wird, hängt von der Lithiumkonzentration im Körper ab. Man muss lediglich dafür sorgen, dass diese hoch genug bleibt, um eine effektive Konkurrenz zwischen Lithium und Magnesium zu ermöglichen und so hinreichend viele überaktive Nervenzellen zu dämpfen, dass der Patient sich beruhigt.

Zur Wirkungsweise des Lithiums gibt es eine Reihe alternativer Theorien. Dr. Adrian Harwood vom University College in London ist beispielsweise der Meinung, Lithium desaktiviere das Enzym *Glycogensynthase-Kinase-3*, das eine Rolle bei der Signalweiterleitung spielt. Offensichtlich ist das Thema noch längst nicht abgeschlossen. Bevor man nicht genau weiß, warum Lithium in der beobachteten Weise hilft, hat man keine Chance, eine sicherere oder zielgerichteter wirkende Alternative zu finden, um schließlich die Dosis herabsetzen und die Behandlung bei Bedarf zeitlich unbeschränkt fortführen zu können. Wie der Mechanismus aber auch immer sein mag – bislang ist Lithium zur Therapie schwerster Depressionen konkurrenzlos.

In dem 1991 erschienenen Buch *Lithium in Biology and Medicine* kann man nachlesen, dass epidemiologische Studien in den USA auf einen Zusammenhang zwischen relativ lithiumreichem (über 70 ppb) Trinkwasser in manchen Gebieten und einer niedrigeren Kriminalitäts- und Selbstmordrate hindeuten. Offenkundig folgt aus diesem Resultat die Forderung, das Wasser in Regionen mit hoher Kriminalität und Häufungen von Suiziden behördlicherseits mit Lithium anzureichern. Flächendeckend wird man dies niemals tun können – dafür ist und bleibt Lithium zu teuer –, selbst wenn es Ihnen gelänge, ein Unternehmen der Wasserversorgung zu überzeugen, ein solches Experiment über die vielen Jahre hinweg vorzunehmen, die erforderlich sind, um verlässliche Ergebnisse zu erhalten.

Lithium könnte auch andersartige medizinische Anwendung finden. Lithiumhaltige Salben zum Beispiel mildern Genitalherpes, eine Infektionskrankheit, die unbehandelt ihre Opfer durchaus bis zum Griff nach Antidepressiva treiben kann.

Alzheimer und Aluminium

Was löst die Alzheimer-Krankheit aus? Über 20 mutmaßliche Risikofaktoren waren bereits in der Diskussion, vorwiegend auf der Grundlage epidemiologischer Untersuchungen. Für den Hauptschuldigen hielt man viele Jahre lang Aluminium – zu Unrecht, wie sich mittlerweile herausstellte.

Mit Sicherheit wissen wir, dass die Alzheimer-Krankheit (im Folgenden auch kurz als »Alzheimer« bezeichnet) nur in fortgeschrittenem Alter auftritt und dass eine genetische Veranlagung das

Risiko erhöht, tatsächlich zu erkranken. Vielleicht wird Alzheimer durch Vitaminmangel oder die Abwesenheit geistiger Anregung verschlimmert, aber die Ursachen der Krankheit liegen woanders. Wo genau, weiß man bislang nicht, aber der Kreis um einige Hauptverdächtige schließt sich immer enger: Fehlfunktion von Enzymen, genetische Defekte, mikrobielle Infektionen, Gifte wie beispielsweise Metalle. In die letzte Gruppe fällt eine Substanz, in der man vor einiger Zeit den definitiv Schuldigen erkannt zu haben glaubte: Aluminium. Fünfundzwanzig Jahre lang wurde viel Geld, Zeit, Mühe und Öffentlichkeitsarbeit aufgewendet, um den Einfluss dieses Metalls auf unser Leben nachvollziehen zu können, in der Hoffnung, möglichst schnell eine Behandlungsmethode für Alzheimer zu finden. Inzwischen scheint klar zu sein, dass alle diese Anstrengungen verschwendet waren.

Die Diagnose »Alzheimer« wurde zum ersten Mal 1901 der 51 Jahre alten Deutschen Auguste Deter gestellt. Frau Deter war vergesslich, desorientiert, hatte Schwierigkeiten beim Lesen und verfolgte ihren Mann mit zwanghafter Eifersucht. Nach der Einweisung in die Frankfurter Irrenanstalt stellte man sie dem Neurologen Alois Alzheimer (1864–1915) vor. Der Mediziner dokumentierte ihren fortschreitenden Verfall und notierte in der Krankenakte Wutausbrüche mit Schreien und Aufstampfen, die Unfähigkeit der Patientin, sich an die Namen der Familienmitglieder zu erinnern, und schließlich totale Apathie und Inkontinenz.

Nach dem Tod von Frau D. schickte man ihr Gehirn an Alzheimer, der mittlerweile an der Königlich Psychiatrischen Klinik in München arbeitete. Der Arzt stellte fest, dass das Gehirn stark geschrumpft war, was ihn angesichts des mäßigen Alters der Patientin überraschte. Er entnahm Gewebeproben, färbte sie mit Silberlösungen an und betrachtete sie unter dem Mikroskop. In den geschädigten Nervenzellen konnte er merkwürdige Ablagerungen erkennen. Von seinen Beobachtungen berichtete Alzheimer auf der 37. Konferenz Deutscher Psychiater in Tübingen (1907), und er veröffentlichte eine Fallstudie unter dem Titel »Eine eigenartige Krankheit der Hirnrinde« in der führenden deutschen Zeitschrift für *Psychiatrie*. Der bedeutende deutsche Psychiater Emil Kraepelin benannte den Symptomkomplex 1910 in seinem etablierten Lehrbuch Psychiatrie nach seinem Entdecker, und der Name Alzheimer-Krankheit (Morbus Alzheimer) setzte sich durch. Weder die Symptome selbst

noch Alzheimers Beobachtungen waren wirklich neu; Kraepelin jedoch erschien es sinnvoll, sie als bis dato unbekannte Krankheit zu publizieren, um der Universität München die Aufmerksamkeit der Öffentlichkeit – und damit der Geldgeber – zu sichern.*
Heute wissen wir wesentlich mehr über die Alzheimer-Demenz. Bekannt sind zwei Typen, ein ererbter (familiäre) und ein nicht ererbter (sporadischer). Beide schreiten mit gleicher Unerbittlichkeit fort, auch die Symptome sind identisch. Charakteristisch sind zwei abnormale Merkmale des Gewebebaus, die so genannten Alzheimer-Neurofibrillen (Faserbündel innerhalb der Nervenzellen) und die senilen Plaques im Raum zwischen den Zellen. Erstere bestehen aus einer normalerweise nicht vorkommenden Form des Proteins Tau, Letztere sind Klümpchen aus Amyloid-Protein.

Das Protein Tau wird vor allem von den Nervenzellen des Gehirns produziert. Es dient zur Stabilisierung der Mikrotubuli (Röhrchen), durch die Moleküle sehr schnell entlang der Axons transportiert werden können. Ist das Tau-Protein jedoch übermäßig mit Phosphatgruppen beladen, so verklebt es zu einer faserigen Masse, die sich nur mithilfe eines leistungsfähigen Elektronenmikroskops beobachten lässt.

Die Amyloid-Fibrillen werden in vielen Veröffentlichungen verdächtigt, das Absterben der Neuronen zu bewirken. Möglicherweise zählen sie jedoch eher zu den Symptomen als zu den Ursachen der Alzheimer-Demenz. Dies vermutet zumindest eine Forschergruppe um Peter Lansbury Jr. an der amerikanischen Harvard Medical School. Lansbury äußert die Ansicht, ein lösliches Vorläufermolekül, ein kürzerkettiges Protein, richtet den Schaden an, indem es die Zellmembranen durchlöchert; durch die Löcher treten vermehrt Calcium- und andere Ionen in die Zelle ein, bis diese schließlich abstirbt.

Die Mehrheit der Alzheimer-Forscher hält die Plaques für gefährlicher als die Fibrillen und für die eigentlichen Verursacher des Neuronenversagens, das schließlich zum Tod führt. 1984 fand man heraus, dass die Plaques aus Beta-Amyloid-Peptid bestehen, einem Abfallprotein, welches das Gehirn schwer loswerden kann, weshalb

* Mancher Skeptiker meint, dieser Missbrauch der Medien zur Sicherung der Finanzierung von Forschungsarbeiten sei auch heute noch gang und gäbe – und zwar nicht nur in Deutschland.

sich Ablagerungen bilden. Ein Plasmaprotein bindet an die Ablagerungen und verhindert, dass diese von proteinspaltenden Enzymen angegriffen und so dem körpereigenen Wiederverwertungskreislauf zugeführt werden. Diese schützende Substanz, das Serum-Amyloidprotein, wird vom Organismus in Mengen von 50 bis 100 mg pro Tag produziert; Überschüsse werden gegebenenfalls über die Leber ausgeschieden. Das Serumprotein schützt die unerwünschten Amyloidablagerungen ebenso wie die anderen Amyloidproteine. Wie wir noch sehen werden, bietet die Entfernung des Serum-Amyloidproteins aus dem Blutkreislauf eine Möglichkeit, die Ablagerungen zu entfernen.

Von den genannten Gewebeveränderungen sind besonders die äußere Hirnrinde, der Hippocampus und der Mandelkern (beide tief im Hirninneren) betroffen. Zerstörte Nervenzellen aus der Hippocampusregion können nicht ersetzt werden; dieser Verlust bewirkt das offensichtlichste Symptom, den Gedächtnisverlust, der im Prinzip unheilbar ist. Wir können höchstens hoffen, ihm vorzubeugen oder ihn zumindest zu verlangsamen.

Die Zahl der Alzheimer-Patienten nimmt ständig zu, denn diese Form der Demenz ist eine Krankheit des Alters – und das Durchschnittsalter der Menschen in den entwickelten Ländern steigt unaufhaltsam. In den USA zählt man heute 4 Millionen Betroffene, in Großbritannien rund eine halbe Million, in Deutschland schätzungsweise 850 000 und weltweit über 12 Millionen. Die Häufigkeit von Alzheimer steigt stark mit dem Lebensalter. 15 % der über 80-Jährigen sind erkrankt, hingegen nur 0,1 % der 60- bis 65-Jährigen. (5 % aller Alzheimer-Fälle sind genetisch bedingt. Familiäre Alzheimer-Demenz kann schon im Alter von 35 Jahren beginnen.)

Als wahrscheinlichste Ursache der Alzheimer-Krankheit wurde über längere Zeit ein Stoff aus der Umwelt betrachtet: Aluminium. Auf diesen Zusammenhang gebracht wurden die Forscher durch die Rolle des Metalls bei der Entstehung einer Krankheit mit ähnlichen Symptomen, der Dialyse-Demenz. Wie der Name andeutet, betrifft die Erkrankung Dialysepatienten; diese werden an eine Maschine angeschlossen, die die Aufgabe der nicht mehr funktionsfähigen Nieren übernimmt, Giftstoffe aus dem Blut zu filtern.

In den 1960er-Jahren begann man bei Patienten, die sich zwei- oder mehrmals in der Woche einer Dialyse unterziehen mussten, Anzeichen einer Demenz zu beobachten. Die Personen verhielten sich seltsam und ungeschickt, redeten zusammenhanglos, wurden vergesslich und verwirrt. Verursacht wird die Erkrankung durch Aluminium, das, aus Bauteilen des Dialysegeräts gelöst, unmittelbar in den Blutkreislauf und damit ins Gehirn gelangte. Ungefähr zu dieser Zeit berichtete eine Gruppe aus Newcastle, Plaques aus den Hirnen von Dialysedementen enthielten größere Mengen Aluminium. Außerdem führte die Injektion von Aluminiumsalzen bei Kaninchen und Katzen zur Bildung von Fibrillenbündeln im Gehirn. Durch diese Prozedur entstanden jedoch nicht die für Alzheimer typischen Fibrillen oder Amyloidplaques, und die beobachteten Fibrillen bildeten sich nicht nur im Gehirn, sondern auch in anderen Teilen des Nervensystems. Die Effekte ähnelten mehr einer Reaktion auf ein toxisches Metall; das Gleiche traf auf untersuchte Menschen zu. Patienten mit Dialysedemenz wurden gesund, wenn man sie mit Wirkstoffen behandelte, die das Aluminium aus dem Körper ausschwemmten. In dieser Hinsicht unterschied sich die Dialysedemenz grundlegend von der Alzheimer-Demenz. Nachdem jedoch berichtet worden war, dass die Plaques von Alzheimer-Kranken ebenfalls Aluminium enthielten, lag es nahe, in dem Metall die Ursache auch von Alzheimer zu vermuten. Dieser Zusammenhang zwischen Aluminium und Alzheimer wurde überall publik gemacht – und der Stein kam ins Rollen.

Nicht jeder stimmte dieser Theorie zu. Sir Martin Roth beispielsweise, emeritierter Professor für Psychiatrie an der Universität Cambridge und anerkannter Alzheimer-Experte, lehnte sie unverhohlen ab, aber er blieb ein einsamer Rufer. Die zahlreichen Anhänger der Theorie hingegen sahen sich der schier unlösbaren Aufgabe gegenüber, Aluminium aus unserem täglichen Leben zu entfernen. Aluminium ist in sehr vielen Alltagsgegenständen und -produkten enthalten; außerdem genießt das Metall historisch bedingt einen guten Ruf, zumindest in Großbritannien.

Mit nur 2,7 Gramm pro Kubikzentimeter gehört Aluminium zu den leichtesten Metallen überhaupt (Eisen ist fast dreimal so schwer). Kein Wunder, dass Aluminium zu den wichtigsten Werkstoffen im Flugzeugbau zählt. Ein augenfälliger Beweis für die Leistungsfähigkeit des Aluminiums war das aus diesem Material bestehende Jagdflugzeug Supermarine Spitfire, das im Sommer 1940 die nazideutsche Luftwaffe aus dem britischen Luftraum vertrieb und so Hitlers geplante Invasion auf die Insel vereitelte.

Nach Sauerstoff und Silicium ist Aluminium das dritthäufigste Element der Erdkruste – und das häufigste Metall. Das Oxid löst sich nur äußerst schwer in Wasser, weshalb Grundwasser so gut wie kein Aluminium enthält. Kleine Mengen an Aluminiumverbindungen gelangen jedes Jahr in die Flüsse und von dort aus ins Meer, dessen Aluminiumgehalt mit 0,5 ppb verschwindend gering ist, weil die Verbindungen des Metalls in der Regel zu Boden sinken. In saurem Milieu, etwa in Böden mit pH-Werten unter 4.5, verbessert sich die Löslichkeit des Aluminiums. Wird das Metall dann von Pflanzen aufgenommen, hemmt es das Wachstum der Wurzeln und erschwert die Aufnahme von Phosphat. Aus diesem Grund hielt man sauren Regen für so schädlich für die Vegetation.

Auch die Nahrungskette enthält etwas Aluminium. Unseren Magen-Darm-Trakt passiert das Metall nahezu unverändert, weil es im Wesentlichen in Form unlöslicher Verbindungen vorliegt. Manche Aluminiumsalze sind löslich, zum Beispiel das Citrat. Die Zitronensäure aus Zitrusfrüchten sorgt dafür, dass geringe Mengen Aluminium in den Blutkreislauf gelangen. Das Metall spielt für den menschlichen Stoffwechsel keinerlei Rolle; wie angesichts der ständigen Aufnahme nicht überraschen wird, enthalten wir trotzdem im Mittel 60 mg davon.

Im Alltag begegnet uns Aluminium vor allem in Gestalt von Dosen oder Folie. Das Metall kann problemlos recycelt werden. Einige Verbindungen, insbesondere Alaun (Kaliumaluminiumsulfat), Aluminiumsulfat, -oxid und -hydroxid, finden ebenfalls Verwendung. Alaun wurde jahrhundertelang als Beize beim Färben und als Blut stillendes Mittel benutzt; das Sulfat wird zur Abwasserbehandlung eingesetzt; mit dem Hydroxid behandelt man Verdauungsstörungen, und das Oxid tragen Sie vielleicht in Form eines Schmuckstücks am Finger. Durchsichtige Aluminiumoxid-Kristalle werden zu Edelsteinen geschliffen. Durch Beimischungen von Spuren anderer Metalle können sie gefärbt sein, beispielsweise gelb (Topas, mit Eisen), blau (Saphir, mit Cobalt) oder rot (Rubin, mit Chrom). Alle diese Minerale lassen sich mittlerweile synthetisch herstellen und sind dann entsprechend preisgünstig.

Alles in allem macht sich die Menschheit Aluminium und seine Verbindungen seit Jahrhunderten zunutze. Sollten wir unablässig unsere Gesundheit aufs Spiel gesetzt haben?

Zur Geschichte des Aluminiums

Bereits im 1. Jahrhundert n. Chr. empfahl der römische Militärarzt Dioskorides (ca. 40–90) in seinem medizinischen Werk *De materia medica* Alaun zum Stillen von Blutungen und zur Behandlung verschiedener Hautkrankheiten wie Ekzemen, Geschwüren und Schuppen – in letzteren Fällen wird es wohl kaum geholfen haben. In der Antike bezog man Alaun aus natürlichen Lagerstätten in Griechenland und in der Türkei. Jahrhundertelang war Konstantinopel der wichtigste Handelsplatz für das Mineral. Im Mittelalter entdeckte man, dass sich die Substanz durch Umsetzung von Ton mit Schwefelsäure herstellen ließ. Funde von Alunit, einem Kaliumaluminiumsulfat, bei Tofa auf vom Vatikan beherrschtem Gebiet führten von 1460 an zu einem päpstlichen Monopol der Alaunherstellung in Europa. Die Alaunindustrie beschäftigte 8000 Arbeiter, produzierte jährlich 1500 Tonnen Alaun und brachte Rom viel Geld ein.

Das Monopol wurde erst gebrochen, nachdem die Briten im frühen 17. Jahrhundert im nördlichen Yorkshire auf eine große Lagerstätte von Alaunschiefer gestoßen waren. In der Folge fiel der Alaunpreis dramatisch. Über 250 Jahre lang wurde in Yorkshire Alaun gewonnen. Mit der Alaunproduktion beginnt die Geschichte der chemischen Industrie – wobei die damaligen Arbeiter weder über die Natur ihres Produkts noch über die Details des Herstellungsverfahrens Bescheid wussten. Im 18. und 19. Jahrhundert verwendeten Papierhersteller Alaun zur Verhütung von Fäulnis, Ärzte zum Stillen von Blutungen, Wissenschaftler zur Konservierung anatomischer Präparate und Färber als Beize zur Fixierung von Farbstoffen auf Geweben (die Aluminiumionen haften an den Gewebefasern, die Farbstoffmoleküle wiederum an den Aluminiumionen).

Von den verschiedenen Aluminiumverbindungen, die reichlich im Boden enthalten sind, nimmt jede Pflanze kleine Mengen auf. Besonders gilt das für den Teestrauch; Teeplantagen werden sogar mit Alaun gedüngt, und das Metall findet sich im aufgegossenen Getränk wieder. Weitere aluminiumreiche Nahrungspflanzen sind Spinat (104 ppm in der Trockenmasse), Hafer (82 ppm), Kopfsalat (73 ppm), Zwiebeln (63 ppm) und Kartoffeln (45 ppm). Noch höher kann der Aluminiumgehalt verarbeiteter Lebensmittel sein. An der Spitze stehen Käseprodukte (bis zu 700 ppm) und Biskuitgebäck, dem Natriumaluminiumphosphat als Backtriebmittel zugesetzt wird.

Aluminium kommt häufig mit Nahrungsmitteln in Berührung. Aus dem Metall werden Bratpfannen, Folien, Behälter, Verpackungsmittel für Fastfood und Getränkedosen hergestellt. Kocht man Rhabarber in Aluminiumtöpfen, so löst die enthaltene Oxalsäure geringe Mengen des Elements. Daraus leitet sich die traditionelle Methode zum Säubern solcher Töpfe ab, die nach langem Gebrauch dunkel angelaufen sind.

Bedenkt man die vielfältigen Quellen von Aluminium in der Umwelt, so verwundert es kaum, dass wir täglich im Schnitt 5–10 mg davon zu uns nehmen. Nur ein winziger Anteil davon, wahrscheinlich weniger als 0,01 %, gelangt aber tatsächlich in den Organismus. Andere Bestandteile der Nahrung – vor allem Silicat, Fluorid und Phosphat – bilden schwerlösliche Aluminiumsalze, die nicht verdaut werden können. Selbst die löslichen Verbindungen passieren die Darmwand nur schwer. Der Aluminiumgehalt des Bluts beträgt typischerweise nur Bruchteile von ppm. Über die Nieren wird das Metall sehr effektiv ausgeschieden. Für den Körper besteht kein Grund, sich gegen größere Mengen Aluminium zu wappnen, weil diese unter normalen Bedingungen niemals in den Stoffwechsel gelangen. Anders ist die Situation bei Dialysepatienten. Aluminium lagerte sich in diesem Fall an Transferrin, ein Molekül aus dem Blut, an und verschaffte sich so Zutritt zum Gehirn.

Ungeachtet aller historischen Belege, dass von Aluminium keine Gefahr ausgeht, begann man mit wahrhaft religiösem Eifer, sämtliche denkbaren Aluminiumquellen zu beseitigen. Dabei fand man das Metall an ungeahnten Stellen, zum Beispiel in Nahrungsmittelzusatzstoffen. Vier davon, E173, E541, E554 und E556, waren in Europa zugelassen. E173, Aluminiumpulver, verwendete man zur Herstellung »silberner« Gebäckdekorationen und zur Umhüllung kandierter Mandeln. E541 ist Natriumaluminiumphosphat, ein Emulgator; hinter E554 und E556 verbergen sich Aluminiumnatriumsilicat und Aluminiumcalciumsilicat, die pulverförmigen Produkten wie Kaffeeweißer, Backmischungen und Tütensuppen zugegeben werden, um die Bildung von Klumpen zu verhindern.

Weniger bekannt war, dass auch etliche Medikamente Aluminium enthalten. Zu nennen sind vor allem Präparate auf der Basis von Aluminiumhydroxid zur Behandlung von Verdauungsstörungen, Magen- und Zwölffingerdarmgeschwüren. Träfe die Aluminiumhypothese zu, so müssten sich Alzheimer-Fälle unter den betroffenen Patienten deutlich häufen; offenbar war dies nicht der Fall. (Zwei Studien ergaben ein bestenfalls geringfügig erhöhtes Risiko, eine andere Studie fand gar keinen Zusammenhang.) Aluminiumhydroxid wird als kolloide Lösung oder in Tablettenform verabreicht. Die rund 4%ige Flüssigkeit wird mit Pfefferminzöl und Saccharin aromatisiert. Einzeldosen von 15 ml sind alle zwei oder vier Stunden einzunehmen, was einer täglichen Gesamtaufnahme von bis zu 4000 mg entspricht. Tabletten enthalten 500 mg Wirkstoff.

Noch weniger bekannt ist die Rolle von Aluminium in der Abwasserbehandlung. Aluminiumsulfatlösungen werden zur Reinigung von Trinkwasser, zum Klären von Abwasser und zur Entfernung von Phosphat verwendet. Im Zusammenhang mit der Trinkwasseraufbereitung stand Aluminiumsulfat vor einigen Jahren im Mittelpunkt der öffentlichen Aufmerksamkeit: Ein mit der Lösung beladener Tanker traf in einem Wasserwerk ein – und niemand war anwesend, der dem Fahrer sagen konnte, was zu tun war. Aus dieser Situation entwickelte sich das »Unglück von Camelford«, das wir weiter unten besprechen werden.

Seit über hundert Jahren findet Aluminiumsulfat als Klär- und Flockungsmittel in der Wasserwirtschaft Verwendung. Das Wirkprinzip besteht in der Bildung voluminöser Niederschläge aus Calciumsulfat und Aluminiumhydroxid, die beim Absetzen Schmutz und Bakterien mitreißen. Zurück bliebt kristallklares Wasser, das allerdings 0,2 mg Aluminium pro Liter enthält (entsprechend 0,2 ppm; wesentlich eindrucksvoller wirkt aber die Zahl 200 ppb). Diese Konzentration wurde von der EU und der WHO als Grenzwert für den zulässigen Aluminiumgehalt von Trinkwasser festgelegt. Auf diese Weise trägt Trinkwasser 0,03 mg zu unserer täglichen Aluminiumaufnahme (5 mg) bei, also weniger als 1 %.

Hergestellt wird Aluminiumsulfat durch Umsetzung von Aluminiumhydroxid mit Schwefelsäure. Wasserwerke kaufen die Verbindung in Form einer konzentrierten Lösung, die in unterirdischen Tanks gelagert und bei Bedarf entnommen wird. Verdünnt gibt man sie dem Wasser zu, wo sie mit dem von Natur aus vorhandenen Calciumcarbonat zu den oben beschriebenen Flocken reagiert.

Im Juli 1988 kam unser Tanker im Wasserwerk von Camelford (nördliches Cornwall) an, beladen mit 20 Tonnen konzentrierter Aluminiumsulfatlösung. Der mit der Örtlichkeit nicht vertraute Fahrer pumpte das Produkt in das, was er für den Lagertank hielt. In Wirklichkeit handelte es sich um die Hauptwasserleitung. Trinkwasser, mit dem 20 000 Menschen versorgt wurden, war daraufhin mit bis zu 50 ppm Aluminium kontaminiert. Zeitweise war die Konzentration sogar zehnmal so hoch; manche Einwohner kochten sich mit diesem Wasser tatsächlich Kaffee oder Tee. Einige der Betroffenen klagen seitdem Entschädigungsleistungen ein für eine

Reihe von Erkrankungen, die sie auf dieses Unglück zurückführen. Bis heute haben sich verschiedene Kommissionen mit dem Fall beschäftigt, ohne stichhaltige Beweise für Schäden zu finden, die das Aluminiumsulfat angerichtet hat. In einem Artikel der Gruppe für Kinderkrebsforschung an der Universität Oxford, veröffentlicht im *British Medical Journal* im Mai 2002, kann man nachlesen, dass die Sterblichkeitsrate unter den Einwohnern Camelfords, die dem kontaminierten Wasser ausgesetzt waren, in den zehn Jahren nach dem Unglück sogar niedriger war als in den benachbarten, nicht betroffenen Gebieten.

Die Enthüllung des Aluminiumgehalts gewöhnlichen Trinkwassers gab vielen Menschen Anlass zur Sorge. Bald tauchten epidemiologische Studien auf, die einen Zusammenhang zwischen der Konzentration von Aluminium im Trinkwasser und der Häufigkeit von Alzheimer feststellten (neun von dreizehn veröffentlichten Untersuchungen kamen zu diesem Resultat) – ungeachtet der Schwierigkeit, über das Wasser aufgenommenes Aluminium von Aluminium aus anderen Nahrungsmitteln zu unterscheiden. Aluminiumgegner forderten, das Element aus der Abwasserbehandlung zu entfernen, und die Wasserwirtschaft begann sich zu fügen.

Nicht in Einklang zu bringen waren diese Ergebnisse mit dem verbreiteten, bis dahin als vollkommen ungefährlich betrachteten Einsatz von Aluminiumhydroxid zur Behandlung von Magengeschwüren und Magenübersäuerung (als Antacidum). Zu beiden Zwecken wurden Dosen von mehreren Gramm täglich verschrieben. Patienten mit Hyperphosphatämie (einem zu hohen Phosphatspiegel im Blut) erhielten sogar noch größere Mengen Aluminiumhydroxid. Dieses reagiert mit dem in der Nahrung enthaltenen Phosphat zu unlöslichem Aluminiumphosphat, das nicht durch die Darmwand aufgenommen werden kann.

Rezeptfreie Antacida waren (und sind) erhältlich unter Markennamen wie Aludrox, Actal, Gaviscon, Talcid. Man nimmt sie bei Magenverstimmung und, als Kombinationspräparate mit Magnesiumtrisilicat, gegen Sodbrennen und Verstopfung ein.

Auch andere Anwendungsgebiete von Aluminium gerieten ins Visier. Alaun zum Beispiel fand sich im Bad: Die Substanz wirkt kräftig adstringierend (zusammenziehend) – sie stillt Blutungen durch die Ausfällung von Proteinen und ist in Stiften zur schnellen Hilfe bei Verletzungen beim Rasieren enthalten. Eine verdünnte

Alaunsuspension festigt die Haut und verhindert das Wundsein an den Füßen. Basisches Aluminiumchlorid wirkt schweißhemmend; in Kosmetika ist es durch bessere Hautverträglichkeit dem Alaun überlegen.

Um 1990 setzte die Anti-Aluminium-Kampagne gerade zum Höhenflug an, als ihr plötzlich der Boden entzogen wurde: Genauere chemische Untersuchungen hatten ergeben, dass die Plaques in den Hirnen von Alzheimer-Patienten überhaupt kein Aluminium enthalten. Die Studie, 1992 in Oxford ausgeführt, wurde 1999 in Singapur wiederholt. In beiden Fällen wurde die Ionenstrahlmikroskopie angewendet, ein Verfahren, dass sich besonders gut zum Nachweis von Metallen wie Aluminium eignet. In den Gewebeproben fanden sich keine signifikanten Mengen des verdächtigen Elements. Die neuere Arbeit, von Frank Watt und Mitarbeitern in der renommierten Zeitschrift *Nature* publiziert, wurde später durch weitere Untersuchungen gestützt.

Watts Folgerung lautete: »Diese Resultate, im Zusammenhang mit jüngsten kernmikroskopischen Analysen seniler Plaques betrachtet, legen nahe, dass es keinen Grund gibt, Aluminium als Faktor in der Ätiologie der Alzheimer-Krankheit zu betrachten. Der frühere Nachweis von Aluminium in Plaques und Fibrillen ist möglicherweise auf eine Kontamination oder Umverteilung von Elementen in den untersuchten Gewebeproben zurückzuführen.«

Bis zum vollständigen Freispruch von Aluminium war noch viel Arbeit zu leisten. Im Jahr 2000 wurden einer Gruppe freiwilliger Probanden vierzig Tage lang große Dosen Aluminiumhydroxid verabreicht; währenddessen wurde der Aluminiumgehalt des Urins verfolgt. Es zeigte sich, dass die Versuchspersonen zehnmal, in Einzelfällen bis zu zwanzigmal mehr vom Körper aufgenommenes Aluminium über die Nieren ausschieden als normal, wobei keinerlei Einfluss auf das Immunsystem festgestellt wurde. Die offensichtliche Schlussfolgerung lautet, dass der Körper Aluminium verträgt – was eigentlich nicht überraschen kann, wenn man bedenkt, wie häufig Aluminium in der Umwelt ist.

Den ihrer Ansicht nach besten Beweis für die Ungefährlichkeit des Metalls sahen viele Briten 1998 im Fernsehen: Die beliebte TV-Köchin Delia Smith pries Aluminiumtöpfe und -pfannen in ihren Programmen an, woraufhin die Verkaufszahlen sprunghaft anstiegen. In aller Stille führten die Wasserwerke Aluminiumsulfat wieder ein; bis heute ist dieses Flockungsmittel allgemein üblich. Selbst Unternehmen, die zwischenzeitlich auf Eisensulfat zurückgegriffen hatten, stellten ihre Prozesse wieder auf die Aluminiumverbindung um.

Ist Aluminium also ungefährlich? Nicht ganz; wer unter Störungen der Nierenfunktion leidet, sollte das Metall sicherlich meiden. Zwar scheiden wir rund 99 % des aufgenommenen Aluminiums unverändert wieder aus; mit dem übrig bleibenden einen Prozent fertig zu werden fällt kranken Nieren aber unter Umständen schwer. Gesunde Menschen brauchen keine Angst vor Aluminium mehr zu haben – im Gegensatz zur Alzheimer-Demenz, die jedem im Alter drohen kann. Können wir den Ausbruch dieser Krankheit verhindern, indem wir unseren Lebensstil ändern? Wahrscheinlich nicht. Wir können nur hoffen, dass die Wissenschaft eines Tages ein Mittel findet, die Krankheit zu heilen oder, noch besser, ihr wirksam vorzubeugen. Voraussetzung dafür ist natürlich, dass die Ursachen von Alzheimer endgültig aufgeklärt werden. Einige Schritte in dieser Richtung sind bereits gelungen.

Die Therapie der Alzheimer-Demenz

Alzheimer ist ein Gebrechen, vor dem sich viele Leute fürchten; noch mehr Menschen müssen damit leben, dass ein geliebter Verwandter oder Freund davon betroffen ist. In den Frühstadien fällt die Diagnose schwer, und das Fortschreiten des Leidens ist kaum zu verhindern oder zu verlangsamen. In naher Zukunft werden aber Wirkstoffe auf den Markt kommen, die diese Situation grundlegend ändern könnten.

Wie bereits erläutert wurde, besteht das offensichtlichste physiologische Merkmal des Gehirns von Alzheimer-Patienten in der Bildung abartiger Proteine. Diese Eiweiße sind falsch »gefaltet«; als »Faltung« bezeichnet man die räumliche Anordnung eines Proteins, die unbedingt erforderlich ist, um die jeweilige Funktion korrekt auszuüben. Enzyme stellen für alle möglichen Zwecke unablässig Proteine her, indem sie Aminosäuren zu Ketten verknüpfen. Dabei genügt es aber nicht, dass diese Bausteine einfach in der richtigen Reihenfolge aneinander gehängt werden; die Kette muss sich dann auch noch richtig falten. Fehler, die dabei auftreten, haben schlimme Folgen. Die missgebildeten Proteine – so genannte Amyloidfibrillen – können sich als Gewirr verknäuelter Fäden überall im Körper ablagern.

Von Natur aus neigen Proteine zur Bildung von Fibrillen. Im Laufe der Evolution haben sich jedoch Wege der Faltung sinnvoller Strukturen entwickelt. Verliert der Körper einmal die Kontrolle über den Faltungsprozess, so entstehen sofort wieder Fibrillen. Die Konsequenzen machen sich als Krankheitsbilder wie CJD (Creutzfeld-Jacob-Krankheit, BSE des Menschen), Alzheimer oder Parkinson bemerkbar. In den Körpern der Opfer können sich mehrere *Kilogramm* der fehlerhaften Eiweiße ansammeln. Der vielversprechendste Ansatz zur Therapie dieser Krankheiten besteht ganz offensichtlich in einem Wirkstoff, der die falsche Faltung verhindert – und es gibt bereits Substanzen, die genau diese Hoffnung wecken.

Bis es so weit ist, lässt sich das Schicksal von Alzheimer-Patienten in verschiedener Hinsicht erleichtern. Antidepressiva wirken einem der frühen Symptome entgegen – wenn die Betroffenen nämlich erkennen, dass sie die Kontrolle über ihren Geist verlieren. Nichtsteroide entzündungshemmende Wirkstoffe (NSAIDs von engl. *Nonsteroidal Anti-inflammatory Drugs*) wie Ibuprofen helfen in gewisser Weise, weil sich entzündete Nervenzellen bevorzugt um Plaques anreichern und gesunde Neuronen schädigen. Viele NSAIDs sind nicht verschreibungspflichtig; unter zahlreichen Handelsnamen werden sie zur Behandlung von Kopfschmerzen (Paracetamol), Muskelschmerzen (Ibuprofen) oder beidem (Aspirin) abgegeben. Ein natürliches NSAID ist Curcumin aus der Gelbwurz, einem Bestandteil von Currypulver.

Reaktive Sauerstoffmetaboliten können Zellen bis zum Untergang schädigen. Mit dem Alter gelingt es unserem Körper immer weniger, die Angreifer abzuwehren. Moleküle dieser Art sind beispielsweise für die Altersschwerhörigkeit verantwortlich. Vom Grad des Hörverlusts lässt sich deshalb in gewissem Maße auf die verbliebene Fähigkeit des Organismus zur Elimination von Sauerstoffmetaboliten schließen. Untersuchungen deuten darauf hin, dass Antioxidanzien hier nützlich sein können. Ein Mangel an antioxidativ wirkenden Vitaminen könnte die Entstehung von Alzheimer begünstigen.

Alzheimer beeinträchtigt die Teile des Gehirns, in denen der Botenstoff Acetylcholin (ACh) angereichert ist. ACh wird von einem Enzym namens *Cholinacetyltransferase* synthetisiert und nach Erfüllung seiner Aufgabe von dem Enzym *Acetylcholinesterase* wieder abgebaut. Im Alter lässt die Leistungsfähigkeit der Acetylcholinesterase nicht nach, wohl aber die der Cholinacetyltransferase. Dass demnach mit der Zeit immer weniger ACh produziert wird, stört den Organismus normalerweise nicht: Die Natur hat einen Puffer in Form von Überkapazitäten der ACh-Synthese eingebaut. Bei manchen Personen kommt es aber schließlich dazu, dass die ACh-Menge einen kritischen Wert unterschreitet. Bereits vor fast 30 Jahren, 1976, wurde der Zusammenhang zwischen einem erniedrigten ACh-Spiegel und dem Ausbruch der Alzheimer-Demenz hergestellt.

Man begann nun natürlich nach Substanzen zu suchen, die das ACh abbauende Enzym blockieren und so den ACh-Spiegel im Hirn wieder anheben können. Aus diesem Ansatz sind einige nützliche Wirkstoffe hervorgegangen, die das Fortschreiten der Demenz zumindest verlangsamen, wenn auch das Abnehmen der ACh-Produktion nicht endgültig verhindern können. Mit der Zeit lässt die Wirkung dieser Medikamente folglich nach.

Um Wirkstoffe zu testen, mit denen man die Alzheimer-Krankheit bremsen oder gar aufhalten kann, steht ein spezieller Mäusestamm zur Verfügung. Im Gehirn der Tiere sammeln sich durch Züchtung verstärkt Amyloid-Plaques an. Das erste Präparat zur Behandlung von Alzheimer war Tacrin (in Deutschland als *Cognex®* erhältlich), 1993 in den USA zugelassen. Eine verbesserte Variante, Donepezil *(Aricept®)*, brachte das japanische Unternehmen Eisai 1996 auf den Markt. 1998 folgte Rivastigmin *(Exelon®)*. Tacrin und Donepezil sind bei milder bis mäßiger Demenz angezeigt; Rivastigmin scheint den ACh-Spiegel auch in den am stärksten beeinträchtigten Hirnregionen zu steigern.

Noch besser wirkt Galantamin *(Reminyl®)*, eine in den Zwiebeln von Schneeglöckchen und Narzissen entdeckte Substanz, die die geistige Leistungsfähigkeit erhöht und Verhaltensauffälligkeiten entgegenwirkt. Der Zustand einiger mit Galantamin behandelter Patienten scheint sich nicht nur zu stabilisieren, sondern sogar zu bessern. Galantamin blockiert einerseits den Abbau von ACh und stimuliert andererseits die Nicotinrezeptoren, welche wiederum Neuronen zur ACh-Ausschüttung anregen. Wahrscheinlich schützt auch Nicotin selbst vor ACh, da es dessen Wirkung imitieren kann. Neueste Wirkstoffe werden noch erprobt; besonders viel versprechend sind solche, die die Nicotinrezeptoren beeinflussen. Die meisten haben bislang nur Nummern wie GTS-21, SIB-1553A oder TAK-147, einige aber auch schon Namen (Nefiracetam, Huperzin). Huperzin ist ein Naturstoff, der aus dem in China wachsenden Kraut *Huperzia serrata* extrahiert werden kann.

Eine weitere Forschungsrichtung konzentriert sich auf toxische Effekte von Metallen – nicht des Aluminiums, sondern vor allem des Kupfers. Kupfer im Blut verschlimmert, wie man feststellte, die Alzheimer-Demenz. Ohne Kupfer kann keine Zelle unseres Körpers leben, zu viel davon aber ist schädlich. Die Substanz Cliochinol verbessert die Ausscheidung von Kupfer und setzt damit die Konzentration freien Kupfers im Organismus herab. Untersuchungen an Alzheimer-kranken Mäusen zeigten, dass Cliochinol sogar Plaques aus dem Gehirn entfernen kann. Manche Metalle scheinen Amyloidproteine anzuziehen und so den Grundstein für die Plaquebildung zu legen. Dazu gehört offenbar auch Zink. Cliochinol bindet das Zink und desaktiviert es damit.

Hoffnung erweckt insbesondere die Idee, die Bildung der Amyloidproteine zu verhindern. Auf diese Weise würde der Kaskadeneffekt der Entstehung von Fibrillen, der lokalen Entzündung und schließlich des Untergangs von Neuronen unterbunden, und gleichzeitig wurden die äußeren Symptome abgeschwächt. Eine Arbeitsgruppe von der Londoner Royal Free & University College Medical School um Mark Pepys fand heraus, dass die unkomplizierte Verbindung Pyrrolidin-2-carbonsäure Amyloidfibrillen auflöst, indem sie mit einem Serumbestandteil reagiert, das die Fibrillen stabilisiert. Das Reaktionsprodukt wird über die Leber ausgeschieden und die nun ungeschützten Fibrillen beginnen sich zu zersetzen. Publiziert wurden diese Erkenntnisse 2002 in der Zeitschrift *Nature*.*

Pepys hatte Tausende von Verbindungen aus der Sammlung des Pharmaunternehmens Roche auf ihre Fähigkeit hin untersucht, die erwähnten Serumkomponente zu binden. Nachdem die Substanz R0-15-3479 ein positives Ergebnis geliefert hatte, modifizierte Pepys sie zu einer noch wirksameren Verbindung, CPHPC.** Das Mittel erwies sich als nicht toxisch, gut verträglich und bereits in geringen Dosen sehr effektiv bei der Entfernung der Serumkomponente aus dem Blutkreislauf. Sobald der Serumspiegel dieser Komponente abfällt, sorgt der Stoffwechsel für einen Übergang der für den Schutz

* Band 417, S. 254.
** Der chemische Name lautet
R-1-[6-[R-2-carboxy-pyrrolidin-1-yl]-6-oxohexanoyl]pyrrolidin-2-carbonsäure.

der Amyloidablagerungen sorgenden Komponente ins Blut. Die Ablagerungen sind dem Angriff proteinspaltender Enzyme dann schutzlos ausgesetzt. Versuche an Mäusen waren so erfolgreich, dass CPHCP umgehend an Alzheimer-Patienten im Endstadium der Krankheit ausprobiert wurde. Der Wirkstoff konnte die Betroffenen zwar nicht retten, hatte aber nachgewiesenermaßen einen günstigen Einfluss.

Ebenfalls 2002 in *Nature* veröffentlichte eine von Kelly Bales geleitete Arbeitsgruppe aus den Lilly-Forschungslabors folgende Beobachtung: Bei Alzheimer-kranken Mäusen, denen einmalig der Antikörper m266 injiziert worden war, besserten sich die Gedächtnisleistungen. Ob dies auch auf Menschen zutrifft, ist noch nicht bekannt.

In den Vereinigten Staaten steht mit *AlzheimAlert*® inzwischen ein Urintest zur Verfügung, der Nervenfaserproteine nachweist, die nur von Alzheimer-Patienten ausgeschieden werden, und zwar in umso größeren Mengen, je weiter der Untergang von Nervenzellen bereits fortgeschritten ist. Angeboten wird der Test von dem Pharmaunternehmen Nymox. 50 ml Urin müssen zur Analyse an das unternehmenseigene Labor in New Jersey eingeschickt werden. Innerhalb von fünf Werktagen nach Eintreffen der Probe erhält man das Ergebnis. Angaben der Firma zufolge liegt die Trefferquote des 295 Dollar teuren Tests bei 90 %.

Für die Leser dieses Buches besteht durchaus Grund zur Hoffnung, dass sich innerhalb ihrer Lebenszeit ein Medikament zur Vorbeugung oder gar zur Behandlung von Alzheimer finden wird. Ein solcher Fortschritt könnte auch einen unerwarteten Nebeneffekt haben: Älteren Rauchern, die heute noch auf die Schutzwirkung von Nicotin schwören, kommt dann ein Argument für das Beibehalten ihrer Gewohnheit abhanden.

6
Getarnte Polymere

In diesem Kapitel werden wir uns mit vier *Polymeren* (→ Glossar) beschäftigen, die im Alltag eine Rolle spielen, die wir aber selten als Produkte der chemischen Industrie wahrnehmen: Wegwerfwindeln, Kaugummi, Flüsterasphalt und CDs. Die zugehörigen Grundstoffe sind Polyacrylsäure (Polyacrylate), Styrol-Butadien-Copolymere (SBS- und SBR-Kautschuk) sowie Polycarbonat.

Möglicherweise gehören diese Bezeichnungen eines Tages zur Umgangssprache wie heute bereits Nylon, Polyester, PVC und Teflon; vielleicht werden die Materialien auch in hundert Jahren noch verwendet. Ob es die Industrie, die solche Polymere herstellt, dann noch gibt, ist schon eher fraglich angesichts der in den westlichen Ländern zunehmend um sich greifenden Chemophobie. Auf diese Angelegenheit werde ich im nächsten Kapitel eingehen. Vorläufig möchte ich Ihnen erklären, in welcher Form uns die genannten Polymere tagtäglich begegnen und warum sie so erfolgreich sind.

Für die Intimsphäre: Superabsorber

Niemand denkt gern darüber nach, wie und wann sich der Körper der Abfallprodukte seines Stoffwechsels entledigt. Unvermeidlich ist dieses Thema allerdings für Personen, die wenig oder keine Kontrolle über ihre Ausscheidungen haben: Babys, Frauen während der Regelblutung, inkontinente ältere Leute und vielleicht sogar Astronauten. Zur Lebensqualität all dieser Menschen trägt ein recht bemerkenswertes Polymer entscheidend bei.

Ein Baby zu füttern macht der Mutter meistens Freude. Weniger angenehm hingegen – auch für Mütter, besonders aber für Väter – ist das Wechseln der Windeln. Im Laufe eines Tages scheidet ein Säugling ungefähr einen halben Liter Urin und 10 bis 50 Gramm Stuhl aus. Wie man sich dessen entledigt, ist kein Gesprächsgegenstand in feiner (und selbst weniger feiner) Gesellschaft; auch in Geschichtsbüchern wird dieses Thema nur äußerst vereinzelt erwähnt.

Mit dieser von Chronisten aller Jahrhunderte sorgfältig umgangenen Angelegenheit sahen sich schließlich die Chemiker konfrontiert, und sie erfanden etwas, das die meisten Eltern inzwischen gern verwenden: die Wegwerfwindel. Zwar brachte das Resultat wieder ein anderes Problem mit sich, aber auch für dieses zeichnet sich, wie wir noch sehen werden, bereits eine Lösung ab.

Unsere Vorfahren, soweit sie in gemäßigten oder nördlichen Klimazonen lebten, waren gezwungen, ihre Babys in Tücher zu wickeln, um sie warm zu halten. Wann der Nachwuchs sich seiner Ausscheidungen entledigen wollte, war (und ist) jedoch naturgemäß sehr schwer vorherzusagen. Um den Unrat aufzusaugen, benutzte man natürliche Materialien aller Art. Eine geeigneten Stoff zu finden fiel den Eskimos wahrscheinlich besonders schwer; schließlich wickelten sie Moos in Windeln aus Robbenleder. In weniger abgelegenen Teilen der Welt bot sich Gras oder Heu an, in weiche Häute (etwa von Kaninchen) eingeschlagen; in Siedlungen und Städten verwendete man Stoffwindeln, obwohl man diese jedes Mal, wenn das Baby sie »benutzt« hatte, wechseln und entsprechend oft waschen musste, um dem Säugling einen wunden Po zu ersparen.

Die industrielle Revolution brachte bessere Materialien mit sich, insbesondere baumwollene Handtücher, die recht saugfähige Windeln abgaben. Die in immenser Menge anfallenden Tücher zu reinigen, zu waschen und zu trocknen nahm einen großen Teil der Zeit junger Mütter in Anspruch. In den 1940er-Jahren kamen als gewisse Erleichterung Windelhosen aus Gummi auf, die, über die Windel gezogen, deren Auslaufen verhinderten; weiche Papiertücher wurden in die Windel gelegt, um feste Ausscheidungen aufzunehmen und in die Toilette zu spülen. Auch die ersten Wegwerfwindeln stammen aus dieser Zeit. Sie bestanden aus einer dicken Lage Zellstofftücher in einer Kunststoffumhüllung, konnten aber nicht mehr als eine »Ladung« Urin aufnehmen. Sie waren unbeliebt und verschwanden bald wieder aus den Regalen.

1961 brachte das amerikanische Unternehmen Procter & Gamble die »Pampers« auf den Markt, gefüllt mit einer wesentlich saugfähigeren Schicht gekräuselter, aus Holzschliff hergestellter Zellulosefasern. Diese Lage war jedoch ziemlich dick – so dick, dass Ärzte befürchteten, die Beine des Babys würden zu weit auseinander gebogen und die Knochen könnten sich verformen. Kimberley Clark führte 1976 sanduhrförmige Windeln ein, um diesen Einwand zu entkräften. Allerdings geht man mittlerweile davon aus, dass voluminöse Windeln einer gesunden Entwicklung der Hüftgelenke eher förderlich sind.

Die saugfähige Schicht in einer Windel muss natürlich vor allem möglichst viel Flüssigkeit aufnehmen können. Die Wassermoleküle werden entweder von geladenen Teilchen (Ionen) festgehalten, oder es bilden sich schwache Bindungen aus, die *Wasserstoffbrückenbindungen* (→ Glossar). Cellulose ist für Wasserstoffbrücken in besonderem Maße prädestiniert, denn sie enthält nicht nur viele Sauerstoffatome, von denen aus sich Brücken bilden, sondern auch an Sauerstoff gebundene Wasserstoffatome, die sich ebenfalls an solchen Bindungen beteiligen. Aus diesem Grund stellt man aus Cellulose Papierhandtücher, Servietten, Toilettenpapier und Küchentücher her; auch die Saugfähigkeit von Tischdecken, Handtüchern und Badelaken aus Leinen und Baumwolle beruht auf den chemischen Eigenschaften der Cellulose. Frotteetücher geben hervorragende Stoffwindeln ab, und sogar Sägespäne, die im Wesentlichen aus Cellulose bestehen, wurden früher als Saugmaterial in Inkontinenzvorlagen verwendet.

Die Wasserstoffbrücken, mit denen Wassermoleküle an die Cellulose gebunden sind, können leicht wieder aufgebrochen werden. Entsprechend bereitwillig gibt die voll gesogene Schicht Wasser an alle Oberflächen ab, mit denen sie in Berührung kommt – zum Beispiel an die Haut. Wechselt man eine nasse, »volle« Windel nicht beizeiten, so wird das Baby wund. Die Windeldermatitis (gerötete, wunde Haut mit offenen Stellen) ist schmerzhaft und kann mit Ölen und Salben zwar gelindert werden, heilt aber nur langsam ab, weil man dem Säugling immer wieder Windeln anlegen muss, die zwangsläufig erneut nass werden.

Seitdem sich Wegwerfwindeln allgemein durchgesetzt haben, ist der Windelwechsel wesentlich schneller, unkomplizierter und hygienischer geworden; entsprechend seltener werden Babys wund. Allerdings hat der Komfort einen Preis, den zu zahlen manch frisch gebackenem Elternpaar nicht ganz leicht fällt: Bis ein durchschnittliches Kind »sauber« ist, hat man mehrere Tausend Euro allein für rund 4000 Windeln ausgegeben.

In den 1980er-Jahren wurden völlig neuartige Wegwerfwindeln eingeführt, die den Markt revolutionieren sollten. Die dicke Lage Zellstoff wurde ersetzt durch einen polymeren Superabsorber, wodurch die Windel einerseits dünner wurde (und hübscher anzusehen war), andererseits aber mehr Flüssigkeit aufsaugen konnte. Zu dieser Zeit hatten die Superabsorber bereits Einzug in die Damenhygiene gehalten: Die voluminöse »Binde« war unauffälligen Vorlagen gewichen. Bald versah man die Einwegwindeln mit Klebebändern und später Klettverschlüssen, die das Wechseln enorm erleichterten. Eine Windel kann mehrmals »benutzt« werden, bevor man sie schließlich entfernt, zusammenrollt, wegwirft – fertig. Der Lebensweg des Windelhöschens endet entweder in der Müllverbrennung oder auf der örtlichen Deponie. Bevor wir uns mit diesem leidigen Problem auseinander setzen, wollen wir uns der Windelchemie zuwenden.

Superabsorber sind bemerkenswerte Polymere. Sie können große Mengen Wasser binden, wobei sie aufquellen. Die 10 Gramm in einer Einwegwindel enthaltenen Polyacrylat-Kügelchen nehmen das Fünfzigfache ihres Gewichts an Wasser auf – unter dem Druck eines Babypos (im Sitzen) immerhin noch das Dreißigfache.

Erstmals erwähnt wurde die Polyacrylsäure 1938 in der deutschen Fachzeitschrift Kunststoffe. Der Chemiker W. Kern, so ist zu lesen, hatte die Substanz durch Polymerisation einer wässrigen Lösung von Acrylsäure erhalten. Neutralisiert man die Säure in der Lösung teilweise – das bedeutet, neben Säuregruppen sind jetzt auch Natriumacrylatgruppen anwesend –, so entsteht das noch nützlichere Polyacrylat (→ Glossar unter *Polymere*). An der Kohlenstoffkette befinden sich nun auch ionische Gruppen, die aus den oben erwähnten Gründen die Wasseraufnahmefähigkeit des Polymers nochmals steigern.

Das kommerzielle Polymer enthält darüber hinaus einen Vernetzer. Er verhindert, dass sich der Superabsorber in Wasser auflöst. (Je stärker das Polymer vernetzt ist, desto schwerer löst es sich; gleichzeitig verliert es aber an Quellfähigkeit, kann also immer weniger Wasser aufnehmen.)

1968 wurden die ersten Patente für Windeln und medizinische Produkte auf der Grundlage von Superabsorbern erteilt. Erst zu Beginn der 1980er-Jahre kamen solche Höschenwindeln jedoch tatsächlich auf den Markt, zunächst in Japan, wo sie sich sofort als Erfolg erwiesen. Ab 1984 konnte man die Windeln mit Superabsorbern in den USA kaufen, wenige Jahre später auch in Europa, und mittlerweile haben sie sich mehr oder weniger weltweit bewährt. Ein wesentlicher Teil der jährlich erzeugten 3 Millionen Tonnen Superabsorber endet in Windeln. (Allein in den USA gehen jährlich rund 20 Milliarden Einwegwindeln über die Ladentische.) Weitere wichtige Anwendungsgebiete sind Inkontinenzeinlagen für Erwachsene – ein mit Sicherheit wachsender Markt – und Hygieneartikel für Damen.

Inzwischen werden Superabsorber von vielen Chemieunternehmen hergestellt. Spitzenreiter mit einem Viertel des weltweiten Produktionsvolumens ist das Unternehmen BASF. Nordamerikanische Hersteller beherrschen 40 % des Marktes, europäische Firmen 30 %. Produktionsbetriebe für Superabsorber baut man meistens in der Nähe von Acrylsäureanlagen, weil dieser Rohstoff sehr reaktiv und daher explosionsgefährdet ist, selbst wenn man spezielle Inhibitoren zusetzt. Aus diesem Grunde gibt es rund um den Globus unzählige kleine solche Werke, deren Kapazität maximal 500 000 Jahrestonnen, im Mittel aber nur ein Zehntel davon beträgt.

Polyacrylat kann man auch zu anderen Zwecken verwenden. Mit Gummi gemischt, dient es als Dichtungsmaterial und verhindert das Eindringen von Feuchtigkeit in Bauwerke. Beim Kontakt mit Wasser quillt der Superabsorber auf, wodurch die Gummipartikel dicht zusammengequetscht werden. Es entsteht eine wasserundurchlässige Membran. In dieser Weise geschützt sind beispielsweise die Wände des Ärmelkanaltunnels. Vergleichbar zusammengesetzt ist ein flexibles Band zum Abdichten defekter Wasserrohre.

Geschlossene Räume wie Garderoben oder Schränke lassen Feuchtigkeit muffig riechen; in feuchten Mülleimern vermehren sich Mikroben. Abhilfe schaffen hier Superabsorber-Granulate. Voll gesogen lassen sie sich durch einfaches Erhitzen mehrfach regenerieren. Im Gartenbau erfüllt das Granulat den gegenteiligen Zweck: Blumenerde, mit etwas Superabsorber versetzt, hält das Gießwasser besser, Samen keimen schneller, und Setzlinge wachsen besser an. Mit Fertigprodukten dieser Art kann man sich behelfen, wenn man Pflanzen nur unregelmäßig oder nicht ausreichend gießen kann, beispielsweise in Balkonkästen und Hängetöpfen. Im Vergleich zur Wegwerfwindel sind solche Erzeugnisse aber eher unwichtig.

Eine Einwegwindel besteht aus vier Lagen, nämlich
- einem der Haut zugewandten, weichen Polypropylenvlies mit Auslaufsperren an den Beinabschlüssen,

- einem Polster aus Zellstoff oder Kunststofffasern, das den Urin verteilt,
- dem wichtigen Kern, bestehend aus Superabsorber-Körnchen, eingebettet in Zellstoffflocken und umhüllt von einem Zellstofftuch, sowie
- der Außenseite, bestehend aus wasserdichter Polypropylenfolie mit gewebeähnlichem Griff. An dieser Schicht sind auch die Klebe- oder Klettbänder zum Befestigen der Windel sowie elastische Bündchen angebracht, die das Auslaufen verhindern sollen. Millionen winziger Poren sorgen für Luftdurchlässigkeit und helfen so, den Babypo trocken zu halten.

Das Funktionsprinzip der Superabsorber ist die *Osmose* (→ Glossar): Wasser ist so lange bestrebt, aus einer weniger konzentrierten Lösung durch eine Membran in eine konzentriertere Lösung zu wandern, bis die Konzentration auf beiden Seiten der Membran gleich ist. In den Superabsorber hinein diffundiert das Wasser in dem (zum Scheitern verurteilten) Bestreben, die Konzentration von Natrium- und Acrylat-Ionen herabzusetzen. Das Polymer kann auf diese Weise bis zum 3000fachen seines Eigengewichts an reinem Wasser aufnehmen, wobei ein farbloses Gel entsteht. Urin ist natürlich kein reines Wasser, sondern eher eine rund 1%ige Salzlösung. Je mehr Wasser von dem Superabsorber gebunden wird, desto konzentrierter ist der verbleibende Urin. Wenn schließlich ein Gleichgewicht erreicht ist, hat das Polymer maximal das 50fache seines Gewichts an Wasser aufgesogen – was zweifellos noch immer ausreicht.

Wie nicht anders zu erwarten, brachten Umweltschützer Einwände gegen die Wegwerfwindel vor, insbesondere hinsichtlich der Müllbeseitigung; aber auch in anderem Zusammenhang geriet die Windel in die Schlagzeilen. »Wegwerfwindeln machen unfruchtbar« wurde im September 2000 befürchtet, gestützt auf einen Artikel in der Zeitschrift *Archives of Disease in Childhood*. Wolfgang Sippell, Professor für pädiatrische Endokrinologie und Leiter einer Arbeitsgruppe an der Universität Kiel, hatte in einer Studie an 48 kleinen Jungen festgestellt, dass in Wegwerfwindeln eine durchschnittlich um ein Grad höhere Temperatur am Hoden herrscht als in einer waschbaren Mullwindel.

Bekanntermaßen sind Qualität und Menge der Spermien der Hodentemperatur umgekehrt proportional: Je wärmer die Hoden sind, desto weniger beweglich sind die Spermien und desto häufiger treten Entwicklungsverzögerungen auf. Deshalb könnten, so wurde spekuliert, mit Höschenwindeln aufgezogene Jungen im späteren Leben Probleme haben, Kinder zu zeugen. Die Medien verknüpften diesen Hypothese umgehend mit dem oft diskutierten Abnehmen der Fruchtbarkeit in den westlichen Ländern im Laufe der zweiten Hälfte des 20. Jahrhunderts. Wäre die Theorie richtig gewesen, hätte man Wegwerfwindeln aus den Regalen verbannen müssen – je eher, desto besser.

Für die Medien war Sippells Studie ein gefundenes Fressen. Natürlich ist die Zeugungsfähigkeit ihrer männlichen Sprösslinge allen Eltern wichtig. Eine Arbeit, die von einer angesehenen Zeitschrift veröffentlicht worden war, musste zudem von anderen erfahrenen Kindermedizinern geprüft worden sein und konnte nicht einfach als Panikmache abgetan werden. Ohne Zweifel war die Temperatur in der Hodengegend bei Jungen, die Wegwerfwindeln trugen, ein Grad höher als bei ihren mit Mull gewickelten Altersgenossen. Das verwundert auch kaum, denn die Innenschicht einer Windel war zur Zeit der Studie nicht nur wasserundurchlässig (wie heute), sondern sie schloss die feuchtwarme Atmosphäre am Körper ziemlich dicht ab. Baumwollwindeln können dies nicht (vorausgesetzt, man zieht nicht noch eine Plastikhose darüber); sie lassen die Luft zirkulieren, wodurch die Haut ständig gekühlt wird.

Der zweite Vorwurf, der Wegwerfwindeln gemacht wird, ist vielleicht sogar noch ernster zu nehmen. Er betrifft die biologische Abbaubarkeit: Auf Deponien wachsen Windelberge zum Himmel, die sich erst nach Jahrhunderten zersetzen. Aus diesem Grund seien, so wird argumentiert, die abfallarmen Stoffwindeln zu bevorzugen. Dass Eltern hier und da wieder zum Gebrauch von waschbaren Windeln ermutigt werden, ist auch durchaus nicht unsinnig, obwohl die Ökobilanz bei Berücksichtigung aller Energie- und Rohstoffaufwendungen für eine Stoffwindel höchstens minimal günstiger ausfällt als für eine Einwegwindel. Zu bedenken ist aber, dass Letztere einen nicht geringen Anteil von Produkten der petrochemischen Industrie enthält, Substanzen also, die letztlich aus fossilen Brennstoffen hergestellt werden und den Anspruch der Nachhaltigkeit nicht erfüllen können.

Diesen Herausforderungen müssen sich Forscher und Vermarkter stellen. Gibt es Wegwerfwindeln, die biologisch abgebaut werden können und aus nachwachsenden Rohstoffen bestehen? Prinzipiell lautet die Antwort ja, obwohl die ersten kommerziellen Experimente nicht völlig überzeugen konnten.

Die 42 Jahre alte schwedische Anwältin Marlene Sandberg, Mutter zweier Jungen, meinte die Akzeptanz von Wegwerfwindeln durch die Verwendung umweltfreundlicher Materialien verbessern zu können. Ihre Windel, die unter dem Markennamen Nature Boy & Girl in den Handel kam, bestand zu 70 % aus kompostierbaren, nachwachsenden Rohstoffen, Baumwolle für die Saugschicht und einem Polymer auf Maisstärkebasis für die Außenhüllen. Sie enthielt zwar noch etwas Superabsorber, aber wesentlich weniger als die gebräuchlichen Windeln. Diese begrüßenswerte Entwicklung wurde vom Women's Environmental Network gleichwohl abgelehnt. Eine Sprecherin wurde zitiert mit der Bemerkung, jede Wegwerfwindel – aus was für Rohstoffen auch immer hergestellt – trage zum Müllproblem bei. Auch die etablierten Windelproduzenten versuchen Sandbergs Erfindung abzuwerten. »Nature«-Windeln, so argumentieren sie, würden sich auf Deponien keineswegs in Luft auflösen, und ihr Erfolg habe mehr mit cleverem Marketing zu tun als mit wissenschaftlicher Erkenntnis. Bis zu einem gewissen Grad ist das richtig.

Warum sollten eines Tages nicht alle Komponenten einer Wegwerfwindel aus nachwachsenden Ressourcen hergestellt werden können? Nach dem Gebrauch werden sie in Biogasanlagen zur Methanerzeugung abgebaut, zur Düngemittelgewinnung kompostiert oder in Müllverbrennungsanlagen in Wärme verwandelt (was aufgrund des hohen Wassergehalts allerdings nicht besonders geschickt ist). Eine andere Methode wird in der kalifornischen Stadt Santa Clarita getestet: Benutzte Windeln werden eingesammelt, sterilisiert und in einer Anlage mit einem Durchsatz von einer Tonne pro Stunde in Papier- und Plastikbestandteile getrennt. Aus den Faserstoffen stellt man Papier her, aus dem Kunststoff Gartenbänke und Paneele.

Das mexikanische Unternehmen Absormex wirbt mit einer angeblich vollständig biologisch abbaubaren Windel »Natural Baby Supreme«. Erreicht worden sei dies durch Zusatz einer Substanz zu den Plastikfolien, die deren Zersetzung durch Sonne, Wärme oder mechanische Beanspruchung fördere. Offenbar sind die Windeln tatsächlich so UV-empfindlich, dass sie in speziellen Lichtschutzverpackungen ausgeliefert werden müssen.

Inzwischen versuchen die Chemiker, die traditionelle Wegwerfwindel weiter zu verbessern. Ein Problem bestand zum Beispiel darin, dass sich an der Oberfläche der Superabsorber-Körnchen gelegentlich eine wasserundurchlässige Schicht bildet, wodurch das Korn nicht weiter aufquellen kann. Durch eine gezielte Abwandlung der Oberflächenstruktur fand man eine Lösung. Möglicherweise kommt bald ein völlig neuer Superabsorber auf den Markt: Polymethacrylat-Gel nimmt nicht nur wesentlich mehr Feuchtigkeit auf als gewöhnliches Polyacrylat, es wirkt zudem geruchsbindend. Besonders wichtig ist diese Eigenschaft bei Artikeln zur Pflege alter Menschen. Auch andere Ansätze zur Neutralisierung der Thiole, die Urin und Stuhl ihren charakteristischen üblen Geruch verleihen, werden verfolgt.

Kaugummi: Polymere Kohlenwasserstoffe (1)

Kaugummi wurde einst aus reinen Naturstoffen hergestellt. Heute besteht er im Großen und Ganzen aus synthetischen Stoffen, was ihn zwar nicht besser macht, aber immerhin gesünder.

Die Kommunikation zwischen zwei Menschen, die sich von Angesicht zu Angesicht gegenüberstehen, beruht nicht nur auf dem gesprochenen Wort, sondern auch auf Körpersprache, Gesten – und Gerüchen. Nichts verleidet eine Unterhaltung mehr als ein übler Mundgeruch des Gesprächspartners. Wie können wir eine solche Situation verhindern oder wenigstens retten? Eine Möglichkeit ist, den Mund mit einem Mundwasser zu spülen, zum Beispiel mit Odol; am Arbeitsplatz fehlt aber häufig die Gelegenheit, dies regelmäßig zu tun. Abhilfe kann man schaffen, indem man die Mundhöhle bei ihrer Selbstreinigung unterstützt – und dazu auf einem Gummi herumkaut.

Mundgeruch wird unmittelbar durch die Inhaltsstoffe mancher Speisen hervorgerufen, beispielsweise durch schwefelhaltige Moleküle aus rohen Zwiebeln und Knoblauch. Allerdings haben sich diese Duftstoffe erstens nach wenigen Stunden verflüchtigt, zweitens nimmt sie der Träger selbst wahr. Üble riechende Moleküle werden aber auch von Bakterien im Mund produziert, die sich auf Speiseresten vermehren, in kariösen Zähnen oder auf angegriffenem Zahnfleisch wohnen. Der schlechte Atem, den der Verursacher in der Regel nicht bemerkt, kann zum ernsthaften Hindernis der beruflichen und privaten Kommunikation werden.

Zur täglichen persönlichen Pflege gehört die Mundhygiene. Selbst wenn Sie sich aber nach dem Frühstück die Zähne putzen und die Zwischenräume sogar mit Zahnseide reinigen, sind Sie womöglich nicht den ganzen Tag lang vor dem Angriff unerwünschter Bakterien geschützt. Zu frischem Atem verhilft am einfachsten ein Kaugummi – einmal durch eigene Aromastoffe, vielleicht Pfefferminze, zum anderen aber durch die Entfernung von Nahrungsresten und Bakterien von den Zähnen. Kaugummi regt den Speichelfluss an, und der Mund wird förmlich ausgewaschen.

Ein durchschnittlicher gesunder Erwachsener sondert am Tag ungefähr einen halben Liter (500 ml) Speichel ab. Die Rate, mit der die Flüssigkeit von sechs Drüsen im Mund abgegeben wird, schwankt stark, von 0,3 ml pro Minute in Ruhephasen bis zu 5 ml pro Minute, wenn man zu kauen beginnt (etwa 20 Minuten später ist sie bereits auf 1,5 ml pro Minute gefallen).

Speichel besteht zu 99,5 % aus Wasser. Das halbe Prozent gelöste Chemikalien jedoch spielt eine Schlüsselrolle für die Mund- und Zahngesundheit sowie für die Verdauung. Im Speichel finden sich organische, anorganische und Makromoleküle.

Die organischen Substanzen sind (geordnet nach dem relativen Gehalt) Fettsäuren, Harnstoff, freie Aminosäuren, Harnsäure, Lactat und Glucose. Ihre Mengenverhältnisse spiegeln (auf viel niedrigerer Stufe) die Zusammensetzung des Plasmas wider.

Zu den anorganischen Stoffen gehören (wieder in der Reihenfolge ihrer Bedeutung) Chlorid, Kalium, Natrium, Phosphat, Bicarbonat, Calcium und Magnesium. Zahnschmelz besteht aus Calciumphosphat; Calcium und Phosphat aus dem Speichel dienen als Reparaturmaterialien für kleine Zahnschäden und helfen so, das Gebiss gesund zu erhalten. Diese Remineralisation wird durch den neutralen pH-Wert (ungefähr 7) des Speichels noch begünstigt. Erst wenn der pH-Wert unter 5,5 fällt, beginnt die Entmineralisierung des Zahnschmelzes.

Als Makromoleküle sind zu nennen Proteine, Glycoproteine, Antikörper, Lipide und die Enzyme *Amylase, Peroxidase und Lysozym* (Letzteres wirkt antibakteriell). In jüngster Zeit wurden immer mehr Proteine im Speichel entdeckt; 50 verschiedene Eiweißstoffe sind bekannt, deren Funktion wir aber nicht in jedem Fall verstehen.

Mangelnder Speichelfluss, von Medizinern als Xerostomie bezeichnet, tritt als Begleiterscheinung vieler Krankheiten und als Nebenwirkung etlicher gebräuchlicher Medikamente auf. Die ideale Lösung für dieses Problem ist Kaugummi.

Moderne Kaugummis sind sicher ein ausgefeiltes Produkt der Lebensmittelchemie, aber sie sind keinesfalls in jeder Hinsicht perfekt – ganz abgesehen davon, dass weggeworfene Gummis die

Innenstädte verschandeln. Auf Fußwegen und Fahrbahn der wichtigsten Einkaufsmeile Londons, der Oxford Street, zählte man im Jahr 2000 über eine Viertelmillion der klebrigen Kleckse. In Singapur wurde Kaugummi 1992 sogar gesetzlich verboten, weil die Gummikanten der Automatiktüren von U-Bahnen an den Abfällen festklebten. Erst seit 2002 darf zuckerfreier Kaugummi dort wieder in Apotheken verkauft und auch gekaut werden, vorausgesetzt, man kann ein Rezept von einem Arzt oder Zahnarzt vorweisen. Kaugummi klebt hervorragend an Asphalt und Gummi, denn hier trifft Gleich auf Gleich – alle diese Substanzen bestehen aus polymeren Kohlenwasserstoffen.

Wie müsste ein Kaugummi beschaffen sein, dessen Überreste die Umwelt nicht verunreinigen? Einen essbaren Kaugummi zum Beispiel könnte man, nachdem man genug gekaut hat, diskret verschlucken, anstatt ihn auf den Boden zu spucken. Alternativ böte sich ein biologisch abbaubares Material an. Diese Idee ist wohl nicht leicht in die Tat umzusetzen, denn der Gummi sollte dem Angriff von Speichel und Verdauungsenzymen im Mund widerstehen, auf der Straße jedoch möglichst rasch von Enzymen zerlegt werden. Zweifellos werden sich die Straßenkehrer in aller Welt noch eine Weile mit diesem Problem herumschlagen und die zähe Masse vom Boden abkratzen müssen.

Seit Tausenden von Jahren kaut der Mensch Gummi. Frühe Produkte stammten, wie Sie vielleicht vermuten werden, von Bäumen, die beim Anritzen der Rinde bestimmte Gummimassen abgeben. Bengt Nordqvist vom Schwedischen Nationalrat für Altertümer fand 1993 den ältesten bekannten Überrest eines Kaugummis, als er einen prähistorischen Wohnsitz, eine 9000 Jahre alte Hütte auf der Insel Orust, untersuchte. Gut erkennbare Zahnabdrücke bewiesen, dass der Gummi tatsächlich gekaut worden war. Es handelte sich um Harz einer Birke, das in gewisser Hinsicht heute gebräuchlichen »zuckerfreien« Kauartikeln ähnelt, denn es enthält den süß schmeckenden Stoff Xylitol (»Birkenzucker«). Höchstwahrscheinlich hatte ein Teenager aus der Steinzeit den Gummi nach Gebrauch weggeworfen, denn die Spuren deuteten auf ein gesundes Gebiss hin.

Mit Sicherheit bekannt war Kaugummi im antiken Griechenland. Der im 1. Jahrhundert n. Chr. lebende Arzt Dioskorides empfahl das Kauen von Mastixharz aus medizinischen Erwägungen. Mastix ist das aromatische Harz, das aus Schnitten in der Rinde der Mastixpistazie *(Pistacia lentiscus)* rinnt, einem im Mittelmeerraum heimischen, besonders in Küstengebieten und auf den griechischen Inseln gedeihenden Nadelbaum. Zu römischen Zeiten war Mastix exklusives Exportgut des griechischen Eilands Khios. Der größte Teil des Harzes wurde allerdings als Firnis verwendet. In den Sommermonaten brachte man an den Stämmen der Bäume senkrechte Schnitte an, aus denen der Saft langsam herausfloss und zu ovalen, erbsengroßen Tropfen erstarrte. Zwischen Juni und September wurden diese Tropfen aller vierzehn Tage abgeerntet.

Der moderne Brauch des Kaugummikauens lässt sich bis zu den amerikanischen Ureinwohnern in Neuengland zurückverfolgen, die Fichtenharz kauten; zu dessen Gewinnung ritzen auch sie die Rinde der Nadelbäume an. Um den Beginn des 19. Jahrhunderts übernahmen Siedler diese Gewohnheit. 1848 verkaufte John Curtis aus Bangor (Maine) den ersten »Reinen Fichtengummi aus Maine«. Zwei Jahre später zog Curtis nach Portland um, sein Produkt nannte er nun *American Flag*. Er erfand auch einen Kaugummi aus Paraffinwachs und Zucker, den er als *Sugar Cream Gum* und *White Mountain Gum* anbot.

Den entscheidenden Durchbruch in der Kaugummiherstellung brachte die Einführung des Chicle, eines Latexgummis. Dieses Naturprodukt gewinnt man aus dem in den Wäldern Mittelamerikas, besonders Guatemelas (Yucatán), heimischen Sapotillbaum *(Achras zapota)*. Im Grunde wurde die Substanz nur wieder entdeckt, denn schon die Mayas, deren Zivilisation bis etwa 800 n. Chr. ihre Blütezeit erreichte, kauten Chicle.

Wie die Legende zu berichten weiß, brachte vor über 100 Jahren der ehemalige mexikanische Präsident General Antonio López de Santa Anna (1797–1876) dem Fotografen Thomas Adams aus Staten Island eine Probe Chicle mit und schlug vor, diesen als Kautschukersatz zu verwenden. Nachdem sich die Substanz für diesen Zweck als ungeeignet erwiesen hatte, kam Adams auf die Idee, daraus Kaugummi herzustellen. Gemeinsam mit seinem 12-jährigen Sohn Horatio fertigte Adams Gummistreifen an, die er als *Adams New York Chewing Gum* für einen Cent das Stück verkaufte. Dies geschah 1871. Chicle war ein idealer Grundstoff für Kaugummi: Zwischen den Zähnen fühlte er sich weich und elastisch an, und er nahm Aromastoffe hervorragend auf. Erst fünfzig Jahre später wurde Chiclegummi von synthetischen Polymeren verdrängt. Der Naturstoff hatte nur einen wesentlichen Nachteil: Er musste von vereinzelt im Dschungel wachsenden Bäumen geerntet werden, da es auch nach vielen Versuchen nicht gelang, Sapotillbäume in Plantagen anzubauen.

Einst importierten die Vereinigten Staaten jährlich 7000 Tonnen Chicle aus Mittelamerika. Heute sind es weniger als 200 Tonnen. Das ist wahrscheinlich ganz gut so, denn nur mindestens 20 Jahre alte Bäume lassen sich anzapfen, und sie liefern nur alle drei oder vier Jahre jeweils etwa ein Kilogramm Saft. Die nachts und in den Morgenstunden besonders reichlich fließende Milch wird gesammelt und erhitzt, wobei sie zu einer klebrigen Masse polymerisiert. Das Produkt gießt man zum Abkühlen und Aushärten in Holzformen. Die Ernte birgt manche Gefahr, nicht nur in Form von Giftschlangen, die im Wald leben, sondern auch von Insekten (*Chicle fly*), die ihre Eier in Nase und Ohren der Waldarbeiter ablegen. Ausschlüpfende Larven, die sich tief ins Fleisch hineinfressen, entstellen das Gesicht. Noch dazu lohnt die Ernte wirtschaftlich kaum: Ein Kilogramm Gummi bringt nicht mehr als 2 Dollar ein. Der Rohstoffpreis trug damals wie heute nur wenige Prozent zum Wert des fertigen Produkts bei.

Heutzutage wird Kaugummi aus synthetischen elastischen Polymeren (Elastomeren) hergestellt. Hinsichtlich des Preises ist der Grundstoff nach wie vor von untergeordneter Bedeutung. Kaufen Sie ein Päckchen Kaugummi, so bezahlen Sie 20 % für die Rohstoffe, 25 % für die Herstellung, 10 % für die Auslieferung, 30 % für Werbung und Verkauf. Die restlichen 15 % verbleiben als Gewinn.

Neben Chicle kaute man früher auch andere natürliche Kautschukarten, die von tropischen Pflanzen mit exotischen Namen stammen: Chiquibul, Jelutong, Perillo, Sorv, Tunu. (Für die Gummiproduktion in Kautschukplantagen gewonnener Latex hingegen war von der Textur her ungeeignet.) Alle diese Naturstoffe leiten sich von Isopren ab, einem einfachen, von den Bäumen produzierten Kohlenwasserstoff. Die in reiner Form leicht flüchtige Flüssigkeit mit einem Siedepunkt von 34 °C hat die Summenformel C_5H_8. Das Isopren-Molekül besteht aus einer vier Kohlenstoffatome umfassenden Kette; die beiden äußeren C–C-Bindungen sind Doppelbindungen, an eines der mittleren C-Atome ist eine CH_3-Gruppe gebunden. Wie alle ähnlichen Substanzen mit Doppelbindungen polymerisiert

Isopren in Anwesenheit geeigneter Katalysatoren; in der Natur übernimmt der Luftsauerstoff diese Rolle. Will man die Polymerisation beschleunigen, so muss man die Milch sammeln, ansäuern und aufkochen. Dabei gerinnt sie zu einer weichen, gummiartigen Masse: Es entstehen lange Kohlenwasserstoffketten, die das Produkt elastisch, glatt und eben gut kaubar machen.

Natürliche Gummiarten haben einen wesentlichen Nachteil: Sie schmecken oft intensiv und wenig angenehm. Idealerweise sollte ein Grundstoff für Kaugummi völlig geschmacksneutral sein, damit man nach Wunsch künstliche Aromastoffe zusetzen kann. Aus diesem Grund griffen die Kaugummiproduzenten bald lieber zu synthetischen, aus reinem Isopren hergestellten Elastomeren. Isopren wird von der petrochemischen Industrie ohnehin in großem Maßstab als Ausgangsstoff für verschiedene Formen von Synthesekautschuk produziert.

Nachdem der Schritt vom natürlichen zum synthetischen Grundstoff einmal getan war, lag es nahe, sich versuchsweise völlig von den Polymeren auf Isoprenbasis zu verabschieden. Tatsächlich kann der moderne Kaugummi aus einer ganzen Reihe andersartiger Substanzen bestehen, darunter Polyisobuten, Polyvinylacetat, Polyvinyllaurat und insbesondere Copolymere von Butadien und Styrol. Exxon Mobil Chemicals, eine Sparte des Riesen im Ölgeschäft, produziert hochreine Kunststoffe für Kaugummi: Vistanex LM ist ein Polyisobutylen niedriger Molmasse, Vistanex MM hingegen, ein Polymer mit hoher Molmasse, enthält zusätzlich ein Antioxidans. Exxon Mobil liefert auch Butyl 007, ein Copolymer von Isobuten mit wenig Isopren.

Synthetische Kau-Stoffe wurden zuerst in den USA eingeführt, als die Vorbehalte gegenüber den Naturprodukten immer deutlicher zutage traten. Inzwischen haben sie sich generell durchgesetzt. Für diese Verwendung zugelassen sind Styrol-Butadien-Kautschuk (SBR), Isobuten-Isopren-Copolymere, Paraffinwachs, Erdölparaffin, Polyethylen, Polyisobuten, Polyvinylalkohol und synthetisches Terpenharz. Ausführliche Informationen zu diesen Verbindungen finden Sie im → Glossar unter *polymere Kohlenwasserstoffe*.

Der bekannteste Kaugummihersteller der Welt ist noch immer die von Adams gegründete Firma, seit 2002 Teil der Unternehmensgruppe Cadbury Schweppes. Nicht viel weniger berühmt ist das von William Wrigley 1892 in Chicago gegründete Unternehmen. Wrigley verkaufte zunächst Seife, dann Backpulver; um dessen Absatz anzukurbeln, verteilte er als Zugabe Kaugummipäckchen. Er hatte den gewünschten Erfolg, stellte aber bald fest, dass der Verkauf von Kaugummi profitabler zu sein versprach als das Geschäft mit Backpulver. 1906 kam sein Bestseller *Wrigley's Spearmint Gum* auf den Markt. Schon vier Jahre später war Wrigley's die amerikanische Marke mit den höchsten Absatzzahlen. In den Vereinigten Staaten wird bis heute mehr Kaugummi gekauft als in allen anderen Teilen der Welt. Ein durchschnittlicher Amerikaner kaut jährlich 300 Streifen Gummi. Das Umsatzvolumen beläuft sich auf über zwei Milliarden Dollar im Jahr. In Staaten wie Idaho, Oregon und Wisconsin wird auf einer Gesamtfläche von rund 150 Quadratkilometern die für die Aromastoffe benötigte Minze angebaut.

Als Zutaten von Kaugummi sind in Europa über 80 Stoffe zugelassen, in den USA ungefähr 50. Im Mittel enthält eine Sorte mindestens 15, oft 20, manchmal auch 30 aus dieser Palette ausgewählte Substanzen. Neben dem eigentlichen Gummi, Süß- und Aromastoffen gehören dazu Emulgatoren, Feuchthaltemittel und Konservierungsstoffe. Diese Reihenfolge entspricht der Bedeutung der Zutaten, nicht allerdings ihrem Mengenanteil am Produkt: Über die Hälfte eines klassischen Wrigley's-Spearmint-Streifens ist Zucker; ein Drittel ist Gummi; die anderen Stoffe tragen jeweils ein bis zwei Prozent bei.

Gummi erweicht durch das Eindringen von Öl. Das Gleiche passiert, wenn man einen Gummigrundstoff mit einem Wachs mischt: Dieses wirkt als »Schmierstoff« zwischen den einzelnen Polymersträngen, und das Produkt lässt sich besser bearbeiten. Wachse bestehen aus Ketten von $-CH_2-$Einheiten. Natürliche Wachse sind uns im ersten Kapitel »Kampf den Fältchen« bereits begegnet. Synthetische Wachse teilt man ihrer Kettenlänge nach in kristalline (25 bis 30 C-Atome) und mikrokristalline (35 bis 50 C-Atome) Sorten ein.

Als Weichmacher setzt man Kaugummis natürliche Wachse wie Carnauba- und Bienenwachs zu, die bis zum Erreichen der gewünschten Konsistenz gemischt werden. Steuern lässt sich durch diese Zusätze auch die Geschwindigkeit der Freisetzung von Aromastoffen. Kaugummis mit synthetischen Wachsen sind länger haltbar. Auf der Zutatenliste erkennt man sie an den E-Nummern E907 (kristallines Wachs) und E905 (mikrokristallines Wachs), wobei man Letzteres in der Regel meidet, seitdem eine Initiative behauptete, der Stoff habe sich im Laborversuch als Krebs erregend erwiesen. (Die Beweise dafür wurden bis heute nicht erbracht, aber der Ruf der Substanz in der Öffentlichkeit hat so stark gelitten, dass sich eine Verwendung als Lebensmittelzusatzstoff verbietet.) Emulgatoren (Lecithin, Glyceryl-Monostearat) benötigt man, damit der Kaugummi weich wird und sich alle Bestandteile dauerhaft und gleichmäßig mischen. Feuchthaltemittel (am besten *Glycerin*, → Glossar) verhindern, dass der Streifen austrocknet und hart wird. Emulgatoren und Feuchthaltemittel machen gemeinsam weniger als ein Prozent des fertigen Produkts aus.

Das traditionelle Süßungsmittel für Kaugummi ist Puderzucker mit Korngrößen von 200 Mikrometern oder weniger. Als Alternativen bieten sich Stärkezuckersirup aus Mais, Sorbitol, Mannitol, Xylitol, Aspartam und Acesulfam an. Maissirup eignet sich am besten, denn er verbessert die Textur des Produkts; im Sinne der Zahnhygiene ist seine Verwendung allerdings kontraproduktiv, denn er bildet wie Rohrzucker eine Nahrungsgrundlage für das im Mund lebende Bakterium *Streptococcus mutans*. Dieses scheidet Säuren aus, die den Zahnschmelz angreifen. Karies ist die Folge. Xylitol, Aspartam und Acesulfam hingegen schaden den Zähnen nicht. Xylitol ist zwar ein Kohlenhydrat wie Rohrzucker, wird aber von den Bakterien nicht zu Säuren abgebaut. Die Süße von Aspartam und Acesulfam ist so intensiv, dass man nur winzige Mengen dieser Substanzen benötigt, um den gewünschten Effekt zu erreichen.

Ein Prozent des Kaugummis machen Aromastoffe aus. Die beliebtesten sind zweifellos Carvon aus der Grünen Minze (»Spearmint«) und ein vorwiegend Menthol enthaltendes Gemisch aus der Pfefferminze. Verschiedene Ester sorgen für fruchtige Geschmacksrichtungen. Ein Kaugummi wird durchschnittlich zwanzig Minuten lang gekaut; moderne Produkte verlieren ihren Geschmack in dieser Zeit nicht. In Japan ist ein *Mystery Gum* erhältlich, der während des Kauens mehrmals seinen Geschmack ändert – etwa von Pfirsich über Trauben und Ananas zu Erdbeere.

Ein typischer Konservierungsstoff für Kaugummi ist Butylhydroxytoluol, kurz BHT (Zusatzstoff-Nummer E321). Das kräftige Antioxidans schützt das Produkt vor dem Angriff durch Sauerstoff. Bereits ein Gehalt von 100 ppm (0,01 %) genügt, um diese Aufgabe zu erfüllen. In machen Ländern ist die Verwendung von BHT verboten, weshalb man auf andere Antioxidanzien (etwa Alpha-Tocopherol) zurückgreifen muss. Auf Antioxidanzien konnte man auch nicht verzichten, als Kaugummi noch auf Naturstoffbasis hergestellt wurde: Die Polymerketten von Naturkautschuk enthalten ebenfalls Doppelbindungen, die von Luftsauerstoff angegriffen werden, was zur Vernetzung und damit zum Aushärten des Gummis führt. (Die Zusatzstoffe ersetzten dabei lediglich natürliche Antioxidanzien, die beim Auswaschen und Reinigen der Latexmilch verloren gegangen waren.)

Produktionsanlagen für Kaugummi bestehen aus großen Gefäßen, in denen ungefähr eine Tonne Gummimasse geschmolzen, mit den anderen Zutaten vermischt und so lange gerührt wird, bis sie die Konsistenz von Brotteig erreicht hat. Für traditionelle Gummistreifen walzt man die Masse aus, bestäubt sie mit Zucker und schneidet sie in Stücke, die schließlich verpackt werden. Man kann die Rohmasse auch in Kugel-, Würfel- oder andere Formen pressen, die mit Zucker oder Xylitol dragiert werden (Letzteres, wenn die Süßigkeit »zuckerfrei« sein soll).

In Kaugummi lassen sich Wirkstoffe »verstecken«, die verschiedenen Zwecken dienen sollen: Vitamine, Fluorid zur Stärkung des Zahnschmelzes oder sogar p-Chlorbenzyl-4-methylbenzylpiperazin zur Vorbeugung gegen Reisekrankheit. Der Wirkstoffgehalt des Gummis liegt bei bis zu 5 %. Im Prinzip könnte man auch andere Medikamente auf diese Weise verabreichen, aber das Problem der kontrollierten Dosierung ist noch nicht gelöst. Der Ansatz, Wirkstoffe beim Kauen langsam freizusetzen, ist sicherlich sinnvoll. Theoretisch ließe sich die gewünschte Substanz mit Polyvinylacetat (PVA) vermischen und dieses als Weichmacher in den Kaugummi einbauen. PVA, in pharmazeutischen Präparaten bereits als Bindemittel verwendet, würde dafür sorgen, dass der Wirkstoff allmählich abgegeben wird.

Im November 2000 ließ sich die Firma Wrigley einen Viagra-Kaugummi patentieren. Jeder Streifen soll 5 bis 100 mg Sildenafilcitrat enthalten. Ungefähr eine halbe Stunde vor dem beabsichtigten Geschlechtsverkehr müsste der Anwender den Gummi kauen. Auf dem Markt wird dieses Produkt allerdings wohl nicht vor 2011 erscheinen, wenn Pfizers Lizenz für Viagra abgelaufen und der Weg frei ist für billige Generika. Ein entscheidender Vorteil des Viagra-Kaugummis liegt in der langsamen Abgabe des Wirkstoffs, wodurch Magenverstimmungen, eine der unangenehmen Nebenwirkungen von Sildenafil, vermieden werden können.

Spezielle Kaugummisorten machen Zähne weißer, befreien verstopfte Nasen (durch Zusatz von Menthol oder Eukalyptusöl), lassen sich zu Blasen aufpusten oder kleben nicht an Zahnprothesen fest. Die Sorte *Freident* enthält einen Grundstoff, der nicht so stark klebt und deshalb nicht lästigerweise an Prothesen und Kronen haften bleibt. Für Blasenkaugummi verwendet man besonders elastische Gummisorten. Als Erfinder dieser Spezialität gilt Frank Fleer, der 1906 die Marke *Blibber Blubber* einführte. Die Beliebtheit des Produkts hielt sich allerdings in Grenzen: Erstens platzten die Blasen meist, bevor sie eine befriedigende Größe erreicht hatten, und zweitens klebten die Überreste fest, wohin sie auch gelangten (oder flogen). Eine verbesserte Variante, *Dubble Bubble*, verkauft die gleiche Firma seit Dezember 1928 bis heute. Als Grundstoffe für Blasenkaugummi kommen SBR oder Butylkautschuk in Frage.

1996 brachte das amerikanische Unternehmen Church & Dwight testweise einen Zahnpflegekaugummi auf den Markt, der die Bildung von Plaque hemmen sollte. Die Wirkung beruhte auf »Backpulver«, Natriumhydrogencarbonat ($NaHCO_3$), das als »Bicarbonat« in Sprudelwasser enthalten ist und die Säuren im Mund neutralisiert. Regelmäßig nach dem Zähneputzen gekaut, reduziert der Gummi dem Hersteller zufolge Zahnbeläge innerhalb eines Monats um 25 %. Um den unangenehmen Geschmack des Natriumhydrogencarbonats zu überdecken, wurde der Gummi mit Xylitol und Aromastoffen (Minze, Wintergrün, Zimt) versetzt.

Zu den Fernseh-Werbespots, gegen die sich 2003 in Großbritannien Beschwerden häuften, gehörte ein Kurzfilm, der zum Kauf des Kaugummis *Wrigley's X-cite* animieren sollte. Zu sehen war der Mund eines Mannes, dem ein gruseliger Hund entsteigt. (Im Englischen wird Mundgeruch auch *dog's breath*, Hundeatem, genannt.) Nach den Protesten stufte man den Werbespot als ungeeignet für kleinere Kinder ein, was bedeutete, dass er erst ab 21 Uhr gesendet werden durfte. Diese Affäre lenke die öffentliche Aufmerksamkeit natürlich verstärkt auf das Produkt, und die Verkaufszahlen schnellten nach oben, womit wieder einmal bewiesen ist: Ein Produkt, das sich verkaufen soll, braucht Publicity – fast gleichgültig welcher Art.

Flüsternde Straßen: Kohlenwasserstoffe (2)

Der Straßenverkehr wird immer leiser – nicht nur, weil die Motoren weniger Lärm machen und die Fahrzeuge mit schalldämmenden Isolierungen ausgestattet sind. Zum Verkehrslärm tragen entscheidend die Fahrgeräusche der Reifen beim Abrollen auf dem Straßenbelag bei. Der Einsatz spezieller Asphaltsorten dämmt nicht nur Geräusche, sondern lässt auch Niederschläge besser abfließen, wodurch die Autos bei Regen weniger Sprühnebel aufwirbeln. Das Geheimnis besteht in einer Abwandlung des Bitumens durch Zugabe von Polymeren.

Schwarz, klebrig, dreckig, einfach ekelhaft – natürlich, die Rede ist von Teer und Pech. Welchen Ruf diese Substanzen genießen, lässt sich an althergebrachten Wendungen in der Umgangssprache ablesen: »Pech« ist ein Synonym für (unverschuldetes) Unglück schlechthin, Gauner hängen zusammen »wie Pech und Schwefel« und hecken finstere Taten am liebsten in »pechrabenschwarzen« Nächten aus, die faule Marie im Märchen wird mit Pech begossen und in der Lynchjustiz wird »geteert und gefedert«. Pech und Teer waren einst durchaus nützliche Stoffe – aber wehe, Körperteile oder Gegenstände kamen versehentlich damit in Berührung. Die schwarz-stinkende Masse blieb sprichwörtlich – »wie Pech« – an allem haften. Heutzutage haben wir es weniger mit Teer und Pech als mit Bitumen zu tun. Pech ist der Rückstand der Destillation natürlicher Holzöle wie Terpentin, Teer ist der Rückstand der trockenen Destillation von Kohle, und Bitumen bleibt übrig, wenn man Rohöl abdestilliert.

Pech, eine Substanz mit langer Geschichte, brauchten Schiffbauer zum Kalfatern (Abdichten der Ritzen zwischen den Planken von Holzrümpfen). Mit Teer wurden vor allem Straßen gebaut, bis man die Krebs erregende Wirkung mancher seiner Bestandteile erkannt hatte. Heute verwendet man dafür und für Dachabdeckungen das nicht kanzerogene Bitumen. In direkten Kontakt möchte man damit nach wie vor nicht kommen, aber die Substanz selbst machte im Laufe der vergangenen zwanzig Jahre eine erstaunliche Entwicklung durch. Beispielsweise ist Bitumen nicht mehr unbedingt schwarz, sondern man kann es in beliebigen Farben herstellen.

Nach der Abdestillation aller anderweitig verwendbaren Kohlenwasserstoffe aus Rohöl blieb früher ein Rückstand von rund 10 % der Gesamtmasse übrig. Mittlerweile hat man die Raffinationsverfahren wesentlich vervollkommnet, sodass dieser Rest bei vielen Rohölsorten auf weniger als ein Prozent zusammengeschmolzen ist (er kann aber bis zu 50 % ausmachen). Von den 1500 weltweit ausgebeuteten Ölquellen eignen sich nur wenige für die Bitumengewinnung, wobei die Nachfrage ständig steigt. Von Straßen, Startbahnen und Dächern ist Bitumen nicht mehr wegzudenken. Die Weltproduktion von 75 Jahrestonnen Bitumen stammt inzwischen vorwiegend aus spezialisierten Anlagen in modernen Raffinerien. Chemiker haben Wege gefunden, die Eigenschaften und sogar die Umweltverträglichkeit des Produkts zu verbessern.

Die Zusammensetzung von Bitumen lautet ungefähr C_7H_{10} mit kleinen Anteilen Sauerstoff und Stickstoff, aber bis zu 6 % Schwefel. Die Summenformel besagt nicht viel: In Wirklichkeit handelt es sich um ein Gemisch verschiedenster chemischer Verbindungen. Dass die meisten Moleküle groß und schwer flüchtig sind, versteht sich von selbst, denn andere Substanzen wären bei der Fraktionierung des Rohöls mit verdampft.

Nach ihrer Löslichkeit in Heptan, einem Lösungsmittel, teilt man die Komponenten des Bitumens in zwei Gruppen ein, die Asphalten (unlöslich) und die Maltene (löslich). Exakt ausgedrückt ist Bitumen eine kolloide Dispersion der Asphaltene in den Maltenen. Die Asphaltene, große Moleküle, machen den kleineren Teil aus. Zu den Maltenen, dem Hauptteil, zählt man (in der Reihenfolge ihrer Bedeutung) Aromaten (vorwiegend Abkömmlinge des Naphthalens), gesättigte Kohlenwasserstoffe (viskose Öle) und polare Moleküle. Letztere sorgen für die ausgeprägte Adhäsion, die berüchtigte Klebrigkeit des Bitumens.

Bitumen eignet sich nicht als Rohstoffquelle, den Ansprüchen des Straßenbaus genügt das Material aber durchaus. Forderungen nach besseren Straßenbelägen lösten eine Nachfrage nach modifizierten Bitumensorten aus. Bitumen selbst ist thermoplastisch: Mit steigender Temperatur wird es flexibler, und je flexibler es ist, desto stärker verformt es sich unter dem Druck von starkem Verkehr. Um dieser Tendenz entgegenzuwirken, setzte man dem Bitumen wieder verwertetes Gummi aus Autoreifen zu; Beimischungen von Schwefel und Organomanganverbindungen machten den Naturstoff besser verarbeitbar und fester. Besonders bewährt hat sich die Zugabe thermoplastischer Polymere, vor allem Styrol-Butadien-Styrol-Kautschuk (SBS).

SBS-modifiziertes Bitumen ist deutlich leistungsfähiger, belastbarer und auch bei Überwärmung formbeständiger. Um die Eigenschaften in Zahlen zu erfassen, misst man den Druck, den das Material aushält, bevor es zu reißen beginnt. Modifiziertes Bitumen ist 100-mal fester als herkömmliches. SBS entsteht durch Verknüpfung zweier normalerweise nicht miteinander verträglicher Polymere mit deutlich verschiedenen Merkmalen. Den mittleren Abschnitt des Polymers bilden hochelastische Butadien-Einheiten, während Polystyrolbausteine an beiden Enden der Kette für Festigkeit sorgen. Nach dem Zusatz von SBS quillt Bitumen stark auf. Beim Abkühlen verbinden sich die Polystyrolenden zu einem dreidimensionalen Netzwerk. SBS-Bitumen findet Verwendung auf Straßen und Dächern; aus einem ähnlichen Material, Styrol-Isopren-Styrol (SIS), stellt man Heißkleber und Dichtungsmassen her.

Zurück zur Bibel

Die Geschichte der langkettigen polymeren Kohlenwasserstoffe reicht weit zurück bis in die Antike. Mit Pech dichtete man Schiffsrümpfe, Wasserspeicher und Kanäle, baute Ziegelmauern und klebte Werkzeuge, Waffen, Mosaiken und Intarsien. Wie im Alten Testament nachzulesen ist, sollte Noah seine Arche aus Holz bauen und innen und außen mit Pech abdichten (Genesis 6,14). Der Turm zu Babel wurde aus Ziegel errichtet, die von Pechmörtel zusammengehalten wurden (Genesis 11,3). Auch das Binsenkörbchen, in dem der neugeborene Mose ins Wasser des Nil ausgesetzt wurde, war mit Pech wasserundurchlässig gemacht worden (Exodus 2,3). Diese Erzählungen sind zwar hauptsächlich allegorisch gemeint, aber die Verfasser wussten offensichtlich über die Verwendung von Bitumen in den Königreichen des Altertums Bescheid. Natürliches Bitumen (Naturasphalt, Erdpech) quoll in manchen Gegenden aus dem Boden. Klümpchen davon fanden die Menschen im Toten Meer (auch »Asphaltmeer« genannt) treibend. Heute bezeichnet man als »Asphalt« ein Gemisch von Bitumen mit anderen Komponenten.

Auf Spuren des am weitesten zurückliegenden Einsatzes von Naturasphalt stießen Archäologen bei Mohenjo Daro im Industal. Ein ungefähr 5000 Jahre alter Wasserspeicher bestand aus Steinquadern, die mit Bitumen zusammengehalten wurden. (Auch moderne Wassertanks werden noch auf diese Weise abgedichtet.) Die Bewohner des Zweistromlands, Chaldäer, Akkadier und Sumerer, bauten Asphalt aus Lagerstätten in geringer Tiefe ab und exportierten ihn in ferne Länder. Bitumen als Baustoff für Straßen halten wir intuitiv für eine Errungenschaft der Neuzeit. Nachweislich verwendete man die Substanz aber bereits im Babylon des 6. Jahrhunderts v. Chr., zu Lebzeiten des Königs Nebukadnezar, zur Befestigung von Wegen – allerdings nicht als Belag, sondern als Mörtel für Pflastersteine.

Früher meinte man, das Wort »Mumie« leite sich von der arabischen Bezeichnung mumiyah für Naturasphalt ab. Dass Mumien schwarz aussehen, führte man auf einen Pechüberzug zurück. 2001 analysierten die Chemiker Richard Evershed und Stephen Buckley von der Universität Bristol dreizehn in britischen Museen aufbewahrte Mumien. Sie wiesen alle möglichen Harze und Konservierungsstoffe nach, die zum Einbalsamieren verwendet worden waren, fanden aber nicht die kleinste Spur Asphalt.* In römischer Zeit machte man mit Asphalt manche ägyptischen Mumien wasserfest; zu Lebzeiten der Pharaonen gab es diesen Brauch jedoch keinesfalls. Damals überzog man die Mumien mit Bienenwachs, woraus sich vielleicht auch ein Hinweis auf die Herkunft der Bezeichnung entnehmen lässt: Das Wort der ägyptischen Kopten für Wachs ist *mum*.

In der Natur kommt Asphalt nicht so selten vor, wie Sie möglicherweise vermuten. Der englische Höfling und Seefahrer Sir Walter Rayleigh (1552–1618) entdeckte in den 1590er-Jahren den berühmten Pitch Lake in Trinidad. Mit einer Fläche von fast 50 Hektar enthält der See über 6 Millionen Tonnen Naturasphalt. Wie viel von der Substanz man aus dem See auch entnimmt, aus der Erdkruste quillt sofort neuer Asphalt nach. Ein mit rund 500 Hektar Fläche sogar noch größerer Pechsee befindet sich in Venezuela (Guanoco Lake). Von 1890 bis 1935 wurde hier Asphalt abgebaut.

1769 entdeckte eine Expedition unter Führung von Gaspar de Portolá die Teerlöcher von La Brea (Hancock Park, Los Angeles), deren Inhalt sich in ganz anderer Hinsicht als interessant erwies: Aus dem Asphalt kamen nach und nach fossile Schädel und Knochen von urzeitlichen Tieren zum Vorschein, die sich einst in der klebrigen Quelle gefangen hatten. Die Expedition zählte über eine Million Fundstücke, darunter Mammute, Mastodonten, Säbelzahntiger, Riesenfaultiere und sogar ein Kamel.

* Die Arbeit finden Sie in *Nature*, Band 413, S. 837 (2001).

Die älteste erhaltene Fotografie wurde mithilfe von Asphalt angefertigt. Joseph Nicephore Niépce (1765–1833) hielt im Sommer 1826 den Ausblick von einem Fenster in der oberen Etage seines Hauses in Chalone-sur-Saône (Burgund) fest. Bereits seit 1816 hatte Niépce mit lichtempfindlichen Substanzen experimentiert und zunächst nur sehr grobe, um 1820 aber auch schon schärfere Bilder erhalten. Die (bis heute existierende) Aufnahme zeigt ein Bauernhaus und einen Birnbaum auf einer mit Asphalt beschichteten Kupferplatte. Nachdem Niépce die Platte mehrere Stunden (vielleicht Tage) lang dem Tageslicht ausgesetzt hatte, war die tiefe Schwärze des Pechs auf den belichteten Flächen zu einem hellen Grau verblasst und außerdem die Schicht ausgehärtet. Niépce wusch die Platte mit einem Gemisch aus Lavendelöl und Terpentin (White Sprit) ab, um das nicht umgewandelte Bitumen zu entfernen. Zurück blieb ein dauerhaftes Graustufenbild im verfestigten Asphalt. Das unter anderem in Niépces Heimat Südfrankreich natürlich vorkommende Erdpech wurde hauptsächlich von Graveuren verwendet und nach den ersten Fundorten »Judäa-Pech« genannt.

Einige der von ihm so genannten Heliografien nahm Niépce 1827 mit nach London. Bei einem Besuch der berühmten Gärten von Kew traf er den Botaniker Francis Bauer, Mitglied der Royal Society, dem er Proben seiner Arbeiten zeigte. Sofort erkannte Bauer die Bedeutung von Niépces Entdeckung und überredete diesen, bei der Royal Society im Dezember gleichen Jahres einen Bericht darüber einzureichen. Niépce schrieb den Artikel, der allerdings unveröffentlicht blieb, weil der Verfasser sich weigerte, seine Methoden offen zu legen. Die Heliografie als bilderzeugendes Verfahren sollte sich niemals durchsetzen – sie war viel zu zeitaufwendig. Zum Glück blieb eine der frühen Aufnahmen erhalten. 1952 wurde sie wiederentdeckt und ihre Echtheit nachgewiesen. Im Harry-Ramson-Zentrum für geisteswissenschaftliche Forschung der Universität von Texas in Austin ist das Bild ausgestellt.

Bitumen auf modernen Straßen

Der Bitumenbedarf der Industrienationen im 19. Jahrhundert ließ sich aus natürlichen Lagerstätten nicht mehr decken. Andere Quellen traten in den Vordergrund: Bei der Erzeugung von Gas zur Versorgung der europäischen und nordamerikanischen Städte auf Kohlebasis fiel Gaswerksteer an, der sich hervorragend für den Straßenbau eignete.

Heute wird Bitumen ausschließlich aus Erdöl gewonnen. Erhitzt man Rohöl auf 300 bis 350 °C, so destillieren Kohlenwasserstoffe aller Art ab – Gase (wie Propan und Butan) ebenso wie Flüssigkeiten, die vorwiegend als Treibstoffe Verwendung finden (zum Beispiel Benzin für PKWs, Dieselöl für LKWs, Kerosin für Flugzeuge). Nachdem man durch abschließendes Erhitzen auf 400 °C bei nur der Hälfte des Atmosphärendrucks letzte Kohlenwasserstoffe aus dem »Sumpf«, den Rückständen der Destillation, ausgetrieben hat, verbleibt Bitumen. Luft, durch die heiße Masse geblasen, oxidiert diese teilweise. Die Sauerstoffatome verknüpfen Kohlenwasserstoffketten miteinander, wodurch das Produkt fester und viskoser wird.

Im Laufe der Zeit hat man sich viel einfallen lassen, um die Straßen wirtschaftlicher, sicherer und umweltfreundlicher zu machen – Letzteres zum Beispiel durch die Wiederverwertung alter Straßenbeläge für neue Fahrbahndecken. Straßen werden auch im Hochgebirge, innerhalb der Polarkreise und in den Tropen gebaut, müssen also extremen Witterungen standhalten. Den klimatischen Bedingungen entsprechend, hat man die Wahl zwischen Belägen verschiedener Härtegrade.

Moderne Straßen halten immense Belastungen aus, wodurch sich die Transportkosten für Rohstoffe und fertige Erzeugnisse senken lassen; ihr Materialbedarf wird immer geringer; es dauert länger, bis sie reparatur- oder erneuerungsbedürftig sind*, und schallhemmende Beläge, die zudem weniger beleuchtet werden müssen, nützen Anwohnern und Umwelt. Der Verkehr wird sicherer, denn durch nasse Fahrbahnen und aufgewirbeltes Sprühwasser verursachte Unfälle lassen sich reduzieren. Straßen müssen nicht mehr schwarz sein: Nahezu farblose Grundstoffe, die aus bestimmten Öl-

---

* Den größten Schaden richtet der Schwerlastverkehr an; ein fünfachsiger 40-Tonner hat die gleiche Wirkung wie 500 000 PKWs.

sorten hergestellt werden können, lassen sich beliebig anfärben. Fußwege, Radwege und Busspuren können rot, gelb, blau und grün aussehen. In Tunneln spart man durch Verwendung heller Beläge Energie für die Beleuchtung.

Rund 80 % des hergestellten Bitumens werden für den Bau von Straßen gebraucht. Der Straßenbelag enthält zwar nur wenige Prozent Bitumen, aber dieser Bestandteil ist unverzichtbar: Er hält alle anderen Komponenten (Sand, andere Zuschlagstoffe, Kalk und zerkleinerte Altreifen) zusammen. Eine moderne Straße sollte 50 Jahre lang halten, bevor sie grundlegend erneuert werden muss.

Bitumen ist ein idealer Baustoff für Straßen. Beim Erhitzen verflüssigt er sich und lässt sich leicht mit anderen Zutaten mischen; beim Abkühlen wird er zur festen, widerstandsfähigen, dauerhaften und flexiblen Masse. In den 1960er-Jahren entwickelte Shell Chemicals das Elastomer SBS, das unter dem Handelsnamen Kraton als leistungsfähiger Klebstoff besonders für die Herstellung von Schuhen verwendet wurde. Ein Zusatz von Kraton zu Bitumen verbessert dessen Eigenschaften deutlich, besonders die Flexibilität und Elastizität, wodurch sich das Material unter anderem für Dachbeläge empfiehlt. Außerdem steigt der Erweichungspunkt von etwa 50 °C auf 90 °C. Asphalt mit Kraton verformt sich unter der Verkehrslast auch in heißen Ländern nicht.

In Abhängigkeit vom Einsatzgebiet setzt man Bitumen zwischen 3 und 7 % SBS zu – eine Investition, die sich lohnt, denn die Beläge halten bis zu 5-mal länger als gewöhnlicher Asphalt und müssen seltener repariert werden. Ideal ist dieser Baustoff für Brücken und Start- und Landebahnen auf Flughäfen, die extremen Belastungen ausgesetzt sind. Hängebrücken werden nicht nur stark befahren, sondern sie biegen sich auch ständig durch Fahrzeuge, Wind und Wetter. Außerdem müssen die Fahrbahnen möglichst leicht sein. Hier wird Asphalt benötigt, der widerstandsfähig ist, nicht reißt und in dünneren Schichten aufgebracht werden kann, als sie bei gewöhnlichen Straßen üblich sind. Man erreicht dies durch Zugabe von 7 % SBS.

Asphaltbeläge können heiß (typischerweise bei 100 bis 140 °C) oder kalt (emulgiertes Bitumen, gemischt mit Füllstoffen) aufgebracht werden. Eine chemische Reaktion hält Bitumentröpfchen und Füllstoffpartikel zusammen. In regenreichen oder überschwemmungsgefährdeten Gebieten gibt man dem Belag ein Prozent eines kationischen Tensids zu, um Wasserschäden zu vermeiden.

Eine der ersten Straßen, die mit polymermodifiziertem Bitumen gebaut wurden, war die 600 Meter lange St.-Quentins-Brücke in Frankreich (1976). 1985 wurden an verschiedenen Stellen Proben entnommen. Wie die Analyse zeigte, hatte sich das Bindemittel nirgends merklich verändert. Zu den besonders herausfordernden Projekten gehört die regelmäßig von schweren Transportern befahrene Trasse durch die Mojave-Wüste in den Vereinigten Staaten. Die Lufttemperaturen schwanken hier zwischen 42 °C (oder mehr) am Tag und 0 °C in der Nacht. Das kalifornische Verkehrsministerium ließ vor Baubeginn modifiziertes Bitumen auf der Interstate Highway 40 im direkten Vergleich mit herkömmlichem Asphalt testen. Die Resultate lieferten den schlüssigen Beweis, dass die neue Variante der alten überlegen ist: Bereits nach zwei Jahren stellte man im herkömmlichen Asphalt Abnutzungserscheinungen und größere Risse fest, nach zwei weiteren Jahren war der Belag ermüdet. Das modifizierte Bitumen zeigte keinerlei Defekte.

Moderne Straßen werden häufig mit porösem Asphalt gebaut. Dieser so genannte Flüsterasphalt reduziert nicht nur (wie der Name andeutet) den Lärmpegel um die Hälfte, er bietet auch drei weitere Vorteile: Bei Regen wird weniger Wasser aufgewirbelt; die Blendwirkung der nassen Straße ist deutlich geringer, und zudem spart man Treibstoff, weil die Reibung zwischen Reifen und Fahrbahn reduziert ist. Poröser Asphalt hemmt die Geräusche, die durch Kompression und Expansion der Luft in den Hohlräumen des Reifenprofils entstehen und entscheidend von der Textur der Straße abhängen. Außerdem vermindert er die Reflexion von Schall zwischen der Fahrbahn und der Unterseite des Autos, dem Getriebegehäuse und dem Motor.

Poröser Asphalt enthält Zuschlagstoffe mit einer Korngrößenmischung, die dafür sorgt, dass zwischen den Partikeln hinreichend viele Zwischenräume bleiben. Der Anteil solcher Zwischenräume macht den entscheidenden Unterschied zwischen porösem und herkömmlichem Asphalt aus: Bei Letzterem sind 5 % des Volumens unausgefüllt, bei Ersterem hingegen mindestens 20 %, meist mehr. Nach ihrer Korngrößenverteilung unterscheidet man kontinuierlich klassierte und einheitlich klassierte Zuschlagstoffe. Im kontinuierlich klassierten Gut sind Partikel jeder Größe enthalten, was zu einer dichten Packung mit wenig Leerräumen führt. Einheitlich klassiertes Gut besteht ausschließlich aus Partikeln eines bestimmten Größenbereichs; die Packungen sind deutlich weniger dicht. Die Korngrößenverteilung der für porösen Asphalt verwendeten Zuschlagstoffe liegt zwischen diesen beiden Extremen, wobei der Anteil größerer Stücke erhöht ist. Auch hier bilden sich zahlreiche Hohlräume in der Packung.

Mit unmodifiziertem Bitumen hergestellter poröser Asphalt hat einen wesentlichen Nachteil: Er altert schneller als gewöhnlicher Asphalt. Möglicherweise hat dies mehrere Ursachen. Die offene Struktur erleichtert den Kontakt zwischen Bitumen, Sauerstoff und Wasser. Zudem ist sie weniger starr und kann Belastungen schlechter widerstehen. Mit der Zeit lösen sich Körner des Zuschlagstoffs aus der Oberfläche. Sand und Erde verstopfen die Poren und setzen die Wirksamkeit des Belags herab. Wenn das Wasser nicht mehr ablaufen kann und in Hohlräumen gefriert, kommt es zu Frostschäden. Bei SBS-modifiziertem Bitumen treten diese Defekte später auf und schreiten langsamer fort.

Durch die Verwendung modifizierten Bitumens verbesserte sich auch die Qualität von Dachpappe, die einst als billiger, Zeit sparender Baustoff für Dächer von Industriegebäuden betrachtet wurde. Dachpappe besteht aus einer Glaswolle- oder Polyestermatte, eingeschlossen von zwei ungefähr 1,5 mm dicken Lagen eines bitumenhaltigen Materials, dem gemahlener Kalkstein oder Talk zugesetzt wurde. Nach der Ölkrise 1973 verteuerten sich die Brennstoffe, und man begann Dächer zu isolieren, um Heizenergie zu sparen. Wärme, die bei Sonneneinstrahlung von der Dachpappe absorbiert worden war, konnte dann nicht mehr ins Innere der Gebäude weitergegeben werden; bei Tag heizten sich die Dachbeläge stark auf, in der Nacht kühlten sie aus. Die Temperaturschwankungen verursachten Risse, und das Dach wurde undicht.

Mittlerweile mischt man Bitumen für Bedachungen bei 180 °C bis zu 12 % SBS zu. Das abgekühlte Produkt ist äußerst elastisch (es lässt sich auf das Fünfzehnfache seiner Länge dehnen, bevor es reißt) und kann sogar gefärbt werden. Bürohäuser, öffentliche Einrichtungen und selbst Kirchen deckt man mit dieser neuartigen Dachpappe.

Orimulsion

Wasser und Öl sind, wie jeder weiß, nicht mischbar. Dasselbe gilt natürlich für Wasser und Bitumen. Sind die Öltröpfchen aber hinreichend klein, so entsteht etwas, das zumindest wie eine Mischung *aussieht:* eine Emulsion. Homogenisierte Milch und Mayonnaise sind Emulsionen aus Fetten in Wasser, eine Emulsion aus Bitumen in Wasser nennt man Orimulsion. Diese Flüssigkeit stammt aus dem Orinoco-Delta in Venezuela, der größten unangezapften Lagerstätte fossiler Brennstoffe unseres Planeten in Form von schätzungsweise 1200 Milliarden Barrel (rund 200 Milliarden Kubikmeter) Bitumen.

Die Bitumen-in-Wasser-Emulsion bleibt stabil durch Zusatz kleiner Mengen der grenzflächenaktiven Substanz Nonylphenolethoxylat. Dieses Tensid wurde in den 1980er-Jahren von Petroleos de Venezuela, dem staatlichen Ölunternehmen Venezuelas, und dem Ölriesen BP International gemeinsam entwickelt. Es umschließt die Bitumentröpfchen und hält sie so nach dem gleichen Prinzip im Wasser, nach dem die in Waschmitteln enthaltenen Tenside für die Benetzung der Schmutzteilchen sorgen. Die ungefähr 20 Mikrometer (Millionstel Meter) großen Tröpfchen machen 70 % des Gesamtvolumens der Flüssigkeit aus. Das Produkt ist etwa so viskos wie mittelschweres Rohöl und lässt sich durch Pipelines pumpen oder mit Tankern verschiffen. Orimulsion verbrennt mit besserem Wirkungsgrad als normales Heizöl; 99,9 % der enthaltenen Energie werden in Form von Wärme freigesetzt. Durch den Wassergehalt ist die Brenntemperatur zudem relativ niedrig, was die Emission mancher Schadstoffe (Stickoxide, Staub) einschränkt.

Nicht jeder hält Orimulsion für einen nützlichen Rohstoff. Widerspruch regt sich vor allem bei Umweltschützern, die die Flüssigkeit aufgrund ihres hohen Metall- und Schwefelgehalts als »Brennstoff der Hölle« bezeichnen. (In der Tat finden sich in Orimulsion fast 3 % Schwefel, 100 ppm Nickel und 400 ppm Vanadium.) Als Heizmaterial für Kraftwerke und Zementwerke wurde Orimulsion in die Vereinigten Staaten, Großbritannien, Deutschland, Italien, Dänemark, Japan und Kanada exportiert und dort mit teils heftigen Protesten empfangen, die nicht selten zum Verbot der Substanz führten. In den genannten Ländern ist der Verbrauch mittlerweile stark zurückgegangen.* Als Importeure größerer Mengen von Orimulsion sind heute noch China, Korea, die Philippinen und einige südamerikanische Länder zu nennen. Venezuela exportierte 2001 über 6 Millionen Tonnen der Flüssigkeit.

Polycarbonat

Polycarbonat ist der Kunststoff des Informationszeitalters. In Form von CDs, DVDs und Bauteilen von Mobiltelefonen oder Satellitenempfängern haben wir ihn ständig vor Augen. Der Erfolg des Polymers beruht auf seiner unglaublichen Festigkeit und Haltbarkeit sowie der schier unbegrenzten Mischbarkeit mit Farbstoffen und anderen Polymeren. Manche allerdings bezweifeln die Ungefährlichkeit des Materials.

Wer Wegwerfwindeln ablehnt, hat vielleicht auch Einwände gegen Nuckelflaschen aus Plastik. Soweit sie Flaschen aus Polycarbonat betreffen, schien ein in der Mai-Ausgabe 1999 der amerikanischen Zeitschrift *Consumer Reports* erschienener Artikel die Vorbehalte zu rechtfertigen. Diesem mit »Baby Alert« überschriebenen Aufsatz folgte eine Fernsehdokumentation des Senders ABC. Beide Beiträge warnten vor Bisphenol A (BPA), einer Substanz, die in Spuren in Plastikmaterial von Babyflaschen gefunden worden war und die nachweislich in den Flascheninhalt gelangen konnte. Bisphenol A wirkt ähnlich wie das weibliche Geschlechtshormon Östrogen und könnte, so vermutete man, als »gender bender« (deutsch etwa »Geschlechtsverdreher«) die sexuelle Entwicklung betroffener Kinder beeinflussen.

Polycarbonat wurde erstmals 1898 von dem deutschen Chemiker Gunther Einhorn hergestellt. Einhorn berichtete, bei Versuchen zur Synthese organischer Carbonate habe sich im Reaktionsgefäß eine unlöslicher Feststoff abgeschieden. 1902 stellten zwei Kollegen, Bischoll und Hedenstrom, größere Mengen der Substanz her, die an sich zwar interessant, offenbar aber zu nichts zu gebrauchen war. Dieser Meinung schloss sich der große Polymerchemiker Wallace Carothers an, der für das Chemieunternehmen Du Pont arbeitete und in den 1930er-Jahren Nylon und Synthesekautschuk erfunden hatte. Erst 1953 gelang es in den Labors von Bayer, eine Probe Polycarbonat zu synthetisieren, die für kommerzielle Anwendungen in

---

* Nach Auskunft des Unternehmens Bitor Europe setzt in Deutschland das Kraftwerk Ibbenbüren Orimulsion ein, allerdings nur in geringem Umfang. (Anm. d. Übers.)

Frage kam. In den 1960er-Jahren erschien das Polymer unter Handelsnamen wie Xantar (vom holländischen Chemieunternehmen DSM) oder Lexan (von General Electric, USA) auf dem Markt. Zu den wichtigsten Produzenten zählen heute die Unternehmen Bayer und Dow, die momentan darum kämpfen, General Electric von der Spitze der weltweiten Rangliste der Polycarbonathersteller zu verdrängen.

Polycarbonat ist widerstandsfähig, verschleißarm und hart. Der Werkstoff lässt sich, ohne zu erweichen, bis auf 140 °C erhitzen, selbst bei −20 °C ist er noch elastisch. Schon in reiner Form schwer entflammbar, erfüllt Polycarbonat nach Zusatz Flammen hemmender Stoffe auch strenge Kriterien zur Feuersicherheit. Kaum eine Chemikalie greift Polycarbonat an. Das Polymer lässt sich gut mit anderen Polymeren Stoffen mischen, die Mischung mit Acrylnitril-Butadien-Styrol (ABS) ist noch fester als Polycarbonat selbst. Der von Natur aus durchsichtige Stoff kann problemlos eingefärbt oder mit Prägemustern versehen werden.

Ausgangsstoffe der Polycarbonatsynthese sind BPA und Carbonylchlorid ($COCl_2$, auch als Phosgen bekannt). Zwei Drittel der BPA-Produktion fließen in die Polycarbonatsynthese, der Rest wird vorrangig für Kunstharze und Flammschutzmittel verwendet. Produktionsanlagen (im 50 000-Tonnen-Maßstab) stehen in Europa, dem Fernen Osten und den Vereinigten Staaten.

Das Bisphenol-A-Molekül besteht aus einem zentralen Kohlenstoffatom, an das zwei Phenolringe und zwei Methylgruppen ($-CH_3$) gebunden sind. Bei der Reaktion von BPA mit Carbonylchlorid in Lösung bilden sich Polymerketten, in denen Carbonateinheiten ($-CO_3$) mit BPA-Bausteinen abwechseln. Über 99,9 % des synthetisierten BPAs wird an Ort und Stelle zu Folgeprodukten umgewandelt. Kleine Mengen Dampf, die aus der Produktionsanlage austreten können, werden rasch von der Sonnenstrahlung zerstört; im Wasser oder im Boden wird die Substanz innerhalb von ein bis zwei Tagen abgebaut. Das Risiko für Mensch und Umwelt ist also offenbar gering. Trotzdem regten sich Bedenken, sobald die hormonähnliche Aktivität der Substanz nachgewiesen worden war.

BPA, so wurde behauptet, störe das endokrine System, also die Produktion und Regulation von Hormonen, insbesondere des weiblichen Geschlechtshormons Östrogen. (Nicht alle Hormone haben mit der sexuellen Entwicklung zu tun, in dieser Richtung vermutet man aber meist die Gefahr.) Bestimmte Chemikalien, beispielsweise die Pestizide Lindan und Tributylzinn, wirken tatsächlich in dieser Weise. Einige früher verwendete derartige Stoffe wurden aus diesem Grund bereits verboten, und zwar zu Recht. Anderen hingegen konnte man eine Störung des endokrinen Systems von Mensch oder selbst von Tieren niemals nachweisen. Dazu gehört BPA. Die Proteste waren jedoch so lautstark, dass das US-amerikanische Nationale Institut für Umweltmedizin gemeinsam mit dem Nationalen Toxikologischen Programm der USA eine Kommission bildete, die sich tiefer greifend mit dem Thema befassen sollte. Die Kommission kam zu dem Schluss, dass BPA in geringen Dosen wohl keine Wirkung hat.

Kein Zweifel besteht hingegen am endokrinen Potenzial von BPA, wie Mediziner an der Stanford-Universität in Palo Alto, Kalifornien, zufällig bewiesen. Verunreinigungen mit einem unbekannten Stoff verursachten ständig Probleme bei Forschungsarbeiten an Hefezellen. Schließlich fanden die Forscher heraus, dass die Polycarbonatflaschen, in denen die Kulturen gezüchtet wurden, Spuren von BPA in die Nährlösungen abgaben. Die Konzentration von BPA in den Medien betrug zwar nur 5 ppb, aber die östrogene Wirkung auf die Hefezellen war zweifelsfrei nachzuweisen. BPA wirkt etliche tausend Mal schwächer als Östrogen selbst. Dass die Substanz unser Hormonsystem theoretisch beeinflussen kann, reichte in den Augen mancher Leute bereits aus, um BPA grundsätzlich zu verurteilen. Nachzulesen sind die Argumente in dem Buch *Our Stolen Future* von Theo Colborn, Dianne Dumanoski und John Myers. Auch der WWF (World Wildlife Fund for Nature) bringt Bedenken gegen BPA zum Ausdruck.

Umweltschützer behaupteten, in der Umgebung der Produktionsanlagen enthalte das Trinkwasser messbare Mengen BPA, und die Öffentlichkeit reagierte mit Besorgnis. Nachgewiesen wurden Konzentrationen unterhalb von 1 ppb; in einigen Flüssen, für die ein besonderes Risiko vermutet wurde, fand man nicht einmal Spuren von BPA. Der NOEC-Wert (*No Observed Effect Concentration*: Konzentrationsbereich, in dem ein Stoff gerade noch keine Wirkung auf einen Organismus hat) bei lebenslanger Exposition von Wasserflöhen, die zu den empfindlichsten Süßwasserbewohnern zählen, liegt bei mehr als 1000 ppb. Negative Auswirkungen von BPA auf aquatische Systeme konnten bislang in keinem Fall belegt werden.

Die Befürchtungen, BPA beeinflusse das Hormonsystem, fanden weitere Nahrung durch Arbeiten von Frederick Vom Saal und seinen Mitarbeitern von der Universität Missouri in Colombia. Bei einem kleinen Teil einer Gruppe männlicher Mäuse, die niedrige Dosen BPA erhalten hatten, waren Fortpflanzungsstörungen aufgetreten. Vom Saal zufolge zeigten sich bei den Nachkommen dieser Männchen Langzeiteffekte: Weibliche Tiere nahmen schneller zu und wurden eher geschlechtsreif als ihre Altersgenossinnen. Kritisch beäugt wurden nun auch Zahnfüllungen aus Epoxidharz: In der ersten Stunde nach Fertigstellung der Füllung werde, so gab Vom Saal an, eine »signifikante« Dosis BPA in die Mundhöhle freigesetzt. Dieses Resultat war offenkundig beunruhigend, denn Polycarbonat ist ein beliebter Werkstoff zur Sanierung von Zähnen. Nachfolgende Untersuchungen zeigten allerdings, dass kein BPA in den Speichel gelangt. Der amerikanische Zahnärzteverband bestätigte dies.

Winzigste Mengen BPA finden sich tatsächlich in Flüssigkeiten, die in Polycarbonatgefäße gefüllt wurden. Die Größenordnung liegt bei 1 ppb, einem Milliardstel. Auch die fünffache Konzentration, die manche gefunden zu haben angeben, ist noch verschwindend klein (5 ppb entsprechen einer Sekunde in sechs Jahren!). Wird ein Kind ausschließlich mit Babynahrung gefüttert, die 5 ppb BPA enthält, so nimmt es täglich insgesamt rund ein Mikrogramm der verdächtigen Substanz auf – nur ein Fünfzigstel der Dosis, die allen Forschungsergebnissen zufolge als wirkungslos betrachtet wird. Wahrscheinlich hat der Autor des Beitrags in *Consumer Report* fälschlicherweise Dosen berechnet, die weit über dem als ungefährlich eingeschätzten Wert liegen.

BPA-Hersteller gehen inzwischen davon aus, dass die Substanz kein nachweisbares Risiko für den Menschen darstellt. Die durch die Nationale Akademie der Wissenschaften der USA festgelegten Testverfahren auf karzinogene und mutagene Wirkung blieben ohne Ergebnis. Die BPA-Dosen, denen Menschen ausgesetzt sein können, sind mehrere hundert Mal geringer als möglicherweise wirksame Mengen. Polycarbonat-Produkte, mit denen wir täglich in Kontakt kommen, nehmen wir in aller Regel nicht in den Mund: CDs, DVDs, Schilde für Polizisten, schwer zerstörbare Wartehäuschen, Ventilatoren, Flugzeugfenster, kugelsichere Fensterscheiben, Schutzdächer, Dachfenster, Wintergärten, Schutzhelme, Scheinwerfer, Straßenlampen, Mobiltelefone, Batteriegehäuse, Haushaltgeräte, Armaturenbretter, Geldautomaten, Steuergeräte für Satelliten, Karosserieteile und Stoßdämpfer. Polycarbonat ist der Kunststoff, nach dem die Nachfrage weltweit am schnellsten wächst. Das Produktionsvolumen übersteigt bereits 2 Millionen Jahrestonnen.

Nur einige wenige Produkte aus Polycarbonat kommen tatsächlich mit Lebensmitteln oder unmittelbar mit dem Organismus in Berührung: Babyflaschen und Trinklernbecher, manche Verpackungen, Trinkwasserspender und medizinische Gerätschaften. Die US-Zulassungsbehörde FDA bewertet die Mengen BPA, die dabei in den Stoffwechsel übertreten können, als ungefährlich. Auch die Umwelt wird von BPA nicht bedroht. Durch die OECD wird die schnelle, vollständige biologische Abbaubarkeit bescheinigt.

Trotz allem ließen sich die Forschungsarbeiten, die allem Anschein nach eine hormonelle Wirksamkeit des BPA bewiesen hatten, nicht einfach wegdiskutieren. Auch die Medien waren inzwischen auf das Thema aufmerksam geworden. Zwei Industrieverbände, die Society of Plastics Industry und die Europäische Behörde für die Chemische Industrie (CEFIC), finanzierten eine umfangreiche Studie. In verschiedenen Labors wurde mit großen Versuchsgruppen weiblicher und männlicher Mäuse und Ratten und breiten Konzentrationsbereichen von BPA experimentiert. Selbst in Langzeitversuchen konnten keine Einflüsse der Chemikalie auf die Funktion der Prostata und der Hoden sowie die Spermienzahlen bei Männchen festgestellt werden. Bei den Weibchen zeigten sich keinerlei Veränderungen in Wachstum, Entwicklung, Empfängnis- und Gebärfähigkeit. Die über mehrere Generationen hinweg beobachtete Nachkommenschaft entwickelte sich normal. Selbst trächtige Nager, die toxische Mengen BPA erhalten hatten, brachten unauffällige Junge zur Welt.

Eine der Folgerungen aus allen diesen Arbeiten lautet, dass BPA leicht mit anderen Chemikalien verwechselt wird. In Bier und anderen Getränken, die in kunstharzbeschichtete Dosen abgefüllt werden, fand man kein BPA (zumindest nicht mehr als die Nachweisgrenze von 5 ppb). Andere Dosenkonserven enthielten zwar bis zu 35 ppb BPA, aber das ist wesentlich weniger, als zuvor behauptet worden war. Die auf solche Nahrungsmittel zurückzuführende tägliche BPA-Aufnahme beträgt ungefähr ein Fünfhundertstel des von der FDA als ungefährlich betrachteten Werts.

Unter den Mitgliedern der Society of the Plastics Industry riefen diese Resultate natürlich Erleichterung hervor. Offensichtlich ließ sich keiner der an der Universität von Missouri beobachteten Effekte reproduzieren. Die Diskussion über die Wirkungen von BPA gipfelte in einem unschönen Briefwechsel zwischen Forschern aus der Industrie und aus akademischen Einrichtungen. Gegenseitig warf man sich vor, irreführende Behauptungen verbreitet zu haben, die aus fehlerhaft geplanten Versuchen und deren mehrdeutigen Resultaten abgeleitet worden waren. Wer hat nun Recht? Unsere Sympathie liegt sicherlich bei Vom Saal; Motive und Ziele eines Akademikers sollten wohl über alle Vorwürfe erhaben sein. Die von der Industrie beauftragten Forscher waren aber zweifellos nicht schlechter ausgebildet, vielleicht verfügten sie sogar über bessere Ausrüstung und mehr Erfahrung. Einige von ihnen arbeiteten nachweislich unabhängig.

Diese Konstellation brachte die Behörden in eine schwierige Lage. Wem sollte man glauben? Auf Anforderung der US-Umweltschutzbehörde EPA veröffentlichte das amerikanische Nationale Toxikologische Programm im Mai 2001 einen vorläufigen Bericht. Die bislang nicht eindeutigen Ergebnisse, so hieß es darin, ließen weitere Untersuchungen erforderlich erscheinen. In der Zwischenzeit sollten die Richtlinien der EPA unverändert in Kraft bleiben.

Rochelle Tyl leitete eine der wichtigsten Studien zu Bisphenol A, die am Research Triangle Institute in North Carolina vorgenommen wurde. Beobachtet wurden die Auswirkungen hoher und niedriger Dosen BPA auf drei aufeinander folgende Generationen von Versuchstieren. Tyl bestätigte frühere Resultate: Die Chemikalie beeinflusste das Fortpflanzungssystem nicht. Die Arbeit wurde von der Bisphenol A Global Industry Group finanziert; Genehmigungen lagen vor vom Nationalen Institut für Umweltmedizin der USA, vom Nationalen Toxikologischen Programm sowie von der Umweltschutzbehörde EPA. Im Jahr 2000 fand die Studie statt. Drei Jahre später berichtet Patricia Hunt von der Case Western Reserve University, Eier von Mäusen, die niedrigen BPA-Konzentrationen ausgesetzt waren, hätten sich abnormal entwickelt. Alkalische Reinigungslaugen hatten aus Polycarbonatgefäßen nachweislich geringste Mengen BPA ausgewaschen. Sie genügten offenbar, um Chromosomenschäden hervorzurufen. Ist wieder alles offen?

Ein Auge auf die Zukunft

Neben dem eben besprochenen, aus Bisphenol A hergestellten Polymer gibt es ein zweites, ganz anders aufgebautes Polycarbonat. Seine Synthese geht von einer Verbindung mit zwei Carbonatgruppen aus, welche durch eine Kohlenwasserstoffeinheit ($-CH_2CH_2-$) miteinander verbunden sind; an jeder Seite des Moleküls befinden sich zudem Gruppen mit Doppelbindungen. Diese beiden Gruppen ermöglichen eine *radikalische Polymerisation* (→ Glossar) – eine Gruppe verbindet die Bausteine zu langen Ketten, die andere sorgt für die Verknüpfung der Ketten untereinander. Durch die Vernetzung wird das Polymer besonders fest. Es eignet sich hervorragend zur Herstellung von Brillen-»gläsern«, denn es hat einen höheren Brechungsindex als Mineralglas. Die Linse lässt sich deshalb dünner schleifen, und sie ist sehr leicht – ideal für alle, deren starke Sehfehler früher durch dicke Linsen ausgeglichen werden mussten, wodurch die archetypischen »Glotzaugen« des bebrillten »Professors« zustande kommen.

Vielleicht hilft Polycarbonat auf diese Weise, das Image des Naturwissenschaftlers, besonders des Chemikers, aufzufrischen. Junge Leute könnten sich wieder für ein Chemiestudium begeistern – und zweifellos wird der Bedarf an Chemikern im eben begonnenen Jahrhundert immens sein, wenn die Menschheit tatsächlich versuchen muss, ihren Wohlstand auf nachwachsende Rohstoffe zu gründen.

Nachbemerkung

Angst vor Chemie: Ursachen und Abhilfe

Ich bin Chemiker und deshalb natürlich ein Verfechter all der Wohltaten, die die Chemie den meisten Einwohnern der Länder mit entwickelter chemischer Industrie gebracht hat, indem sie die Angst vor Hungersnöten, Seuchen und Armut vertrieb. Es wäre mir eine Bestätigung, wenn die Öffentlichkeit von Zeit zu Zeit Dankbarkeit für diese Leistungen bezeigte. Fragt man jedoch die Briten, wem sie vertrauen, so ordnen sie die chemische Industrie ganz weit hinten ein, ungefähr auf gleicher Stufe mit Gebrauchtwagenhändlern. In Europa und den Vereinigten Staaten fällt, da bin ich ziemlich sicher, das Ergebnis nicht anders aus. Schon Shakespeare hielt diese Reaktion für typisch menschlich:

> *Stürm, stürm, du Winterwind!*
> *Du bist nicht falsch gesinnt,*
> *Wie Menschenundank ist.*
> *Frier, frier, du Himmelsgrimm!*
> *Du beißest nicht so schlimm*
> *Als Wohltat nicht erkannt. ...*

(*Wie es euch gefällt*, 2. Akt, 7. Szene; ins Deutsche übersetzt von A. W. von Schlegel.)

Zu einem gewissen Grad hat sich die Chemieindustrie diese geringe Wertschätzung selbst zuzuschreiben: Rücksichtslos wurde die Umwelt verschmutzt, und die Kommunikationsfähigkeit der Unternehmen ließ zu wünschen übrig. Der erste Punkt hat mittlerweile an Bedeutung verloren – Landwirtschaft, Bergbau und die Metall verarbeitende Industrie erzeugen und erzeugten immer wesentlich mehr Abfall –, der zweite aber keineswegs. Ohne Ende prangern verschiedene Interessengruppen Chemikalien an, und sie scheinen ihre negativen Meldungen ungestraft verbreiten zu können; wenn sich überhaupt Widerspruch regt, dann nicht schlagkräftig genug. In dieser Nachbemerkung versuche ich zu analysieren, warum das funktioniert und wo wir wachsam sein müssen, um zu verhindern, dass am Ende nicht die Gans geschlachtet wird, die solche goldenen Eier legt, wie ich sie unter anderem in diesem Buch beschrieben habe.

Warum kann man die Öffentlichkeit noch immer mit Berichten über Spuren von Fremdstoffen in Trinkwasser, Nahrungsmitteln und Atemluft in Angst und Schrecken versetzen? In den westlichen Ländern waren die Menschen niemals gesünder, nie war die Lebenserwartung so hoch wie heute. Ich spreche hier von den Bedingungen in den entwickelten Ländern, wo sich die chemische Industrie bereits vor langer Zeit etablierte und die Sorge um die Volksgesundheit seit über hundert Jahren fester Bestandteil des gesellschaftlichen Diskurses ist. Verglichen mit den Verhältnissen vor einem Jahrhundert mit der Vielzahl von Schadstoffen in Wasser, Nahrung und Luft leben wir heute in einer sauberen, sicheren Welt, die außerdem ständig sauberer und sicherer wird.

Wie konnte es also passieren, dass die Medien in den 1980er- und 1990er-Jahren ständig neue Horrormeldungen über die Bedrohung des Menschen durch »Chemikalien« verbreiteten? Ich setze die Anführungszeichen, um zu betonen, dass der heute übliche Gebrauch des Wortes »Chemikalie« nicht meiner Sicht der Dinge entspricht. Als Chemiker verwende ich den Begriff vollkommen neutral als Synonym für Substanz, Stoff oder Verbindung, wobei ich zugeben muss, das Wort mittlerweile aufgrund seines negativen Beigeschmacks tunlichst zu meiden.

Viele Leser denken an dieser Stelle ganz bestimmt: Alle diese Berichte über die von Chemikalien ausgehenden Gefahren müssen doch aber einen wahren Kern haben – warum sonst hören wir so viel davon? Gründen sich die Fakten denn nicht auf wissenschaftliche Beweise? Die Antwort lautet oft nein. Hinter den oft zitierten »wissenschaftlichen Erkenntnissen« steckt häufig gar keine Wissenschaft. Beweise, die zur Verurteilung einzelner Substanzen führen, sind oft das Ergebnis dreier Tätigkeiten, deren Verlauf gern verschleiert wird: das Sammeln von Daten, die Bearbeitung des Datenmaterials und die Veröffentlichung der Resultate. Es wird höchste

Zeit, dass wir genauer untersuchen, wie uns die einzelnen Schritte dieses Prozesses in die Irre führen können.

Die Epidemiologie ist ein ehrbarer Wissenschaftszweig, traditionell befasst mit der Sammlung von Daten über Infektionskrankheiten, die sich in großen Menschengruppen ausbreiten, und mit der Ableitung möglicher Krankheitsursachen. (»Epidemiologie« kommt von »Epidemie«, Seuche.) Heute beschäftigen sich Epidemiologen nach wie vor mit weit verbreiteten, jetzt aber vornehmlich nicht infektiösen Krankheiten wie Krebs und Herzbeschwerden. Dabei wird versucht, die Häufigkeit einzelner Krankheitsbilder zu erfassen und mit anderen Faktoren zu verknüpfen, um Hinweise auf auslösende oder begünstigende Umstände zu erhalten. Die verdächtigten Faktoren sind oft »Chemikalien«, insbesondere solche, die in Alltagsgegenständen, Nahrungsmitteln oder unserer unmittelbaren Umgebung vorkommen.

Das Sammeln von Daten ist eine Sache, die mathematische Auswertung des Materials eine andere. Fehler in beiden Schritten können die Ergebnisse einer Studie entwerten. Professionelle Epidemiologen wissen ganz genau, dass dem Unerfahrenen zahlreiche Fallen gestellt sind, denen es auszuweichen gilt, wenn die Resultate denn sinnvoll sein sollen. Im Laufe der Zeit haben sie ihre Methoden entsprechend verfeinert. Viele andere Wissenschaftler, die ihre Daten mit epidemiologischen Ansätzen auswerten, sind sich möglicher Tücken weit weniger bewusst. Ihre Irrtümer hindern sie allerdings nicht an der Veröffentlichung ihrer Resultate mit dem Anspruch, sie seien »wissenschaftlich« erarbeitet worden. In der Tat tauchen in den Medien Behauptungen auf, deren Begründung jegliche Wissenschaft fehlt. Meist stammen sie von speziellen, auf öffentliche Anteilnahme stoßenden Interessengruppen.

Erste Falle: Die Auftraggeber oder Ausführer einer Studie haben sich bereits einen festen Standpunkt gebildet, den sie mit ihren Ergebnissen beweisen wollen. Betrachten wir dazu ein Beispiel – nehmen wir an, Sie wären der Meinung, im Haushalt verwendete Duftsprays (»Lufterfrischer«) wären für die zunehmende Zahl von Asthmafällen verantwortlich. Sie fragen unter Asthmapatienten herum, wer jemals ein solches Spray gekauft hat. Anschließend stellen Sie der gleichen Anzahl von Nicht-Asthmatikern dieselbe Frage. Nach der Befragung von je 100 Probanden stellen Sie fest, dass 50 Asthmatiker, aber nur 45 Nicht-Asthmatiker mit künstlich aromatisierter Raumluft in Berührung kamen. Nun können Sie einen Zusammenhang verkünden: Durch die Anwendung von Raumduftsprays nimmt die Zahl der Asthmaerkrankungen um 11 % zu.* Damit haben Sie bewiesen, was Sie beweisen wollten, nämlich dass hier schon wieder eine »Chemikalie« unsere Gesundheit bedroht. Eine seriöse Fachzeitschrift veröffentlicht ein solches Ergebnis natürlich nicht, aber es gibt andere Wege, es in gedruckter Form unter die Leute zu bringen.

Sie könnten zum Beispiel eine Pressemitteilung verfassen. Arbeiten Sie noch dazu für eine angesehene Institution, etwa eine Universität, so dürfen Sie ziemlich sicher sein, mit Ihrer »Erkenntnis« Schlagzeilen zu machen, wenngleich diese vermutlich etwas übertreiben werden: »Verbindung zwischen Raumduft und Asthma gefunden«, »Lufterfrischer führen zu Asthma« – Sie wissen schon, was ich meine. Im Anschluss bewerben Sie sich bei geeigneten Geldgebern um die Finanzierung einer Nachfolgestudie zu diesem (die Öffentlichkeit ganz offenbar beunruhigenden) Thema. Natürlich sollten derart unverschämte Manipulationen der Medien eigentlich nicht vorkommen. Manche Horrormeldungen lassen sich aber anscheinend nicht anderes erklären.

Selbstverständlich muss eine epidemiologische Studie eine *signifikante* Zahl von Probanden erfassen, die zu einer von zwei Gruppen gehören, je nachdem, ob sie von der betrachteten Erkrankung betroffen sind oder nicht. Ebenso selbstverständlich müssen, davon abgesehen, beide Gruppen identisch zusammengesetzt sein (hinsichtlich Alter, Geschlecht, Gewicht, Familienstand, ethnischer Gruppierung, sozialer Schicht, Beschäftigungssituation und allgemeinen Gewohnheiten wie Rauch- und Trinkverhalten). Bei begrenzten Mitteln ist es manchmal schwierig, dieses Kriterium zu erfüllen.

Wenn Sie Ihre Versuchsgruppen sinnvoll zusammengestellt haben, tun sich weitere Fallen auf. Sehr klar benannt hat sie Göran Pershagen von der epidemiologischen Abteilung des Instituts für Umweltmedizin am Karolinska-Institut in Stockholm in seinem Buch *What risk?* Pershagen führt drei Fehlertypen an: falsche Auswahl der Daten, Fehler in den Daten selbst und nicht erkannte Einflussfaktoren. Jeder dieser Fehler kann in verschiedenen Situationen

* Die Differenz (5) wurde auf die niedrigere Zahl (45) bezogen.

auftreten. Die Datenerhebung können Sie in Richtung des gewünschten Resultats verzerren, indem Sie die Versuchsteilnehmer nicht zufällig aus der Bevölkerung auswählen oder manche Datensätze willkürlich als »falsch« verwerfen. Auf diese Weise schließen Sie (möglicherweise unbewusst) Daten aus, die dem erwarteten Resultat widersprechen. Deshalb ist es im Grunde unerlässlich, Datenmaterial für epidemiologische Studien von unabhängigen Organisationen erheben zu lassen. Wie Sie sich denken können, verzichtet man aus finanziellen Gründen meistens darauf.

In die Daten selbst können sich in mehrerlei Hinsicht Fehler einschleichen. Die offensichtlichste Fehlerquelle ist, dass die Auskünfte der Befragten schlicht nicht der Wahrheit entsprechen. Leider ist dies häufig der Fall, wie sich bei einer Studie zu den Auswirkungen der Ernährungsweise zeigte. Was einzelne Familien zu essen angaben, stand in eklatantem Widerspruch zum (heimlich analysierten) Inhalt der Abfalleimer. Manchmal geben Probanden Auskünfte, die sie für richtig halten, die aber nur einer selektiven Wahrnehmung entsprechen. Die Antwort auf die Frage »Wie oft in der Woche haben Sie Sex?« orientiert sich in der Regel eher an den zwei bis drei Urlaubswochen im Jahr als am Alltagsleben.

Als dritter Fehlertyp wurden unerkannte Faktoren genannt. Sie können dazu führen, dass die Ergebnisse ansonsten wohl begründeter Studien in Zweifel gezogen werden müssen. Ein Beispiel ist eine Untersuchung, die den Konsum von Rotwein mit einem niedrigeren Risiko für Herzkrankheiten in Verbindung brachte. Auf dem Symposium für Alkohol, Herz- und Gefäßerkrankungen der Novartis-Stiftung 1997 in London wurde klargestellt, dass der nicht erkannte Faktor die soziale Schicht der Probanden war: Rotwein trinkt man typischerweise in der Mittelschicht, deren Lebenserwartung ohnehin höher ist. In unteren sozialen Schichten mit kürzerer Lebenserwartung greift man zu anderen Spirituosen.

Eine epidemiologische Studie, die nicht unter den wachsamen Augen eines ausgebildeten Epidemiologen vorgenommen wurde, ist aller Wahrscheinlichkeit nach wenig wert. Leute, die mit den Ergebnissen etwas beweisen wollen, lassen sich davon aber kaum abschrecken. Kleine Tricks bei der Darstellung der Daten sind sehr beliebt; die meisten davon kann man unter dem Stichwort »Statistik« zusammenfassen. Geübte Statistiker sind ohne Zweifel in der Lage, große Datenmengen absolut sinnvoll auszuwerten und Folgerungen abzuleiten, die auf den ersten Blick nicht offensichtlich sind. Andererseits wissen solche Spezialisten auch ganz genau, wie zuverlässig ihre Schlüsse sind, und sie verschweigen ihr Urteil dem Publikum nicht. Amateurstatistikern hingegen sollte man misstrauen.

Wenn ein Zusammenhang als »statistisch signifikant« bezeichnet wird, sollen wir glauben, dass die Korrelation tatsächlich auf Fakten beruht. Nützlich ist folgende Faustregel: Eine Folgerung kann ernst genommen werden, wenn sie mit nachweislich 95%iger Sicherheit nicht zufällig zustande gekommen ist. (Eins von 20 Resultaten, und zwar nicht etwa eine bedeutungslose Kleinigkeit, ist dann trotzdem einfach falsch. Darin kommt der Grad an Unsicherheit zum Ausdruck, den wir im täglichen Leben akzeptieren müssen und können.)

Welche verräterischen Anzeichen sollten uns also stutzig machen und mutmaßen lassen, dass veröffentlichte »Erkenntnisse« nicht mehr als Artefakte der Datensammlung sind? Die Alarmglocken sollten klingeln, sobald ein Diagramm mit einem Graphen ohne Ursprung präsentiert wird. Der Ursprung ist der Punkt (0,0): Die Menge der untersuchten Substanz ist gleich null, folglich muss auch die Wirkung auf die Probanden gleich null sein. Graphen ohne Ursprung gehören zu den Propagandatricks von Investmentberatern, die die Performance ihrer Produkte vorführen wollen, und von Politikern, die positive Auswirkungen ihrer Maßnahmen oder den Anstieg der eigenen Beliebtheit zur Schau stellen. In epidemiologischen Studien dient das Weglassen des Ursprungs einzig dem Zweck zu verschleiern, dass eine Substanz bis zu einer bestimmten Konzentration überhaupt keine Wirkung hat (und folglich kein Risiko darstellt) und Effekte erst dann zu beobachten sind, wenn die Konzentration eine Grenze überschreitet.

Oft hört man das Argument, eine in höheren Konzentrationen schädliche Substanz könne auch in geringerer Konzentration nicht harmlos sein, sondern sei an sich gefährlich. Dass diese Beweisführung prinzipiell falsch ist, zeigt uns die Diskussion über das toxische Potenzial von Selen (siehe Kapitel »Wollen und Können – Potenz und Fruchtbarkeit«). Die Dosis macht das Gift! In der Tat verfügt unser Organismus über eigene Sicherheitsmechanismen zur Entfernung unerwünschter Bestandteile der aufgenommenen Nahrung, zum Beispiel natürlicher Toxine. Alle Pflanzen enthalten wirksame Pestizide zur Abwehr von Bakterien und Schadinsekten, die wir gemeinsam mit den genießbaren Pflanzenteilen verzehren. Wir können solche Verbindungen in erstaunlichen Mengen mühelos verkraften.

Epidemiologische und statistische Daten sollten überhaupt nur ernst genommen werden, wenn sie mit einer Fehlergrenze (erkennbar am Zeichen ±) versehen sind. Je mehr Probanden an einer Studie teilgenommen haben, desto geringer sollte die maximale Abweichung nach beiden Seiten sein. Wenn Ihnen Prozentzahlen angeboten werden, können Sie die Fehlergrenzen leicht selbst ausrechnen (vorausgesetzt, die Anzahl der Teilnehmer ist angegeben). Untersuchungen ohne Fehlerangabe legen Sie am besten sofort zur Seite.

Zur Berechnung des Fehlergrenzen teilt man 100 durch die Quadratwurzel der Zahl der Versuchsteilnehmer. Wurden 1000 Leute interviewt, von denen 50 % eine bestimmte Frage bejaht haben sollen, dann liegt dieser Anteil in Wirklichkeit zwischen 47 und 53 %: Die Wurzel aus 1000 ist 31,6, und 100 geteilt durch 31,6 ist (auf eine ganze Zahl gerundet) gleich 3. Der Vertrauensbereich für die Angabe »50 %« reicht folglich von (50+3) % bis (50 – 3) %, also von 53 bis 47 %.

Beteiligten sich nur 100 Personen an der Studie, so liegt die Fehlergrenze bereits bei ± 10 %, für 50 Probanden beträgt sie gar ± 14 %. In letzterem Fall folgt aus der Angabe, 50 % der Teilnehmer hätten eine Frage bejaht, ein tatsächlicher Anteil zwischen 36 und 64 %. Dieser Bereich ist so groß, dass die gezogenen Schlüsse eigentlich wertlos sind. Für manche Studien stehen jedoch nur derart geringe Teilnehmerzahlen zur Verfügung, und in den Medien arbeitet man ohnehin bevorzugt mit der Obergrenze, was man durch Formulierungen wie »*bis zu* 64 % der Bevölkerung könnte ...« zu rechtfertigen versucht.

Wenn mit prozentualen Abweichungen argumentiert wird, sollten Sie daran denken, dass Prozentangaben sinnlos sind, wenn sie sich auf weniger als 100 Einzelereignisse beziehen. Prozente gibt man an, wenn sehr große Zahlen anschaulicher gemacht werden sollen, etwa: 5 % der Bevölkerung sind arbeitslos, 20 % des Staatshaushalts werden für die Verteidigung ausgegeben. Wandelt man kleine Zahlen in Prozente um, so bläst man sie förmlich auf; manchmal ist dies zugegebenermaßen der einzige Weg, unbedeutende »Erkenntnisse« aufzuwerten. Was ich damit meine, zeigt folgendes Beispiel: Eine seltene Krebsart trete in der Stadt X – in unmittelbarer Nachbarschaft einer Müllverbrennungsanlage, die vielleicht giftige Dämpfe abgeben könnte – jährlich 8-mal auf, in der Stadt Y, wo keine solche Anlage steht, hingegen nur 6-mal. Diesen Unterschied findet wohl niemand besonders Besorgnis erregend. Nun können Sie stattdessen berichten, in X sei das Risiko, an dieser Krebsart zu erkranken, um 33 % höher als in Y*, ohne die tatsächlichen Fallzahlen anzugeben. Dieses Resultat gibt eine wunderbare Schlagzeile ab. Wie nicht weiter betont werden muss, sind Untersuchungen dieser Art mit so vielen unbekannten Faktoren behaftet, dass die gezogenen Schlüsse keinen Wert haben.

Die Pressemitteilung

Zu den Aufgaben eines Zeitungsredakteurs gehört das Formulieren zugkräftiger Schlagzeilen. Wie jeder weiß, lässt sich die Aufmerksamkeit des Publikums am besten mithilfe eines sorgfältig mit einem emotionalen Köder versehenen Angelhakens einfangen. Initiativgruppen, denen es um die öffentliche Anteilnahme zu tun ist, gehen beim Auswerfen solcher Köder ziemlich geschickt vor. Häufig publizieren sie Ergebnisse von Studien, die sie selbst in Auftrag gegeben (und inhaltlich kontrolliert) haben, oder sie finanzieren die Arbeit von Wissenschaftlern, die nachweislich auf ihrer Linie liegen.

Hier liegt der Ursprung vieler Ängste vor Chemikalien. In endloser Folge geben Umweltschützer chemischen Substanzen die Schuld an der Verschmutzung von Boden und Wasser, Gesundheits-Gurus sehen überall Verursacher von Krebs, und Vertreter der »organischen« Landwirtschaft beschweren sich über die angebliche Zerstörung von Böden und Kontamination von Produkten. Die Mitglieder solcher Gruppen sind geschult in der Formulierung auffälliger Pressemitteilungen, die von unter Druck stehenden Journalisten nur allzu gern aufgegriffen werden. Da die Ziele der Initiativen auf breite öffentliche Unterstützung stoßen, nimmt jedermann an, den publizierten Ergebnissen könne man trauen. Leider stimmt dies oft nicht. Wie nachhaltig sich die Bevölkerung in die Irre führen lässt, wurde im fünften Kapitel »Alles im Kopf« anhand des Aluminiums vorgeführt.

* Bezogen auf die Anzahl in Y: $(8-6)/6 \times 100 = 33\%$.

Ein vernünftiges Argument sollte den Adressaten ohne jegliches Zutun überzeugen. Werbefachleute wissen aber ganz genau, dass man ein größeres Publikum nur mit stark gefühlsbetonten Themen erreichen kann – ganz zu schweigen von dem Versuch, eine Idee fest in der Volksseele zu verankern. Dasselbe gilt für die Naturwissenschaft, ob wir es wahrhaben wollen oder nicht, nur ist den meisten Forschern der Gebrauch emotionaler »Angelhaken« zur Fesselung der öffentlichen Aufmerksamkeit fremd. In der Zeitung lesen die Leute einen Artikel über einen neuen Wirkstoff, einen Meilenstein für die Behandlung der Krankheit XY, und vergessen ihn innerhalb kürzester Zeit, es sei denn, der Bericht spricht außer dem Kopf auch den Bauch an, weckt Gefühle – Angst um das eigene Wohlergehen oder Mitgefühl für andere.

Leute, die Chemikalien grundsätzlich für bedrohlich halten und allen zeigen wollen, dass die Chemie nichts als Ärger bringt, machen ihre Behauptungen hauptsächlich an unseren Ängsten fest: um einzelne Personen und deren Familien, um die Gesellschaft und schließlich um die Welt als Ganzes.

Ein verbreiteter Trick ist das Verknüpfen erschreckender Resultate mit Personengruppen, denen unsere selbstverständliche Sympathie gilt: Säuglingen, stillenden Müttern, Kleinkindern. Angebliche Bedrohungen der Fruchtbarkeit sprechen Männer an, die sich um ihre Zeugungsfähigkeit sorgen, und Frauen, die fürchten, ein missgebildetes Kind zur Welt zu bringen. Am anderen Ende des Lebensweges wartet die Angst vor dem Tod; und natürlich beunruhigt es die Menschen, von Substanzen zu erfahren, die Herzkrankheiten und Krebs auslösen sollen. Schreckensszenarien globaler Katastrophen werden ausgemalt, wenn es um die Artenvielfalt, die Zusammensetzung der Atmosphäre oder den Zustand der Ozeane geht. Manche der Gefahren oder Unnatürlichkeit suggerierenden Formulierungen haben sogar dauerhaften Eingang in die Umgangssprache gefunden (»saurer Regen«, »giftige Chemikalien«, »Krebs aus dem Wasserhahn«, »Kunstdünger«).

Sorgsam gestaltete und ausgeschmückte Kampagnen können die Bevölkerung dazu bringen, Dinge für richtig zu halten, die dem gesunden Menschenverstand eigentlich unverhohlen widersprechen. Verfechter der »organischen« Landwirtschaft propagieren beispielsweise den Verzicht auf alle agrochemischen Dünge- und Pflanzenschutzmittel. Was sie nicht erwähnen, ist, dass man in diesem Fall so gut wie alle fruchtbaren Landstriche dieser Welt bewirtschaften müsste, um zu verhindern, dass Millionen Menschen den Hungertod sterben. Durch den Einsatz synthetischer Dünger kann man von einem Feld viermal so viel ernten wie bei rein organischer Landwirtschaft. Der umweltfreundliche Nebeneffekt dieser Tatsache wird oft übersehen: Wenn ein Hektar Land zwanzig Menschen ernährt statt fünf, so kann man die drei verbleibenden Hektar ungestört der Natur überlassen.

Fassen wir zusammen. Wenn Sie auf Meldungen stoßen, die eindeutig auf Pressemitteilungen fußen, so sollten Sie alle Resultate ignorieren, die eines der folgenden Merkmale aufweisen:

- Sie sind als Graph dargestellt, dessen Ursprung fehlt;
- ihre Fehlergrenzen sind nicht angegeben;
- sie wurden aus Studien mit geringer Teilnehmerzahl abgeleitet (oder die Zahl der Probanden wird völlig verschwiegen);
- sie enthalten ausschließlich Prozentangaben;
- sie sprechen gezielt Gefühle an;
- sie sind unpräzise und vage formuliert (»könnte verknüpft sein«, »man nimmt an«, »scheint zu beweisen«) oder berufen sich auf nicht näher spezifizierte Gruppen (»die Ärzte sind überzeugt«, »die Wissenschaftler meinen«).

All die vorangegangenen Kommentare sollen Sie warnen: Lassen Sie sich nicht davon abhalten, die Ansichten scheinbar wohlmeinender Leute sorgfältig unter die Lupe zu nehmen. Hinter jeder Schreckensmeldung könnte Chemophobie stecken. In zurückliegenden Generationen hätten man den Erfolg mancher Kampagne nicht für möglich gehalten, aber die Aktivisten präsentierten sich immer öffentlichkeitswirksamer und gewannen an Einfluss. In einigen Ländern wurden die Gesetze geändert; in Europa ist es demnächst Vorschrift, alle Chemikalien hinsichtlich ihrer Sicherheit zu überprüfen, auch diejenigen, die schon seit 100 oder mehr Jahren in Gebrauch sind. Der Preis dafür wird nicht allein in barer Münze oder in Form der Leben unzähliger Versuchstiere gezahlt – diese Aktion könnte Europa letztlich seine gesamte chemische Industrie kosten, verbunden mit dem Verlust von Millionen Arbeitsplätzen.

In einem Zeitalter, das offenbar Gefühle über die Vernunft stellt, ist es leicht, sich von Emotionen davontragen zu lassen. Während

Emotionen jedoch den gesunden Menschenverstand zeitweise ausschalten können, sind sie Naturgesetzen gegenüber machtlos. In diesem Buch habe ich versucht, ihnen rund 30 chemische Substanzen so objektiv wie möglich vorzustellen, ihre Nachteile ebenso ausführlich zu erläutern wie ihren Nutzen. Mit Sicherheit fragen sich aber einige Leser noch immer, ob diese Chemikalien des Alltags tatsächlich so ungefährlich sind. Vielleicht vermuten Sie, dass sich noch unbekannte Wirkungen mancher Stoffe erst nach sehr langer Zeit bemerkbar machen. Vielleicht halten Sie es generell für richtig, neu entdeckte Substanzen so lange unter Verschluss zu halten, bis wir ganz sicher wissen, dass sie keine Schäden anrichten.

Die meisten von uns leben in Städten und atmen täglich Luft ein, die mehr oder weniger giftige Dämpfe enthält; wir trinken Wasser, das, so sagt man uns, alles andere als gesund ist; wir essen verarbeitete Nahrungsmittel, die manche aufgrund der Zusatzstoffe oder der Erzeugungsverfahren für ungenießbar halten. In allen diesen Behauptungen steckt ein Körnchen Wahrheit, aber nur ein kleines. Es gibt Leute, die glauben, unser ganzes Leben sei durch ein Übermaß unnatürlicher Stoffe verseucht. Wie tief ihre Ängste sitzen, kann man an den Entbehrungen ablesen, die sie auf sich nehmen, um den scheinbaren Gefahren auszuweichen. Ich würde mich freuen, wenn dieses Buch Sie hinsichtlich der einen oder anderen Substanz beruhigen oder Ihnen wenigstens zeigen konnte, dass mancher Fortschritt auch ein gewisses Risiko wert ist.

Im letzten Viertel des 20. Jahrhunderts war in zahlreichen Druckwerken zu lesen, Zusatzstoffe für Nahrungsmittel seien eine der Hauptursachen für Krankheiten, insbesondere für Krebs. Der Einwand, die Substanz sei untersucht (und für ungefährlich befunden) worden, beruhigte das Publikum keineswegs: »Langzeit«-Effekte, so argumentierte man, ließen sich auf diese Weise nicht abschätzen, und jedenfalls sei es besser, den fraglichen Stoff gänzlich zu verbieten. Hinweise, dass Spuren natürlicher Toxine in manchen Lebensmitteln nachweislich karzinogen wirken, aber nicht verboten werden können, wurden mit dem Argument beiseite gefegt, der menschliche Körper sei diesen Stoffen bereits so lange ausgesetzt, dass er eine Art Schutz entwickelt habe (Empfindliche sind der Evolution im Laufe von Jahrmillionen zum Opfer gefallen). Das klingt gar nicht unsinnig.

Was aber dem einen recht ist, muss dem anderen billig sein. Kurze Zeit später begann man, Naturstoffe den gleichen Prüfungen zu unterziehen wie die verhassten synthetischen Zusatzstoffe. Nachfolgend wurde die medizinische Anwendung von Beinwell verboten, gewarnt wurde vor vielen traditionellen Heilmitteln und Stoffen aus der Chinesischen Medizin, ganz zu schweigen von Kaffee, gegrilltem Fleisch und Gebratenem aller Art.

Boshafterweise könnte man sogar versuchen, die Argumentation umzudrehen: Könnte es nicht sein, dass Substanzen, mit denen wir unsere Nahrung beispielsweise anfärben, in Wirklichkeit vor Krankheiten schützen – vielleicht indem sie das Immunsystem stärken oder sogar pathogene Keime abwehren? Diese These ist genau so (un)wahrscheinlich wie ihr Gegenteil, dass Zusatzstoffe nämlich das Immunsystem schwächen oder Krankheiten auslösen. Beides können wir nicht beweisen, mögen Sie jetzt denken. Versuche an Nagern mit manchen Zusatzstoffen ergaben aber in der Tat geringere Krebsraten in den *behandelten* Gruppen. (Natürlich landen solche Meldungen nicht in den Schlagzeilen.) Folglich könnten *trans*-Fettsäuren wie CLS vor Brustkrebs schützen, wie im Kapitel »Nahrung für Körper und Geist« erläutert wurde.

Wurde eine Substanz einmal zur Bedrohung erklärt, ist es natürlich sehr schwierig, das Gegenteil zu beweisen. Stellen Sie sich vor, sie seien eines Verbrechens angeklagt und müssten Ihre Unschuld nachweisen. In allen zivilisierten Gesellschaften trägt der Ankläger die Beweislast. Gewinnen aber Emotionen die Überhand wie zur Zeit der Hexenverfolgung, werden solche Grundsätze über den Haufen geworfen.

Was also sollten wir tun? Niemals sollten wir eine Chemikalie nur aufgrund unbewiesener Anschuldigungen verurteilen. Spekulation allein genügt nicht, obgleich sie in der Vergangenheit für die Brandmarkung vieler nützlicher Substanzen gesorgt hat. Bevor wir uns in irgendeiner Initiative zum Verbot einer Chemikalie engagieren, sollten wir einen logischen, auf sinnvolle wissenschaftliche Ergebnisse gegründeten Beweis verlangen. Wer kann wissen, ob nicht bereits ein Stoff verboten wurde, dessen »Langzeitwirkung« in einem Schutz vor Alzheimer besteht? Sicherlich ist das nicht sehr wahrscheinlich, aber auch nicht unwahrscheinlicher als eine verborgene Gefahr, die von einer streng geprüften, jahrzehntelang problemlos angewendeten Substanz angeblich ausgeht.

Mit dieser Nachbemerkung möchte ich vor allem die Skeptiker unter Ihnen erreichen und vielleicht sogar die Chemophobiker nachdenklich machen. Sie empfinden alle Chemikalien als Bedrohung, müssen folglich in einer unsicheren Welt voller versteckter Gefahren leben und bilden sich vielleicht ein, schon ein einziger »unnatürliches« Molekül reiche aus, um Krebs oder Herzkrankheiten auszulösen. Nicht wenige denken heute so. Für sie ist »die Chemie« in Nahrungsmitteln, Wasser und Luft Quelle allen Übels.

Seit ungefähr dreißig Jahren wird das Bestreben, Erkenntnisse wissenschaftlich zu untermauern, in verschiedener Hinsicht untergraben: Die Bedeutung der Medien mit ihrem unstillbaren Hunger auf Neuigkeiten ist immens gewachsen. An sich ist das nicht zu verurteilen; zum Problem werden die Medien erst, wenn sie von speziellen Interessengruppen instrumentalisiert werden, insbesondere von der Opposition gegen die chemische Industrie. Mit der Zeit hat sich die öffentliche Wahrnehmung der Leistungen der Chemie aus diesem Grund radikal verändert. Vielleicht ereilt dieses Schicksal alle Wissenschaften, die zu erfolgreich sind und zu schnell vorpreschen – in der Vergangenheit die Kernforschung, jetzt die Biotechnologie. Der Elektronik und Kommunikationswissenschaft steht das noch bevor; die ständige Beobachtung des Einzelnen im Orwell'schen Sinne rund um die Uhr könnte die Entwicklung beschleunigen.

Ich möchte dieses Buch mit einigen allgemeinen Bemerkungen über chemische Verbindungen abschließen, die Sie beruhigen sollen: Ihre Gesundheit wird nicht unablässig von den Produkten der chemischen Industrie untergraben.

Mit dem Risiko, an Krebs zu erkranken, müssen wir alle leben. Das Risiko kann aber so gering sein, dass Sie es getrost ignorieren dürfen. Wirken Chemikalien auf speziell gezüchtete Laborratten karzinogen, lässt sich dies in der Regel nicht auf den Menschen übertragen. Viele Chemotherapeutika, mit denen Krebs behandelt wird, müssten als »karzinogene Chemikalie« eingestuft werden. Man verwendet sie trotzdem, denn angesichts der Chance, durch Bekämpfung des Primärtumors ein Menschenleben zu retten, ist das winzige Risiko, die Bildung eines neuen Tumors auszulösen, uninteressant.

Den viel beschworenen »Cocktaileffekt« von Chemikalien gibt es nicht. Angst vor Chemie wird durch die Ansicht befördert, dass Chemikalien in der Umgebung synergistisch wirken, einander also in ihrer Wirkung verstärken. Man bezeichnet dies als »Cocktaileffekt« entsprechend dem (in diesem Zusammenhang ebenfalls unbegründeten) Glauben, die Mischung alkoholischer Getränke verstärke deren Effekt. Cocktaileffekte treten tatsächlich auf; bekannt ist zum Beispiel, dass Mischungen synthetischer Süßstoffe süßer schmecken als die Summe ihrer Bestandteile. Analog ist dies bei manchen Schmerzmitteln der Fall. Was aber für verwandte chemische Verbindungen zutrifft, die auf ein und dieselbe Gruppe von Rezeptoren wirken, lässt sich ganz und gar nicht auf vollkommen verschiedene Substanzen in der Umwelt übertragen – insbesondere, wenn diese bereits mit negativem Ergebnis auf einen Cocktaileffekt hin untersucht wurden. Die Wirkung von Chemikalien kann sich in der Umwelt *summieren,* aber die Wirkungen *vervielfachen* einander nicht.

Synthetische Chemikalien beeinflussen unseren Hormonhaushalt weit weniger als manche von Pflanzen produzierten Substanzen, die Hormone nachahmen. Natürlich gibt es einige Präparate (das bekannteste Beispiel ist die Antibabypille), die dafür gedacht sind, in die Hormonproduktion einzugreifen. In der Umwelt kommen die verschiedensten hormonell wirksamen Stoffe (Östrogenmimetika und Östrogenantagonisten) vor; einer der kräftigeren wird von der Sojapflanze produziert. Diese von den Pflanzen zum Schutz gegen Schadinsekten in größeren Mengen hergestellten Substanzen nimmt das Hormonsystem des Menschen kaum zur Kenntnis. 99,99 % der Hormonnachahmer, die man mit einem dreigängigen Menü zu sich nimmt, stecken in dem dazu genossenen Glas Rotwein. Auch der winzige Rest von 0,01 % können Naturstoffe und müssen nicht synthetische Pestizide sein.

Von Geburt an verfügt unser Organismus über ein wunderbares eingebautes Entgiftungssystem, das uns täglich gegen Tausende von natürlichen Giftstoffen schützt. Im Laufe der Evolution hat sich unser Stoffwechsel daran gewöhnt, sich unerwünschter und potenziell schädlicher Inhaltsstoffe der Nahrung zu entledigen. Lebende Zellen sind in der Lage, Schäden umgehend zu reparieren. Diskutiert man über Chemikalien, so wird jedoch allgemein angenommen, die Substanzen seien auch in winzigsten Konzentrationen irgendwie gefährlich. Diese Sicht ist falsch; wir wissen inzwischen, dass unser Ausscheidungssystem bis zu bestimmten Konzentrationsgrenzen problemlos mit Chemikalien fertig wird.

Mit modernen analytischen Methoden können wir Chemikalien in extrem geringen Konzentrationen nachweisen. Manche Stoffe sind nur in so geringen Mengen vorhanden, dass man die Konzentration in ppt (parts per trillion, Teile in einer Billion Teilen) angeben muss; das entspricht einer Sekunde in 30 000 Jahren. Auch Konzentrationen im ppb- und selbst ppm-Bereich (Teile in einer Milliarde bzw. einer Million Teilen) sind noch sehr klein (entsprechend einer Sekunde in 30 Jahren bzw. in zwölf Tagen). Natürlich kann man auch solche winzigen Mengen bedrohlich erscheinen lassen. Dass Substanz Z in Muttermilch in einer beunruhigenden Konzentration von 100 ppb vorkommt klingt doch viel schrecklicher, als dass es sich »nur« um 0,1 ppm handelt.

Abschließend möchte ich ein Wort an alle jungen Leute richten, die dieses Buch gelesen haben und nun mit dem Gedanken an eine Laufbahn in der Chemie oder der chemischen Industrie spielen: Kommen Sie zu uns! Die Chemie ist eine spannende Wissenschaft, und sie wird noch aufregender angesichts dessen, dass Molekularbiologie und Nanotechnologie zu den angrenzenden Disziplinen zählen. In diesem Buch habe ich versucht zu zeigen, dass Chemiker Erstaunliches leisten (wenn auch keine Wunder bewirken) können. Zwei großen Herausforderungen muss sich die Welt in diesem Jahrhundert stellen: der Produktion all der erwünschten und wünschenswerten Erzeugnisse der chemischen Industrie aus nachwachsenden Rohstoffen und der Verteilung der Segnungen der Chemie auf alle Teile der Erde, nicht nur die entwickelten Industrieländer. Mit der Chemie lässt sich der Kampf gegen Krankheiten, Unterernährung und Armut aufnehmen, ohne dass dafür Raubzüge an der Natur unternommen werden müssen. All dies ist möglich – vorausgesetzt, kluge und engagierte Leute packen es an. Die Chemie ist nicht leicht. Wer sich für einen solchen Beruf entscheidet, verdient unsere Bewunderung, nicht den unberechtigten Argwohn, der in den vergangenen 25 Jahren viele von diesem Studium abhielt. Wir haben die Unterstützung einer Generation verloren. Die Welt kann es sich nicht leisten, dass wir die einer weiteren verlieren, oder es wird in der Tat ein zweites Mittelalter anbrechen.

Glossar

Alpha-Hydroxy(carbon)säuren (AHA von alpha-hydroxy acid): Mit diesem Oberbegriff bezeichnet man Verbindungen mit einem Kohlenstoffatom, an das eine Säuregruppe (CO_2H) und eine Hydroxylgruppe (OH) gebunden sind. Alternativ kann man diese Verbindungen primär als Carbonsäure betrachten. Vom C-Atom der Säuregruppe aus gesehen, ist die Hydroxylgruppe dann an das nächste C-Atom (das Alpha-Kohlenstoffatom) geknüpft. Bei Beta-Hydroxysäuren (BHA) befindet sich die Hydroxylgruppe am übernächsten, dem Beta-Kohlenstoffatom.
Mit dem Alpha-Kohlenstoffatom sind neben der Säure- und der Hydroxylgruppe zwei weitere Reste verbunden. Deshalb gibt es sehr viele solche Substanzen, von denen jedoch nur einige wenige kommerzielle Bedeutung besitzen. Die einfachste AHA ist die Glycolsäure (auch Hydroxyessigsäure, Ethanolsäure). Beide Reste sind Wasserstoffatome, die Formel des Moleküls lautet also $HOCH_2CO_2H$.
Nicht viel komplizierter aufgebaut ist die Milchsäure. Mit dem Alpha-Kohlenstoffatom sind ein Wasserstoffatom und eine Methylgruppe (CH_3) verknüpft. Letztere sorgt für eine neue Dimension, denn nun sind zwei Molekülstrukturen möglich, die sich zueinander wie Bild und Spiegelbild (wie rechte und linke Hand) verhalten. Einzelheiten dazu finden Sie unter dem Stichwort *Chiralität*. Man bezeichnet diese beiden Formen als D- und L-Milchsäure (D von lat. *dexter* für »rechts«, L von lat. *laevus*, »links«). Industriell synthetisierte Milchsäure ist ein Gemisch aus L- und D-Form. In Lebewesen überwiegt meist eine der beiden Formen. Der menschliche Körper produziert hauptsächlich L-Milchsäure, die in Blut, Muskelgewebe, Leber, Nieren und anderen Organen vorkommt.
Andere natürlich auftretende AHAs enthalten kompliziertere Reste am Alpha-Kohlenstoffatom. Die Zitronensäure weist zwei wei-

tere Säuregruppen (CH_2CO_2H) auf, insgesamt also drei. Bei der weniger häufigen Äpfelsäure trägt das Alpha-Kohlenstoffatom ein Wasserstoffatom und einen CH_2CO_2H-Rest, bei der Mandelsäure ein Wasserstoffatom und einen Benzylrest. Das Weinsäure-Molekül besteht aus zwei Glycolsäure-Bausteinen, die am Alpha-Kohlenstoffatom miteinander verbunden sind.

Aminosäuren sind die Bausteine von Proteinen (Eiweißen) und enthalten ein Kohlenstoffatom, das mit einer Aminogruppe (NH_2), einer Säuregruppe (CO_2H) und zwei weiteren Resten verknüpft ist. Letztere können verschieden aufgebaut sein; im Fall der einfachsten Aminosäure, Glycin ($NH_2CH_2CO_2H$), sind es zwei Wasserstoffatome. Der Austausch eines dieser Wasserstoffatome gegen eine Methylgruppe (CH_3) führt zum Alanin, einem Molekül, das in zwei spiegelbildlichen Formen vorliegen kann (Einzelheiten siehe unter *Chiralität*). In der Natur findet man das L-Alanin.

Ungefähr 200 Aminosäuren kommen in der Natur vor. 22 von ihnen sind Bestandteile menschlicher Proteine, zehn davon kann der Stoffwechsel nicht synthetisieren. Diese essenziellen Aminosäuren müssen wir mit der Nahrung aufnehmen.

Chiralität: Stellen Sie sich zwei Moleküle mit gleich vielen Atomen der gleichen Atomsorten vor. Anordnung und Bindungssituation der Atome sollen ebenfalls exakt übereinstimmen. Sind die Moleküle trotzdem nicht identisch, sondern verhalten sich wie Bild und Spiegelbild, so bezeichnet man dies als Chiralität. Sie tritt stets auf, wenn ein Molekül ein Kohlenstoffatom enthält, an das vier verschiedene Reste (Atome, Atomgruppen) gebunden sind. Es gibt dann eine links- und eine rechtshändige Molekülform, ein so genanntes *Enantiomerenpaar*. Früher bezeichnete man die Formen als »optische Isomere«, da sie in verschiedener Weise mit Licht in Wechselwirkung treten, woran man sie auch unterscheiden kann.

Heute kennzeichnen Chemiker die beiden Formen mit den Symbolen *R* und *S* (von lat. *rectus* und *sinister* für »rechts« und »links«), deren Zuordnung in definierter Weise von der Natur der vorhandenen Atomgruppen abhängt. Die früher gebräuchlichen Symbole D (*dexter*, »rechts«) und L (*laevus*, »links«) wurden dagegen nur relativ zueinander vergeben; man kann deshalb nicht davon ausgehen, dass die D-Form im alten System mit der *R*-Form im neuen System übereinstimmt. Die älteren, seit langem gängigen Bezeichnungen werden in der Medizin und den Lebenswissenschaften vielfach noch verwendet.

Vielleicht fragen Sie sich jetzt, wie sich zwei Moleküle unterscheiden können, die aus exakt den gleichen Atomen bestehen, die auf genau die gleiche Weise miteinander verbunden sind. Die Antwort liegt nicht ferner als Ihre Hände: Jede Hand hat einen Daumen, Zeigefinger, Mittelfinger, Ringfinger und kleinen Finger, alle sind mit der Handfläche verbunden, und die Reihenfolge ist bei beiden Händen gleich. Worin der Unterschied besteht, merken Sie sofort, wenn Sie versuchen, einen Fingerhandschuh für die linke Hand über die rechte zu ziehen. Zu einer rechten Hand passt nur ein rechter Handschuh; ein rechtshändiges Molekül passt möglicherweise nur auf einen Rezeptor mit geeigneter Form.

Doppelbindungen zwischen Atomen sind fester, kürzer und starrer, aber auch reaktiver als Einfachbindungen. Zwei einfach gebundene Atome teilen sich zwei Elektronen, zwei doppelt gebundene vier (und zwei dreifach gebundene sechs). Doppelbindungen sind bis zu einem Gewissen Grad starr (das bedeutet, die freie Drehbarkeit um die Bindungsachse ist eingeschränkt); Atome oder Gruppen, die sich an den beiden Enden der Bindung befinden, lassen sich deshalb entweder auf der gleichen Seite oder auf verschiedenen Seiten der Bindung lokalisieren. Ersteres bezeichnet man als *cis*-, Letzteres als *trans*-Anordnung.

EDTA ist die Abkürzung für Ethylendiamin-tetraessigsäure (*ethylene diamine tetra acetic acid*). Im Zentrum des Moleküls befindet sich die Atomgruppe $N-CH_2-CH_2-N$, an die Stickstoffatome sind je zwei Essigsäuregruppen ($-CH_2CO_2H$) gebunden. Eine oder mehrere saure Gruppe(n) können neutralisiert werden, um die Löslichkeit von EDTA zu verbessern.

Die Einheiten in der Chemie beziehen sich auf die Welt der Moleküle und beschreiben deshalb kleine Mengen. Umgangssprachlich drücken sie Folgendes aus: Die Vorsilbe *Milli-* bedeutet ein Tausendstel (in Zahlen ausgedrückt 10^{-3}), *Mikro-* ein Millionstel (10^{-6}), *Nano-* ein Milliardstel (10^{-9}) und *Piko-* ein Billionstel (10^{-12}). Man kann sich solche Größen schlecht vorstellen. Am anschaulichsten sind vielleicht Gewichte: Ein Sandkorn wiegt ungefähr ein Milligramm, ein Staubteilchen ein Mikrogramm. Teilchen mit einem Gewicht von einem Nanogramm kann man mit bloßem Auge nicht sehen.

Da die Masse der Atome so gering ist, musste man eine spezielle Masseneinheit definieren, das Mol. Ein Mol ist gleich der Anzahl der Atome in 12 Gramm Kohlenstoff – das sind $6{,}022 \times 10^{23}$ Atome (die Zahl wird auch als Avogadro-Zahl bezeichnet). Die Atommasse eines Elements ist gleich der Masse (in Gramm) dieser Anzahl von Atomen, die Molekülmasse ergibt sich als Summe der Atommassen aller Bestandteile des Moleküls. Für die Diskussion von Lösungen sind diese Mengen oft viel zu groß. Man rechnet dann mit *Millimol* (Tausendstel Mol) pro Liter oder sogar *Mikromol* (Millionstel Mol) pro Liter.

Ein Ester entsteht durch Reaktion einer Säure mit einem Alkohol. Aus der Säure RCO_2H und dem Alkohol $R'OH$ (R und R' sind beliebige organische Reste) bildet sich der Ester RCO_2R' (und als zusätzliches Produkt Wasser, H_2O). Ester riechen intensiv und häufig angenehm. Sie sind die Hauptbestandteile vieler Fruchtaromen.

Fettsäuren sind organische Verbindungen, bestehend aus einer Kohlenwasserstoffkette mit einer Säuregruppe (CO_2H) am endständigen Kohlenstoffatom. In der Regel bezeichnet man solche Moleküle nur als Fettsäuren, wenn die Kette mehr als einige wenige Kohlenstoffatome lang ist; manche Autoren rechnen aber auch die Verbindungen mit Kettenlängen von einem, zwei oder drei Atomen hinzu. Die bekanntesten Fettsäuren sind die Palmitin- und die Stearinsäure mit 16 bzw. 18 Kohlenstoffatomen (einschließlich dem C-Atom der Säuregruppe). Innerhalb der Kette können die Kohlenstoffatome ausschließlich durch Einfachbindungen miteinander verknüpft sein. Man spricht dann von gesättigten Fettsäuren. Treten in der Kette eine oder mehrere *Doppelbindungen* auf, so bezeichnet man die Moleküle als *einfach ungesättigt* bzw. *mehrfach ungesättigt*. Siehe auch *Triglyceride*.

Der Einfluss der Molekülstruktur auf die physikalischen Eigenschaften wird beim Vergleich der Schmelzpunkte dreier typischer Fettsäuren mit einer Kettenlänge von 18 Kohlenstoffatomen deutlich: Stearinsäure (gesättigt) schmilzt bei 72 °C, Elaidinsäure (eine *trans*-Doppelbindung in der Mitte der Kette) bei 44 °C und Ölsäure (eine *cis*-Doppelbindung in der Mitte der Kette), bei Raumtemperatur ein Öl, erstarrt erst bei 13 °C.

Als **freie Radikale** bezeichnet man Atome oder Moleküle, die ein einzelnes (ungepaartes) Elektron enthalten. Freie Radikale sind ausgesprochen reaktiv, denn mit diesem ungepaarten Elektron können sie Verbindungen aller Art angreifen. Für manche Zwecke kann man freie Radikale sinnvoll verwenden (etwa zum Start von Polymerisationen), in lebenden Organismen können sie jedoch großen Schaden anrichten und sind deshalb (bis auf Ausnahmen) unerwünscht.

Freie Radikale greifen die häufigste, in nahezu allen organischen Substanzen vorhandene Bindung, die Kohlenstoff-Wasserstoff-Bindung, sofort an und spalten dort Wasserstoffatome ab. An Doppelbindungen lagern die Radikale sich an. Gelegentlich verbinden sich zwei freie Radikale unter Paarung der freien Elektronen zu einem stabilen Molekül.

Unser Organismus führt einen endlosen Kampf gegen freie Radikale, die bei der Verwertung des eingeatmeten Sauerstoffs entstehen. Zum Schutz verwendet der Körper die Vitamine C und E. Ersteres löst sich in Wasser, Letzteres in Fetten, und gemeinsam können sie so gut wie alle freien Radikale »entschärfen«, denen sie in irgendeinem Teil des Körpers begegnen.

Manche freien Radikale sind bemerkenswert stabil. Dazu gehören das Stickstoffmonoxid (NO) mit einem ungepaarten Elektron (wie für freie Radikale üblich ist) und der Sauerstoff (O_2) mit zwei ungepaarten Elektronen. Beide Moleküle spielen eine Schlüsselrolle für das Leben. Die Bedeutung von NO wird im dritten Kapitel »Wollen und Können – Potenz und Fruchtbarkeit« erklärt.

Glycerin oder **Glycerol** nennt man eine einfache, in der Natur häufig vorkommende Chemikalie, die ein wichtiger Grundstoff der chemischen Industrie ist und als Nebenprodukt der Seifenherstellung und Fettsäuresynthese anfällt. Die Weltjahresproduktion übersteigt sechs Millionen Tonnen. Verwendet wird Glycerin in Nahrungsmitteln, Kosmetika und Schmierstoffen; es ist Ausgangsstoff für Polymere, Weichmacher und Sprengstoffe. Die chemische (Summen-) Formel des Moleküls lautet $C_3H_8O_3$; eigentlich handelt sich um einen Dreifachalkohol mit einer Kette aus drei Kohlenstoffatomen, an die jeweils eine Alkoholgruppe (OH) gebunden ist. Eine sinnvollere, den systematischen Namen Propan-1,2,3-triol besser widerspiegelnde Schreibweise lautet deshalb $CH_2(OH)CH(OH)CH_2OH$. Fette und Öle sind Abkömmlinge des Glycerins, so genannte *Trigylceride*.

Die Vorsilbe **Nano-** zum Beispiel von Nanotechnologie und Nanomaßstab wurde von der Längeneinheit Nanometer abgeleitet. Ein Nanometer ist ein Milliardstel (10^{-9}) Meter. Atomradien liegen im Allgemeinen zwischen 0,1 und 0,2 Nanometern. Das Nanometer ist der Maßstab der Welt auf molekularer Ebene. Heutzutage kann man Gegenstände dieser Größe bearbeiten. In Chemielabors auf der ganzen Welt erforscht man Verfahren zur Herstellung von Nanobauelementen als Ausgangspunkt für Nanomaschinen und sogar Nanocomputer.

Natürliche Öle bestehen aus **Fettsäuren**, Fettsäure-**Estern** oder beidem. Zu den häufig verwendeten Ölen gehört das Ricinus- oder Castoröl, gewonnen aus den Samen der Pflanze *Ricinus communis*. Hauptbestandteil dieses Öls ist eine eher ungewöhnliche Fettsäure, die Ricinolsäure, deren 18-gliedrige Kohlenstoffkette eine Hydroxylgruppe am Atom 12 und eine Doppelbindung zwischen den Atomen 9 und 10 aufweist. Ester der Ricinolsäure werden in verschiedensten Kosmetika verwendet. Die Säure selbst lässt sich durch Veränderungen an der Hydroxylgruppe abwandeln, und die Derivate sind sehr vielseitig. Sie finden sich in Feuchtigkeitscremes, Deodorants, Haarölen, Färbemitteln, Parfüms und sogar in Nagellack (sie machen den trockenen Lack geschmeidiger, sodass er weniger leicht splittert).

Lanolin ist ein Gemisch verschiedener Ester von 36 Fettsäuren mit 33 langkettigen Alkoholen.

Als **Osmose** bezeichnet man den Durchgang eines Lösungsmittels (im Allgemeinen Wasser) durch eine halbdurchlässige Membran, die zwei Lösungen mit unterschiedlichen Konzentrationen voneinander trennt. Hierzu muss die Membran Poren aufweisen, die gerade so groß sind, dass Lösungsmittelmoleküle hindurchpassen, Moleküle der gelösten Stoffe aber nicht. Das Lösungsmittel diffundiert von der schwächer zur stärker konzentrierten Lösung, bis die

Konzentration auf beiden Seiten gleich ist und die Osmose aufhört. Wird auf der Seite mit höherer Konzentration ein Druck ausgeübt, so kann die Osmose verhindert werden; der Druck heißt dann osmotischer Druck. Wird der Druck noch größer, so wird eine Osmose in umgekehrter Richtung (Umkehrosmose) erzwungen, das Lösungsmittel diffundiert also in die Lösung mit geringerer Konzentration. Nach einem solchen Verfahren arbeiten manche Meerwasser-Entsalzungsanlagen, mit denen man Trinkwasser aus Salzwasser gewinnt. Der erforderliche Druck liegt bei über 25 Atmosphären.

Mithilfe des **pH-Werts** beschreibt man den Säure- oder Alkaligehalt wässriger Lösungen. Exakter ausgedrückt ist er ein Maß für die Konzentration der Molekülions H_3O^+ (oft mit H^+ abgekürzt), der aktiven Komponente, die sich bei der Reaktion von Säuren mit Wasser bildet. Die Konzentration dieses Ions kann so stark schwanken, dass sie auf einer speziellen Skala gemessen wird: Die pH-Skala ist logarithmisch, das bedeutet, die Konzentration wird als negative Zehnerpotenz ausgedrückt. In neutralem Wasser ist die Konzentration der H_3O^+-Ionen sehr niedrig, sie beträgt nur 10^{-7}. Der pH-Wert ist dann definitionsgemäß gleich 7. Im Hinblick auf die Stärke von Säuren ist die pH-Skala umgekehrt: Je niedriger der pH-Wert ist, desto stärker ist die Säure. Im Normalfall liegen pH-Werte von Säuren zwischen 1 (stärkste Säure) und 7 (neutrales Wasser). Aus der logarithmischen Skala heißt das, eine Säure mit dem pH-Wert 1 enthält eine Million Mal so viele H_3O^+-Ionen wie Wasser mit dem pH-Wert 7.

Mit pH-Werten, die über 7 hinausgehen, beschreibt man alkalische (basische) Bedingungen. Bei pH 14 überwiegen in der Lösung die OH^--Ionen im Vergleich zu den H_3O^+-Ionen, deren Konzentration wiederum um einen Faktor von einer Million gefallen ist. Das bedeutet: Die pH-Wert-Spanne von 1 bis 14 erfasst eine Differenz der H_3O^+-Konzentration von *einer Million Millionen*. Trotzdem begegnen uns schon im Alltag Substanzen, die den gesamten Bereich überstreichen:

Säuren und Basen im Alltag

pH-Wert	typische Substanzen	verantwortliche Säure/Base
0*	chemische Reagenzien	konzentrierte Schwefelsäure
1	Magensäure, Batteriesäure	verdünnte Chlorwasserstoff- bzw. Schwefelsäure
2	Zitronensaft	Zitronensäure
3	Essig	Essigsäure
4	Tomatensaft	Ascorbinsäure (Vitamin C)
5	Bier, Regenwasser	Kohlensäure (H_2CO_3)
6	Milch	Milchsäure
7	Blut	neutrales Milieu
8	Meerwasser	gelöstes Calciumcarbonat
9	Bicarbonatlösung	Natriumhydrogencarbonat in Wasser
10	Magnesiamilch	Magnesiumhydroxid in Wasser
11	Salmiaklösung	Ammoniak in Wasser
12	Kalkdünger	Calciumhydroxidpulver
13	Rohrreiniger	Natriumhydroxidlösung
14	Ätznatron	konzentrierte Natriumhydroxidlösung

* Einige sehr starke, aber nicht alltägliche Säuren haben negative pH-Werte.

Polymere sind langkettige Moleküle, in denen ein Baustein ständig wiederkehrt. Das einfachste Polymer ist Polyethylen. Der Baustein besteht hier in einem Kohlenstoffatom, an das zwei Wasserstoffatome gebunden sind ($-CH_2-CH_2-CH_2-CH_2-$). Das Muster wiederholt sich (wenn schon nicht bis ins Unendliche) wenigstens eine Million Mal. Wie der Name des Polymers sagt, handelt es sich um eine Kette aus Ethylen-Einheiten (die Vorsilbe *poly* ist abgeleitet von dem griechischen Wort *polloi* für »viele«): Das Monomer (*mono* von griech. monos, »allein«) ist Ethylen, fachsprachlich als Ethen bezeichnet, mit der chemischen Formel $CH_2=CH_2$. Es kann seine Doppelbindung gegen zwei Einfachbindungen zu benachbarten Kohlenstoffatomen anderer Ethylenmoleküle eintauschen, wodurch sich die langen Ketten aufbauen.

Verschiedenste Monomere lassen sich polymerisieren. In Frage kommen zum Beispiel Abkömmlinge des Ethylens, in denen ein oder mehr Wasserstoffatome durch andere Atome oder Atomgruppen ersetzt wurden. Durch Austausch eines Wasserstoffatoms gegen ein Chloratom entsteht Vinylchlorid (CH_2=CHCl); Vinyl ist der frühere Name der Atomgruppe CH_2=CH_2. Als Produkt der Polymerisation bildet sich Polyvinylchlorid (PVC), das, würde es heute entdeckt, sicherlich den Namen Polychlorethen (PCE) erhielte.

Polyacrylsäure (siehe im Kapitel »Getarnte Polymere«) wird aus einem Monomer mit der Formel CH_2=CH–CO_2H hergestellt. Wurde ein Teil der Säure vorher zum Natriumsalz CH_2=CH–CO_2Na neutralisiert, nennt man das Produkt Polyacrylat. Die Polymerisation erfolgt nach einem *radikalischen* Mechanismus und erfordert die Zugabe eines *freien Radikals* als Starter. Zur Polymerisation von Acrylsäure verwendet man in der Regel Persulfationen, deren Wirkung beim Erhitzen oder bei Zusatz von Natriumthiosulfat einsetzt.

Polymere Kohlenwasserstoffe: Gummiartige Kohlenwasserstoffe bestehen aus den monomeren Bausteinen Isobutylen, Butadien, Isopren oder Styrol. Jedes dieser einfachen Moleküle besitzt die zur Polymerisation (Kettenbildung) notwendige *Doppelbindung.*

Beim Isobutylen ist an die beiden Kohlenstoffatome einer Doppelbindung je eine Methylgruppe (CH_3) gebunden, das polymere Produkt heißt Polyisobutylen (PIB). Butadien enthält zwei Doppelbindungen, an die Wasserstoffatome geknüpft sind; seine Formel lautet CH_2=CH–CH=CH_2. Zur Kettenbildung muss nur eine der beiden Doppelbindungen aufgebrochen werden. Die andere Doppelbindung wird in das Polymergerüst eingebaut:
CH_2=CH–CH=CH_2+CH_2=CH–CH=CH_2 →
–CH_2–CH=CH–CH_2–CH_2–CH=CH–CH_2–.

Isopren besitzt ebenfalls zwei Doppelbindungen. Es ist ähnlich aufgebaut wie Butadien, nur ist an eines der beiden mittleren Kohlenstoffatome eine Methylgruppe gebunden. Der systematische Name lautet 2-Methyl-but-1,3-dien. Auch dieses Polymer enthält noch Doppelbindungen; die Angelegenheit ist sogar noch komplizierter, da aus Isopren zwei Polymertypen entstehen können, *cis*-Polyisopren und *trans*-Polyisopren, die sich durch die Anordnung der Kette an den Doppelbindungen unterscheiden. Welches Polymer man erhält, hängt von den Prozessbedingungen ab.

Die *cis*-Form entsteht bei der Polymerisation des Safts von Gummibäumen. Ihre Konsistenz ist weich und elastisch. Aus dem Saft des Baums *Palaquium oblongifolia* entsteht die *trans*-Form, das Guttapercha. Es ist viel härter, weil sich die *trans*-Polymerketten dichter zusammenlagern können als die *cis*-Ketten.

Beim Styrol ist an eines der Doppelbindungs-Kohlenstoffatome ein Benzolring gebunden. Aus dem Polymer, Polystyrol, kann man Kunststoffmaterialien aller Art herstellen. Polymerisiert man ein Gemisch von Styrol und Butadien, so bildet sich das gummiähnliche, vielfältig verwendete Styrol-Butadien-Copolymer (siehe im sechsten Kapitel »Getarnte Polymere«).

Puffer: Um den pH-Wert einer sauren Lösung konstant zu halten, gibt man einen Puffer (ein Salz der betreffenden Säure) zu. Zum Puffern von Kohlensäure zum Beispiel bietet sich Natriumhydrogencarbonat an. Wird die Lösung neutralisiert (beginnt ihr pH-Wert allmählich anzusteigen), so wird die freie Säure aus dem Salz nachgebildet, und der pH-Wert bleibt stabil. Alkalische Lösungen puffert man durch Zugabe eines Salzes der Base zu einer schwachen Base, beispielsweise Ammoniumchlorid zu einer Ammoniumhydroxidlösung.

Lebende Organismen können besonders empfindlich auf Schwankungen des pH-Werts reagieren. Puffersysteme sind deshalb hier von besonderer Bedeutung. Auch bei vielen Industrieprozessen wie Färben und Fermentation ist man auf Puffer angewiesen. In der Nahrungsmittelindustrie stabilisiert man mit Puffern saure Milieus.

Quartäre Ammoniumverbindungen leiten sich von dem einfachen Ammoniumion NH_4^+ ab, einem Ammoniakmolekül (NH_3), das ein Wasserstoffion H^+ angelagert hat – was meist passiert, wenn Ammoniak mit einer Säure in Kontakt kommt. Ein bis vier Wasserstoffatome des Ammoniumions können gegen organische Gruppen ausgetauscht werden, die über ein Kohlenstoffatom mit dem Stickstoffatom verknüpft sind. Solche Moleküle nennt man quartäre Ammoniumverbindungen (»Quats«). Als organische Reste kommen Hunderte einfacher Verbindungen in Frage; theoretisch gibt es deshalb Millionen von Quats, aber nur einige wenige Vertreter sind von kommerzieller Bedeutung (siehe im fünften Kapitel »Alles im Kopf«).

Radikalische Polymerisation: Wenn Moleküle mit einer Doppelbindung polymerisieren sollen, muss ein Elektron auf sie übertragen werden. Dazu bringt man sie in Kontakt mit einem freien Radikal oder einem Molekül, das leicht freie Radikale erzeugt. Das freie Radikal übergibt sein ungepaartes Elektron auf die *Doppelbindung* eines Monomers, welches hierdurch selbst zum freien Radikal wird und mit einem zweiten Monomer reagiert. Die Monomere verbinden sich miteinander, aber das Produkt enthält wieder ein ungepaartes Elektron und kann deshalb das nächste Monomer angreifen. Allmählich wächst die Kette des Polymers. Das einfachste Monomer, das in dieser Weise reagieren kann, ist das Ethylen (systematischer Name: Ethen), das Produkt heißt Polyethylen. Die Reaktionsgleichung für diesen Prozess lautet

$$CH_2=CH_2+CH_2=CH_2 \rightarrow -CH_2-CH_2-CH_2- \rightarrow (-CH_2)_n-,$$

n kann in der Größenordnung von Millionen liegen.

Nachdem die Polymerisation einmal gestartet wurde, wächst die Polymerkette, bis ihr entweder das ungepaarte Elektron verloren geht oder sie sich mit einem zweiten freien Radikal verbindet, wobei sich die beiden ungepaarten Elektronen zu einem nicht reaktiven Elektronenpaar vereinigen. Wie weit die Polymerisation fortschreitet, lässt sich über die Menge des zugegebenen Startradikals steuern: Je weniger Starter man einsetzt, desto länger werden die Ketten im Mittel.

Schrägbeziehungen zwischen Elementen aus benachbarten Gruppen im Periodensystem führen gelegentlich zu unerwarteten chemischen Verwandtschaften. Lithium beispielsweise ist das erste Element der Gruppe 1 und verhält sich häufig eher wie Magnesium, das zweite Element aus Gruppe 2, als wie Natrium, sein Nachfolger in Gruppe 1. Ähnliche Beziehungen bestehen zwischen Beryllium (Gruppe 2, erstes Element) und Aluminium (Gruppe 3, zweites Element), zwischen Bor (Gruppe 3, erstes Element) und Silicium (Gruppe 4, zweites Element) und weiteren Paaren, wobei der Effekt beim Gang über das Periodensystem (von links nach rechts) allmählich schwächer wird. Die Ursache für Schrägbeziehungen liegt darin, dass die beteiligten Atome ähnlich groß sind, denn oft bestimmt die Atomgröße das chemische Verhalten eines Elements.

Triglyceride ist die exakte Bezeichnung für Fette und Öle. Sie alle sind Abkömmlinge des *Glycerins*, wobei an jedes der drei Sauerstoffatome an den drei Kohlenstoffatomen des Glycerins eine Fettsäuregruppe gebunden ist. Es handelt sich also um *Ester*. Die Fettsäuren können gesättigt, einfach oder mehrfach ungesättigt sein (für Einzelheiten siehe im Kapitel »Nahrung für Körper und Geist«). Ein bestimmtes Triglycerid kann drei gleiche oder verschiedene Fettsäurereste enthalten. Da es sehr viele Möglichkeiten gibt, aus den zahlreichen bekannten Fettsäuren drei auszuwählen, kann man sich sehr viele Triglyceride vorstellen. Milch zum Beispiel enthält über 150 chemisch unterscheidbare Triglyceride. Im Laufe der Evolution haben sich Pflanzen und Tiere im Allgemeinen auf die Synthese einiger weniger Triglyceride spezialisiert.

Einige der Triglyceridmoleküle sind Isomere: Sie unterscheiden sich nur durch die Reihenfolge, in der die Fettsäurereste an die drei Kohlenstoffatome $C_1-C_2-C_3$ des Glycerins gebunden sind. Sind alle Reste verschieden, so kann man sich drei Varianten des Moleküls denken, wobei jeweils ein anderer Rest die mittlere Position besetzt.

Wachse bestehen im Wesentlichen aus Kohlenstoff und Wasserstoff: Es handelt sich um Kohlenwasserstoffketten, an deren Ende sich eine Säuregruppe (CO_2H) oder eine Alkoholgruppe (OH) befinden kann. Die Ketten bestehen aus miteinander verknüpften $-CH_2$-Bausteinen. Mit steigender Kettenlänge ändert sich der Aggregatzustand der Substanzen bei Raumtemperatur von gasförmig über flüssig zu fest (wachsartig). Wachse werden zur Herstellung von Salben, Polituren und Kerzen verwendet.

Pflanzen und Tiere produzieren Wachse, die als Kohlenwasserstoffe Wasser abweisen und so vor Austrocknung und Mikrobenbefall schützen. Die Natur wählte einen bequemen Syntheseweg, die Verknüpfung langkettiger Kohlenwasserstoffe (Fettsäuren mit Kettenlängen zwischen 18 und 28). Eine typische in Wachsen vorkommende Fettsäure ist die Cerotinsäure, die aus einer 25-gliedrigen Kohlenwasserstoffkette mit einer endständigen Säuregruppe (CO_2H) besteht. Die Formel lautet $C_{25}H_{51}CO_2H$. Zwar sind die häufigeren Speisefettsäuren, etwa die Palmitinsäure $C_{16}H_{33}CO_2H$, bei Raumtemperatur flüssig, aber auch sie können Bestandteile von Wachsen sein, wenn sie über die Säuregruppe mit einem zweiten langkettigen Kohlenwasserstoff verknüpft sind (als *Ester*).

Einige Wachse sind langkettige Alkohole, beispielsweise Carnaubylalkohol mit einer Kette von 24 Kohlenstoffatomen und einer endständigen Alkoholgruppe (OH), $C_{24}H_{49}OH$. Alkohole mit etwas kürzeren Ketten wie Stearylalkohol, $C_{17}H_{35}OH$, und Hexadecanol, $C_{16}H_{33}OH$, sind bei Raumtemperatur flüssig, können aber in Form von Estern in Wachsen vorkommen. Die meisten natürlichen Wachse sind Ester. Das im Bienenwachs enthaltene Myricinwachs ist ein Ester der Palmitinsäure mit der Formel $C_{15}H_{31}CO_2C_{31}H_{63}$.

Die **Wasserstoffbrückenbindung** ist eine schwache Form der chemischen Wechselwirkung, sie spielt aber eine zentrale Rolle für alle Lebewesen und bestimmt sogar die Struktur von Proteinen und selbst der DNA. Das Vorhandensein der Wasserstoffbrücken erklärt, warum Wasser flüssig ist und Eis schwimmt. Die wichtigsten Wasserstoffbrücken sind diejenigen zwischen zwei Sauerstoffatomen. An eines von ihnen muss ein Wasserstoffatom gebunden sein, welches von dem zweiten Sauerstoffatom angezogen wird. So entsteht eine Brücke, chemisch symbolisiert mit O–H···O. Die punktierte Linie soll andeuten, dass die zweite Bindung länger und schwächer ist. Wasserstoffbrücken können auch zwei Stickstoffatome oder ein Stickstoff- und ein Sauerstoffatom miteinander verbinden; Letztere halten die Stränge der DNA zusammen. Im Vergleich zu normalen Bindungen sind Wasserstoffbrückenbindungen zwar schwach (ihre Bindungsenergie ist nur etwa ein Viertel so groß), ausgeglichen wird dies jedoch durch ihre außerordentlich große Zahl.

Was Wasserstoffbrückenbindungen bewirken können, lässt sich am besten am Beispiel von Wasser zeigen. H_2O ist ein sehr leichtes Molekül; man könnte erwarten, dass es bei Raumtemperatur als Gas vorliegt, wie es auf das doppelt so schwere H_2S (Schwefelwasserstoff) zutrifft. Trotzdem ist Wasser flüssig und siedet erst bei der relativ hohen Temperatur von 100 °C (die Siedetemperatur von H_2S liegt bei minus 60 °C). Jedes einzelne H_2O-Molekül ist in Wasser mit drei Nachbarn über Wasserstoffbrücken verbunden, in Eis sogar mit vier, wodurch eine offener Gitterstruktur entsteht, deren Dichte geringer ist als die der Flüssigkeit. Beim Gefrieren dehnt sich Wasser deshalb (im Gegensatz zu den meisten anderen Flüssigkeiten) aus, und Eis sinkt nicht nach unten, sondern schwimmt.

Stichwortverzeichnis

a

ADI-Wert 79
Alaun 191, 195
Alpha-Hydoxysäuren (AHAs) 14
  natürliche Quellen 14
Alpha-Hydroxycarbonsäure 16, 20
  Glycolsäure 16
Alprostadil 99
Aluminium 190 ff
  Alaun 191
  Aluminiumsalze 191
  im Stoffwechsel 193
  im Trinkwasser 195
  in der Nahrungskette 191
  in der Trinkwasseraufbereitung 194
  in Lebensmitteln 192
  in Nahrungsmittelzusatzstoffen 193
Aluminiumhydroxid 195
Aluminiumoxid-Kristalle 191
  Rubin 191
  Saphir 191
  Topas 191
Aluminiumsulfat 194
Alzheimer 186 ff, 196 ff
  Aluminium 189 f
  Donepezil 199
  familiäre 188
  Galantamin 199
  Gewebeveränderungen 189
  Häufigkeit 189
  Kupfer 200
  Neurofibrillen 188
  Plaques 188, 196
  Rivastigmin 199
  sporadische 188
  Therapie 197
  Tacrin 199
  Urintest 201

Altersflecken 33
Ammoniaksynthese 77
Ammoniumsalze 148
  Cetrimid 148
Amphetamin 168
Angina Pectoris 93
Anti-Age Creme 11 ff
  Alpha-Hydroxysäuren (AHAS) 11 ff
Antibiotikum 127
Antidepressiva 166 ff, 178 f
  Amphetamin 168
  Barbiturate 168
  Chlordiazepoxid 169
  Diazepam 169
  Fluoxetin 169
  Iproniazid 168
  Imipramin 169
  Johanniskraut 178
  Kava kava 178
  Lithium 179 ff
  Nitrazepam 169
  Paroxetin 169
  Phenobarbital 168
  Seconal 168
  Sertralin 169
Anti-Falten-Creme 12, 14 f
  Alpha-Hydroxysäuren 12
  Fruchtsäure 14 f
  Peeling 15
  Schälkur 15
Antioxidanzien 36, 61
Aphrodisiakum 104 ff
  Amylnitrit 105
  Bromocriptin 10
  Poppers 105
  Selegilin 105
  Yohimbin 104
Ascorbinsäure, siehe Vitamin C

Asphalt, siehe auch Bitumen 223 ff
  Asphaltmeer 223
  Flüsterasphalt 228
  Fossilien 224
  Fotografie 225
  Mumien 224
  Naturasphalt 223 f
  Straßenbelag 226 f
  Teerlöcher 224

b
Bakterien 128
  gramnegative 128, 132
  grampositive 128
  Vermehrung 132
Barbiturate 168
Beta-Hydroxysäuren 20
Bisphenol A (BPA) 231 ff
  Hormonregulation 232 ff
  hormonelle Wirksamkeit 235
  im Trinkwasser 233
  in Babyflaschen 234 f
  in Tierversuchen 234 f
  Produkte 234
Bitumen 221 ff, 229 ff
  siehe auch Asphalt
  Asphaltmeer 223
  Beimischungen 222
  Dachpappe 229
  Komponenten 222
  Naturasphalt 223 f
  SBS-Bitumen 223
  Straßenbau 222
Bitumen-in-Wasser-Emulsion, siehe
  Orimulsion
Bornitrid 20 ff
Bosch, Carl 77
Botenstoffe, neuronale 170
  Dopamin 170
  Noradrenalin 170
  Serotonin 170
Botox 12 f
  Behandlung 13
  Injektion 13
  Wirkung der Substanz 13
Bunsen, Robert 181

c
Calantamin 199
Campylobacter sp. 129

Candida albicans 129
Canolaöl 47
Cetrimid 148
Chemikalie 251 ff
  Cocktaileffekt 252
  Entgiftungssystem des
    Organismus 252
  karzinogene 251
  synthetische 252
Chlor 135 ff
  Bleiche 135, 137
  Chlorkalk 136
  Haushaltsreiniger 136
Chlordiazepoxid 169
Chlorphenole 142 ff
  Chlorxylenol (PCMX) 145
  Desinfektionsmittel 142
  Hexachlorophen 145
  Triclosan 146
Chlorxylenol (PCMX) 145
Cholesterin 57
Cholesterinspiegel im Blut 43
Cleopatra 14
  Baden in Milch 14
Clostridium sp. 128
Collagen 35
Creutzfeld-Jacob-Krankheit 198

d
Dachpappe 229
Depressionen 166 ff
  endogene 167
  Leitsymptome 169
  reaktive 167
Desinfektionsmittel 128, 134 ff, 147,
    150, 157
  Hypochlorit 135 ff
  Ozon 157 ff
  Quartäre Ammoniumsalze (Quats)
    147 ff
  Stabilität 150
  Wasserstoffperoxid 150 ff
Diamanten 21, 118 ff
  berühmteste 119
  Farbtöne 121
  Struktur 119 f
  Synthese 121
  Wärmeleitfähigkeit 120
  Wertanlage 120
Diazepam 169

Dihydroxyaceton (DHA) 31 ff
Djerassi, Carl 99
Donepezil 199
Dopamin 170
Duschreiniger 161 ff

e
Emulgatoren 42
Energielieferanten in der Nahrung 41
Enterococcus sp. 128
Epidemiologie 241
   Auswertung von Daten 241 ff
   Studien zu Chemikalien 241 ff
Epidermis 5
Epidermophyton sp. 129
Erektion 98 f
   Alprostadil 99
Erucasäure, siehe Eruca-Säure
Escherichia coli 129
Ethyllactat 19 f

f
Fahrgeräusche von Reifen 221
Fette 41 ff
   empfohlene Tagesmenge 42
   fettarme Ernährung 42
   Fettsäuren 44
   gesättigte 44
   Glycerin 44
   kalorienreduzierte 42
   ungesättigte 44
   Vitamine, fettlösliche 43
Fettsäuren 44 ff, 54, 58 ff
   cis-Konformation 54
   einfach ungesättigte 46
   essenzielle 50
   konjugierte 58
   Linolsäure 59
   mehrfach ungesättigte 47
   Omega-Bezeichnung 46
   Oxidationsprozesse 49
   trans-Konformation 54
Fettspeicher 42
Feuchtigkeitscreme 35 ff
   Antioxidanzien 36
   Glycerin 35
   Liposome 35
   Preisspektrum 37
   Vitamin A 36

Fluoxetin 169
   siehe auch Prozac
Fungizid 127

g
Gastroenteritis 131
Gehirn 165
Glycerin 35, 44
Glycolsäure 16 f
Graphit 21

h
Haber, Fritz 77
Haber-Bosch-Anlage 77
Hautaufheller 33 ff
   Altersflecken 33
   Hydrochinon 33
   Kojisäure 34
   Quecksilberiodid-Seifen 34
   Schwangerschaftsstreifen 33
   Sommersprossen 33
Hautkrebs 24 ff
   Basalzellkarzinom 25
   Melanom 25
   Plattenepithelkarzinom 25
   UV-B-Strahlung 25
Hauttypen 24
Herpes simplex 129
Herzbeschwerden 95
Hexachlorophen 145
hexagonales BN, siehe Bornitrid
Hydrochinon 33
Hypochlorit 135 ff
   Abwasserbehandlung 141
   Haushaltsreiniger 136
   keimtötende Wirkung 138
   Kindbettfieber 137
   Wasserdesinfektion 139

i
Imipramin 169
Immunantwort 134
   Allgerie 134
Impotenz 99
Infektionen, mikrobielle 126
Influenza 129
Iproniazid 168
Isopren 215

j

Jeyes-Fluid 144
Johanniskraut 178

k

Kaugummi 211 ff
  Aromastoffe 218
  Chicle 214
  Emulgatoren 218
  in der Antike 213
  Konservierungsstoffe 218
  natürliche Kau-Stoffe 215
  Reisekrankheit 219
  Speichelfluss 212
  Süßungsmittel 218
  synthetische Kau-Stoffe 216
  Weichmacher 217
  Wrigley's Spearmint Gum 217
  Zahnpflege 220
Kava kava 178
Keime 127
keimtötende Substanzen 130
Keimtötung 129 ff
  Alkohol 130
  Ammoniumsalze, quartäre 130
  Chemikalien 129
  Chlorphenole 130
  Gamma-Strahlung 129
  Oxidationsmittel 129
  Temperatur 129
Keshan-Krankheit 112
Kilokalorie 41
Kindbettfieber 137
Klebsiella sp. 129
Kohlenwasserstoffe 221 ff
Kojisäure 34
Körperfett 52 ff
  Zusammensetzung 52
Kresol 143

l

Lanolin 9
Lebensmittelvergiftung 131
L-Gulonolactonoxidase 62
Licht 23
  Ultraviolett-A (UV-A) 23
  Ultraviolett-B (UV-B) 23
  Zusammensetzung 23

Lichtschutzfaktor 27
Liebestränke, siehe Aphrodisiakum
Linolensäure 51
Linolsäure 59
Liposome 35 ff
Kosemtikindustrie 36
Lippenstift 6 ff
  Anforderungen 7
  Farbstoffe 7
  Farbton 9
  Pigmente 7
  Produkttypen 11
  Struktur 10
  Zusammensetzung 8
Listeria sp. 128
Lithium 179 ff
  in Nahrungsmitteln 180
  Lithiumcarbonat 182
  Präparate 184
  Schrägbeziehung mit Magnesium 185
  Vergiftung 184
Logstufen 132
Lorenzos Öl 48

m

Mangelernährung 61
  Beriberi 61
  Kropf 61
  Rachitis 61
  Skorbut 61
Margarinehersteller 43
Melanin 24
Melanom 25
Melanotan 24
Milchnahrung für Babys 53
Milchsäure 17 f
  Wirkung 18
Mundhygiene 212
Muttermilch 52 ff
  Fettgehalt 53

n

Natrium-Dichlorisocyanurat (NaDCC), siehe Hypochlorit
Natriumnitrit 95
Neurotransmitter 171

Nitrat 76 ff
  Blue-Baby-Syndrom 76, 79
  Grundwasser 78
  Krebs 79
  Schutzfunktion 80
  Stickstoffdünger 77
  Trinkwasser 80 ff
  Zyanose 79
Nitrazepam 169
Nitroglycerin-Kopfschmerz 94
Noradrenalin 170

o

Omega-3-Fettsäuren 48, 51
  Lieferanten 51
  Mangelerscheinungen 51
Omega-6-Fettsäuren 48
Omega-Bezeichnung 46
Organochlorverbindung 140
Orimulsion 230 ff
  Brennstoff 230
Ozon 157 ff
  für Aquarien 159
  Herstellung 160
  im Trinkwasser 159
  im Wasser 158
  in der Atmosphäre 158
  Ozonisierung 159

p

Papaverin 98
Paroxetin 169
Pathogene 125
Pauling, Linus 74
Paxil 173
Pech 221, 223
Peeling 15
Pentothal 168
Phenobarbital 168
Phenol 142 ff
  Desinfektionsmittel 142
  Wundbrand 142
Phenoxybenzamin 98
Polyacrylat 206 ff
  Dichtungsmaterial 207
  Superabsorber 206

Polycarbonat 231 ff, 234, 237
  Bisphenol A (BPA) 231 ff
  Brillengläser 237
  Produkte 234
  Synthese 231
Poppers 105
Pressemitteilung 246 ff
  Interpretation von Daten 246
  Kriterien der Beurteilung 248
Prozac 171 ff
  Nebenwirkungen 174, 176
  Wirkung 174 f

q

Quartäre Ammoniumsalze (Quats)
  147, 149
  in Textilien 149

r

Rachitis 25
Rapsöl 47
Rhinovirus sp. 129
Rivastigmin 199

s

Salmonella sp. 129
SBS-Bitumen, siehe Bitumen
Scheele, Carl 135
Schimmel 163
Schwangerschaftsstreifen 33
Seconal 168
Selbstbräuner 31 ff
  Dihydroxyaceton (DHA) 31
  Lichtschutzfaktor 32
Selen 106 ff, 112 ff
  Bedarf 108
  Fruchtbarkeit des Mannes 106 ff
  Gegenmittel bei Vergiftungen 113
  Präparate 109, 115
  Vergiftung 108, 112
Selenmangel 106, 112, 114, 116
  Arthritis 114
  Bluthochdruck 114
  Keshan-Krankheit 112
  Krebs 114
  sinkende Spermienzahlen 116
  Unfruchtbarkeit 106
Serotonin 170

Serotonin-Wiederaufnahmehemmer
171
  Prozac 171 ff
  Sertralin 169
Sex 97
Shigella 129
Sildenafil, siehe Viagra

Skorbut 65 ff
  Krankheitssymptome 66
Sonnenblocker 22 ff, 24
  Melanin 24
Sonnenfilter 30
  Paraaminobenzoesäure 30
  Octyl-methoxycinnamant (OMC) 30
Sonnenschutzmittel 26 ff
  absorbierende Substanzen 28
  Antioxidanzien 29
  Inhaltsstoffe 26
  Lichtschutzfaktor 27
  Orthohydroxybenzophenon 28
  Radikalfänger 29
  reflektierende Substanzen 27
  Titandioxid 27
  Zinkoxid 27
Soziophobie 173
Speisefettsäuren 45
Staphylococcus sp. 128
Stickstoffmonoxid (NO) 86 ff, 96 ff
  Angina Pectoris 90, 93
  Erektion 97
  Gefäßmuskulatur 88
  Gehirn 91
  Herstellung 87
  Immunantwort 92, 96
  Kopfschmerzen 93
  saurer Regen 86
  Sex 97
  Smog 88
  Straßenbelag 226 f
  Komponenten 227
  Straßenverkehr 221
Streptococcus 128
Sulforaphan 118
Superabsorber 203 ff, 206
  Damenhygiene 206
  Quellung 206
  Windeln 203 ff
Superkeime 160

t
Tacrin 199
Talg 58
Tenside 162
Thunfisch 114
  Quecksilber 114
Titandioxid 27
Tranquilizer 169, 171
  Nebenwirkungen 171
trans-Fettsäuren 53 ff
  Margarinesorten 55
  Reduzierung in Lebensmitteln 58
  Struktur 54
  Wirkung 55 ff
Trichophyton sp. 129
Triclosan 146
Tryptophan 177
Tyrosin 177

u
Ultraviolett-A, UV-A 23
Ultraviolett-B, UV-B 23
UV-Strahlung 23 ff, 31
  Hautkrebs 24
  Schutz durch Kleidung 31
  Sonnenempfindlichkeit 24

v
Viagra 97 ff
  Dosierung 100
  Einnahme 103
  Entwicklung 100
  erektile Dysfunktion 98
  Erektion 98
  Funktionsweise 102
  Nebenwirkungen 100
  Phenoxybenzamin 98
  Sildenafil 100
Vitamin C 60 ff, 64 ff, 69, 71 ff
  Antioxidationsmittel 61, 73
  Behandlung 65 ff
  empfohlene Tagesdosis 62
  Entdeckung 69 ff
  Erkältungskrankheiten 73
  Grundstruktur 71
  Konservierungsstoff 64
  Produzenten 72
  Seefahrer 65 ff
  Skorbut 65 ff
  Stress 75

Synthese 62, 72
Vorbeugung von Krebs 74
Überschüsse 75
Vitamin-C-Gehalt 63
  Fastfood 64
  Früchte 64
  Lebensmittel 63 ff
  Muttermilch 64
Vitamin D 25

w
Wasserstoffperoxid 150 ff
  Antiseptikum 151
  Anwendungsgebiete 156
  Entfärben 151
  Flüssigbrennstoff 153
  Oxidationsmittel 156

Waffentechnik 153
Zahnweiß-Mittel 151
Windeln 203 ff
  biologisch abbaubare 210
  Cellulose 205
  kompostierbare 210
  mit Superabsorbern 206
  Müllbeseitigung 208 f
  Ökobilanz 209
  recyclebare 210
  Saugmaterial 205
  Unfruchtbarkeit 208 f
  Wegwerfwindel 204
  Zusammensetzung 207 f

z
Zinkoxid 27

Neugierig bleiben...

**Fordern Sie jetzt Ihr kostenloses Probeexemplar an.
Preise und weitere Informationen finden Sie unter**

http://www.wiley-vch.de/journals

oder rufen Sie uns an.

Wiley-VCH, Postfach 10 11 61, D-69451 Weinheim
Tel: (49) 6201-606-400, Fax: (49) 6201-606-184
e-mail: service@wiley-vch.de, **www.wiley-vch.de**

WILEY-VCH